À terre & en l'air…

Mémoires du Géant

Félix Nadar

AF651577

Alpha Editions

This edition published in 2022

ISBN : 9789357097789

Design and Setting By
Alpha Editions
www.alphaedis.com
Email - info@alphaedis.com

As per information held with us this book is in Public Domain.
This book is a reproduction of an important historical work. Alpha Editions uses the best technology to reproduce historical work in the same manner it was first published to preserve its original nature. Any marks or number seen are left intentionally to preserve its true form.

Contents

INTRODUCTION

Quique æthera carpere possent
Credidit esse deos.

Ils planaient dans les airs, on les prit pour des dieux!

On me demande pour le GEANT une *Introduction* auprès du public. Or, s'il y a une connaissance déjà faite, c'est évidemment celle-là. Aucune expérience aérostatique n'a eu un retentissement pareil aux deux ascensions de M. Nadar, qui, chose remarquable, avait pour but d'obtenir, au moyen d'un ballon, les sommes nécessaires à la construction d'une machine d'une tout autre espèce, destinée non plus à flotter, mais bien à voyager dans l'atmosphère.

Convaincu par l'expérience comme par le raisonnement qu'il est impossible de diriger au travers de l'air un immense volume de même légèreté spécifique que cet élément mobile, M. Nadar s'arrêta à l'idée que, pour se mouvoir dans ce milieu, un corps devait être bien plus lourd que l'air, de manière à n'offrir, par son volume, que peu de résistance au déplacement et peu de prise au vent contraire. C'est éminemment le cas de l'oiseau.

Mais la difficulté consiste alors à trouver un moteur, une machine qui, prenant son point d'appui dans l'air, ait assez de force d'une part pour soutenir l'aéronaute contre la pesanteur, de l'autre pour le faire avancer et marcher. La nature nous offre dans le vol des oiseaux ce double effet obtenu d'une manière admirable. Les oiseaux lourds, tels que le Condor, l'Aigle, le Cygne, le Dindon aborigène, pourvus d'ailes d'une dimension moyenne, sont d'excellents voyageurs aériens, tant pour la hauteur qu'ils atteignent que pour les immenses trajets qu'ils franchissent. Sans parler de la Grue, la Caille aux courtes ailes émigre chaque automne au travers des mers.

M. Nadar établit que c'est maintenant une idée tombée dans le domaine public, savoir qu'avec un mécanisme connu, l'hélice, et un moteur suffisamment énergique, la vapeur, il est possible à l'homme de s'élever, de se soutenir et de progresser, et même, jusqu'à un certain point, de s'avancer en sens contraire d'un courant d'air, c'est-à-dire d'un vent modéré. D'autres mécanismes et d'autres forces motrices ont été indiqués et tout aussi peu expérimentés que l'hélice avec la vapeur d'eau.

Quelle est donc, dans la question du vol de l'homme, la spécialité de M. Nadar, qui répudie toute réclamation d'antériorité pour l'idée mécanique? La voici:

C'est tout bonnement de mettre en pratique ce qu'il a conçu, avec tout le monde, j'entends avec tous ceux qui réfléchissent. On connaît cette anecdote d'un artiste éloquent qui expliquait aux Athéniens tous les avantages et toutes les beautés d'un travail pour lequel la ville avait à choisir un exécutant. Après qu'il eut bien péroré, son concurrent, moins fort en paroles qu'en actions, se borna à dire:—Citoyens, ce que mon rival vient de dire, moi je le ferai.—Il fut préféré.

On a plusieurs fois soutenu cette thèse, qu'il y a plus de mérite à réaliser une idée utile qu'à l'inventer. Puisque ici l'idée appartient déjà au public, je ne vois pas ce qu'on pourra faire valoir contre le mérite du vol aérien de M. Nadar, s'il parvient à le mettre ou à le faire en pratique. Il a l'hélice et la vapeur, mais de plus il a la foi, qui est un moteur encore bien plus puissant.

Une société pour l'encouragement de la Locomotion aérienne a été formée on peut dire par l'initiative et grâce à l'impulsion irrésistible de M. Nadar. À sa tête est M. Barral, homme de science et d'action, pour lequel je n'aurai jamais assez d'éloges ni le public assez d'estime. Voyons l'avenir de cette association.

Avouons franchement qu'on veut arriver trop vite. Fresnel disait que dans les recherches originales on n'arrivait qu'en tâtonnant et en *ânonnant.* Après que les illusions et les impatiences se seront dissipées, on ira pas à pas, et on avancera sans perdre pied en arrière.

Je ferais un tableau amusant de toutes les prétentions favorables ou défavorables à la réussite du Grand Œuvre pour lequel se passionne l'intrépide Nadar, et quand je dis intrépide, j'entends au moral comme au physique. Il dit obstinément comme Horace: Rien de désespéré.—*Nil desperandum.*—Vouloir, pouvoir!

Or donc un mécanicien de grand mérite me disait sérieusement:—J'irai de Paris à Londres en moins de deux heures, au travers de l'atmosphère.—Vous n'irez qu'à Charenton, tout au plus.

Un autre, qui a fait ses preuves dans l'industrie de la vapeur, offrait, pour quelques dizaines de mille francs, d'enlever une locomotive dans les airs comme un aigle enlève dans ses serres un agneau ou un lièvre.

Un troisième, très-incrédule, cédait à regret à la force de l'évidence.—Eh bien! disait-il, on volera, mais ce ne sera pas pour longtemps.—À la bonne heure; mais, comme on l'a dit de saint Denis, qui porta sa tête coupée depuis Paris jusqu'à la ville où fut plus tard son abbaye, il n'y a que le premier pas qui coûte.

Tout le monde n'a pas la persévérance passionnée de M. Nadar; mais, afin de rassurer ceux qui pourraient craindre pour la réalisation du vol humain, je dirai que j'admets des persévérances intermittentes pour les questions qui ne se laissent jamais oublier. Le génie des inventeurs revient forcément aux grands problèmes après des tentatives infructueuses, et comme ici le possible est démontré, l'accomplissement est certain. C'est une question de temps, mais l'honneur sera au premier réalisant.

—Que pensez-vous de ces eaux que le reflux emporte? disait un railleur à un ami qui avait compté sur la pleine mer. Celui-ci répondit froidement:—Je pense que cette mer reviendra.

Je me souviens que nous avions fait avec M. de La Landelle un plan d'essais gradués auquel on se soumettra quand on voudra arriver sûrement, sinon brillamment, à la locomotion aérienne.

Voici, dans une grande balance (ou tout autre appareil d'équilibre), un mécanisme de soulèvement. Quelle est sa force? et quelles dimensions faudrait-il lui donner pour porter un poids spécifié d'avance?

Quelle force motrice (vapeur, gaz, action chimique, électricité, poudre à canon) faudrait-il employer pour enlever le mécanisme lui-même et le poids qu'on voudrait lui faire soutenir en l'air?

Quelle portion de la force motrice faudrait-il prendre pour que l'ensemble de ce qui est enlevé et porté puisse marcher avec une vitesse donnée?

Enfin pendant combien de temps un réservoir donné de force motrice fournirait-il à la consommation de travail qu'exige la machine volante?

On me dira:—Cette marche pas à pas serait fastidieuse!—C'est possible, mais elle serait sûre. Voyez dans La Fontaine, la Tortue qui arrive au but avant le Lièvre.

Le lecteur, bien mieux que moi, peut donner carrière, à son imagination pour les conséquences sociales de ce vol des hommes. Les murs seraient insuffisants comme clôtures; on ne trouverait de sûreté complète que dans des maisons recouvertes d'espèces de cages en fer à barreaux assez serrés. Mais on explorerait sans péril le monde entier, et on irait aux sources du Nil et à Tombouctou comme on va aujourd'hui au Mont Blanc, qui a maintenant l'honneur d'être français. J'ai vu avec peine qu'on rêvait déjà des batailles aériennes; en revanche on a signalé tous les services que rendraient les hommes volants dans les cas de naufrage, d'incendie ou d'inondation. Un orage de foudre et de grêle menacerait-il la terre, aussitôt des hommes volants porteraient dans les airs des paratonnerres qui feraient taire l'orage comme Charles l'a fait plusieurs fois avec des cerfs-volants électriques.

Et même quand on admettrait que la locomotion aérienne serait mise en usage pour la guerre, la civilisation y gagnerait encore, d'après ce principe que plus les engins destructeurs sont savants et perfectionnés, plus on est assuré que la supériorité n'appartiendra jamais à une nation barbare et ignorante. Il est passé le temps où avec *le sabre et le cheval* on conquérait le monde. Depuis les progrès des sciences appliquées, la puissance matérielle appartient à la puissance intellectuelle.

En lisant les *Mémoires du Géant*, on se rappelle ces belles paroles de l'antiquité:—C'est un spectacle digne des Dieux et des hommes que celui d'un homme courageux aux prises avec la mauvaise fortune.

Il est bien établi que M. Nadar demande aux exhibitions des aérostats flottants l'argent nécessaire pour construire de vraies machines volantes avec des mouvements opérés suivant la volonté du voyageur aérien. En supposant même que le résultat qu'il espère ne finisse pas par répondre à son infatigable persévérance, il lui restera dans l'histoire du vol humain le mérite, j'ose dire la gloire, d'avoir été celui par qui la Providence de Bossuet a dit à la société:—Marche!

BABINET,
de l'Institut.

QUELQUES LIGNES D'ORAISONS FUNÈBRES
EN MANIÈRE DE
PRÉFACE

Aujourd'hui dimanche 3 avril 1864, vers les quatre heures, nous nous sommes rencontrés une trentaine dans une misérable maison de la rue de Lourcine.

Nous avons été de là, sous une petite pluie continue, enterrer au nouveau cimetière d'Ivry le doyen des aéronautes français, Jean-Baptiste Dupuis-Delcourt, né le 25 mars 1802.

Dupuis-Delcourt avait autrefois occupé de lui le monde littéraire et le monde scientifique. Mais les quelques succès qu'il avait obtenus comme auteur dramatique n'avaient jamais pu le détourner de sa passion dominante: l'Aérostation.

Il avait connu J. Montgolfier et aussi le physicien Charles qui imagina le premier de gonfler les ballons au gaz hydrogène.

Il avait assisté à l'expérience de ce malheureux Deghen, l'homme volant, pauvre horloger venu exprès de Vienne en Autriche,—qui manqua si piteusement en séance publique à sa promesse de s'envoler de l'École Militaire sur le Trocadero,—fut en conséquence houspillé et battu,—et qui la veille, à la répétition, s'était parfaitement envolé, m'a-t'on assuré, du Trocadero jusqu'à l'École Militaire.

Il avait vu mettre en lambeaux par la populace au Champ-de-Mars le ballon où le colonel de Lennox avait engagé ses derniers cent mille francs: les morceaux de taffetas de six aunes s'en vendaient deux sous jusque sur la place de la Concorde.

Il avait serré la main de Jacques Garnerin, de Robertson, du docteur Le Berrier.

Il avait presque relevé le cadavre de l'imprudente Mme Blanchard, tombée rue de Provence de son ballon incendié.

Il avait fait lui-même nombre d'ascensions,—l'une sous cinq ballons à la fois, ce qu'il appelait la *Flottille Aérostatique*.

Le duc d'Aumont l'avait présenté au roi Louis XVIII qui lui avait adressé un très-beau compliment en lui faisant cadeau d'un non moins beau diamant monté en épingle,—et Louis-Philippe n'eût jamais voulu entendre parler d'un autre aérostier que Dupuis-Delcourt.

Tout le monde l'aimait, ce savant aimable et bon, jusqu'à l'Académie elle-même qui, en cinq occasions, nommait des commissions pour l'examen des communications scientifiques qu'il lui envoyait avec un zèle infatigable.

Il avait collaboré avec le grand Arago à l'*Électro-subtracteur*, un instrument qui, quand on le voudra, nous délivrera de la grêle en l'empêchant, non pas de tomber, mais simplement de se former.

Élève de Dumas, il avait professé pendant cinq ans la chimie à l'Athénée royal; il avait conféré maintes fois au *Cercle agricole*, à celui des *Chemins de fer.*

Dans l'Orangerie du Luxembourg, il avait, avant bien d'autres, fait des démonstrations publiques de l'hélice aérienne, et son auditeur le plus assidu s'appelait Geoffroy Saint-Hilaire.

Il avait fondé la *Société aérostatique et météorologique de France*, dont il était l'âme et qui, par reconnaissance, l'avait acclamé son secrétaire perpétuel.

Même après l'anathème de Marey-Monge contre les enveloppes d'aérostat métalliques, il avait achevé de se ruiner en construisant un ballon de cuivre. Le ballon achevé, il lui manquait les quelques derniers cents francs pour les accessoires et il porta lui-même de désespoir le premier coup à son œuvre, si coûteuse en peine et en argent.—Les chaudronniers dépeceurs lui rendirent 350 francs pour son grand espoir brisé!

Il avait publié vingt volumes ou brochures,—entre autres le *Manuel de l'Aérostier*, un des meilleurs livres de l'utile collection Roret.

Il laisse encore, presque terminé, un important ouvrage, le—*Traité complet, historique et pratique des aérostats.*

«—*Ce sera probablement*,—écrivait-il, hélas!—*la grande affaire de ma vie!*»

Il avait fondé un journal de Navigation Aérienne, et plein de foi fervente dans l'avenir de cette Science, il avait de sa chétive bourse, à force de privations, collectionné le plus curieux, le plus instructif, le seul Musée Aérostatique qui existe dans le monde entier.

Ce Musée se compose d'environ quinze cents numéros, comprenant et renfermant toute l'histoire des quatre-vingts ans de l'aérostation, depuis les modèles en plan et en exécution, les livres, pamphlets, relations,—les gravures noires et coloriées, dessins, portraits, caricatures,—les médailles, clichés, fixés, toiles, jeux,—les nacelles, grappins, soupapes et débris historiques,—jusqu'à 300 programmes et affiches d'expériences diverses en tous pays, collectionnés et classés,—sans parler des pièces rares ou uniques: autographes, lettres, procès-verbaux, dossiers divers, etc., etc., etc.

Cette collection, c'était sa joie, son orgueil, sa vie.

Mais avec quel empressement et quelle inépuisable bienveillance, il ouvrait à tout venant cette collection précieuse, si religieusement entretenue. Pour ajouter encore à cette bibliothèque spéciale si complète, il fouillait les archives de son excellente mémoire, et à tout visiteur partageant sa foi, il disait, toujours serviable et de bon accueil, tout ce qu'il avait appris par lui-même et par les autres. Car il n'était pas de ceux qui mettent sous le boisseau la lumière.

On aime surtout ceux-là qui vous ont le plus coûté: Dupuis-Delcourt avait trop fait pour la Navigation Aérienne, il avait toujours eu pour elle une passion trop absorbante, trop exclusive pour avoir jamais rien réservé par devers lui vis-à-vis d'elle.

Donc, cet homme doux et brave, modeste, bienveillant, laborieux, honnête, désintéressé, après avoir donné à la plus grande des idées humaines sa vie tout entière passée avec résignation et confiance dans la plus extrême pauvreté,—cet homme de bien s'éteignit hier, laissant cette collection pour tout avoir et toute hoirie à la vieille compagne des trente dernières années de sa vie.

Et comme la pauvre femme, avec la foi que l'honnête femme a toujours dans son mari, l'avait suivi partout, selon l'Évangile et par delà le Code,—jusques dans les nuages,—comme elle lui garde le respect éternel, si Dupuis-Delcourt s'est, comme on dit, *senti mourir*, il a pu entrevoir dans les affres de son agonie, sa veuve mourant de faim, comme le chien du tombeau, à côté de la—COLLECTION DUPUIS-DELCOURT—pieusement gardée dans son intégrité....

Deux détails, pour finir:

Cet hiver, Dupuis-Delcourt s'occupait surtout de vérifier les expériences du fameux Quinquet à l'effet de remplacer le gaz des aérostats par la vapeur maintenue à l'état vésiculaire. Mais ses recherches étaient difficiles: il manquait de feu, même pour se chauffer, et comme il n'en disait rien à personne, ce n'est qu'à la fin de l'hiver et par hasard, qu'un brave charpentier, son coreligionnaire en Navigation Aérienne, lui expédia tardivement une petite provision.

C'est dans la nuit du 2 que l'apoplexie surprit Dupuis-Delcourt. Il connaissait cet ennemi, l'ayant déjà vaincu deux fois, et il appelait la saignée. On courut chez un médecin voisin: il était trois heures du matin. Le médecin, dans ce quartier de pauvres gens, s'informe, parlemente, finit par déclarer *qu'il ne se soucie pas de se déranger la nuit*, et rentre le nez sous la couverture.—A-t-il pu se rendormir?

Je sais son nom.—Mais à quoi bon?...

De tout ceci, la morale:

Tout a été compté à l'homme et bien juste. Tout ce dont il jouit, il faut qu'il l'achète,—et le paie—suivant un inexorable tarif, puisque la vie elle-même ne lui a été donnée qu'un seul jour.

Chacune des conquêtes humaines se solde rigoureusement donc par les sueurs, les larmes, le sang. Plus ces conquêtes sont grandes, plus coûteux et douloureux est le paiement.

Il est des hommes qu'un instinct irrésistible, fatal, pousse en avant des autres sur les routes nouvelles.—Sous les pieds de ceux-là, qui aplanissent le chemin, les ronces qui déchirent, les cailloux coupants, les serpents venimeux...

—et pendant ce temps-là, ceux qui marchent derrière et profitent de la voie faite, ricanent et jettent des pierres à ces généreux imbéciles.

Car, après le mal qu'ils vous ont fait, le tort que les hommes vous pardonnent le moins est celui que vous vous faites à vous-même.

Dupuis-Delcourt était du petit, tout petit nombre de ceux qui aiment mieux recevoir les pierres que les jeter.

Le voilà mort, partant quitte—peut-être!

Qu'un autre vienne prendre cette place d'avant-garde, s'il a le courage, la foi, le dévouement et surtout l'obstinée résignation.

Et combien cher nous a déjà coûté cette immense conquête du domaine de l'air,—sans parler de ce qu'elle nous doit coûter encore!—Ne semble-t-il pas qu'une Divinité jalouse et implacable repousse contre terre et écrase chacun des assaillants de l'escalade sublime,—jusqu'au jour où se présentera celui qui a été désigné pour vaincre?

Mais que me veulent ces images de poëtes épiques, cette nuit où j'écris,—en ce moment où la pauvre vieille veuve—dans la petite chambre qu'elle trouvera maintenant si grande;—pleure et appelle son brave et vieux compagnon—qui ne reviendra plus.....

Saluons l'autre maintenant!

À celui-ci la Mort ne fit pas crédit aussi long. Mais peu importe: ses vingt-huit années furent bien remplies et sa fin glorieuse.

Je ne crois pas qu'il soit possible de trouver dans nos figures historiques une autre plus intéressante et plus attractive.

Il était né d'une honnête famille bourgeoise, à Metz, le 30 mars 1757. On l'avait fait, au sortir du collége, élève en chirurgie; mais son âme trop sensible défaillait aux opérations.—Il se détourne bientôt et se donne à l'étude de la chimie pharmaceutique.

Un coup de tête,—il était vif,—le pousse vers Paris.

Jean-François Pilâtre de Rozier peut alors se livrer tout entier aux sciences naturelles et mathématiques. Tout en s'instruisant, il suffit honorablement à ses besoins par son travail sans l'aide de la famille, et sans que le plaisir qu'il aime y perde rien.

Savant déjà à un âge où on est à peine instruit, spirituel, généreux, plein d'ardeur, d'une humeur gaie et toujours égale, ayant tous les avantages, même celui d'un visage agréable, il sait plaire à tous, et mieux encore de tous se faire aimer.

À vingt-deux ans à peine, il s'improvise professeur de physique. Son enseignement est clair, facile, sa parole enjouée, pittoresque. Les femmes lui font son auditoire.

C'était le temps où une Charge, comme on disait, était indispensable à la considération.—Pour qu'il soit dit que rien n'aura manqué à ce jeune prédestiné, le voici pourvu d'une charge auprès d'une princesse du sang.—Puis la Société d'émulation de Rheims l'appelle comme professeur de chimie; puis il se retrouve intendant des Cabinets de physique, chimie et histoire naturelle de Monsieur (plus tard Louis XVIII).

Il poursuit cependant ses travaux particuliers et publie plusieurs Mémoires sur les teintures, le phosphore, l'électricité, les gaz méphytiques. Il fonde le premier Musée particulier, où toutes les sciences doivent être vulgarisées par la parole de savants professeurs.

Emporté par l'exaltation de la fièvre scientifique, tantôt il allume à ses lèvres le filet de gaz inflammable dont il s'est empli la bouche et il se brûle les deux joues. Tantôt il sollicite avec instances du lieutenant général de police les occasions d'expérimenter, au péril de sa vie, ses procédés antiméphytiques; il accuse le sort qui retarde ces périlleux défis, où il lui est enfin donné de risquer ses jours et d'altérer sa santé au fond de cloaques impurs.

Ses succès ne lui ont pas fait oublier les devoirs que la mort de son père lui a légués. Il soutient et pensionne ses deux sœurs, et il n'est pas de chef de famille plus grave, plus plein de sollicitude que ce jeune homme, si entraîné pourtant et distrait par un monde facile et élégant dont il est aimé et qu'il aime.

Modeste vis-à-vis des autres et plein d'aménité, il doit pourtant s'estimer lui-même et haut, parce qu'il sait ce qu'il vaut en générosité, en dévouement.

Il aime la gloire peut-être, mais il ignore ce que c'est que l'envie.

«Il semblait, dit un biographe, acquérir un ami dans tout auteur d'une utile invention.»

«Ce n'était pas assez pour lui de le vanter, de déployer avec pompe le prix de son travail,—dit encore un professeur au Musée, M. Lenoir,—il entrait avec lui dans la carrière, non comme un antagoniste, mais comme un ami qui craint que son ami ne tire pas un assez grand parti de son invention, et il consentait à devenir l'instrument passif de la célébrité d'autrui.»

Ce fut au mois de juin 1783 que la nouvelle de la découverte des frères Mongolfier vint transporter d'enthousiasme Pilâtre de Rozier. Il offrit aussitôt, dans le *Journal de Paris*, de s'enlever le premier avec la nouvelle machine aérostatique.

Le roi ne voulait point consentir; on proposait de prendre dans les prisons un condamné à mort pour tenter l'expérience. Pilâtre de Rozier accourt, il supplie que *«cet honneur ne soit point laissé à un vil criminel.....»*

Il obtient enfin l'autorisation, et,—le premier des hommes,—il s'enlève, le 21 octobre, du château de la Muette, à ballon perdu.

Il ne faut pas perdre de vue que cette première ascension libre, dans un engin nouveau, avec un matériel non encore étudié, devait être tout autre chose que ces ascensions d'aujourd'hui qui ne sont plus qu'un jeu pour nous.—Une dame inconnue avait tiré M. de Rozier à part, avant l'expérience, et lui avait remis un paquet qui ne devait être ouvert qu'une fois la Montgolfière partie: ce paquet contenait deux pistolets chargés.

Les ascensions de Pilâtre de Rozier se succèdent.—Il faut lire le récit, d'une si touchante simplicité, de son second voyage aérostatique, exécuté en compagnie du marquis d'Arlandes.

Cependant de Rozier donne, dans son Musée, une fête en l'honneur de M. de Montgolfier; il présente à la brillante assemblée le buste qu'Houdon a ciselé, et que couronne la princesse de Bourbon.—Dans le feu d'artifice qui termine la fête, Pilâtre de Rozier n'oublie personne et l'initiale du physicien Charles s'enlace à celle des Montgolfier.

Bientôt l'aîné des Montgolfier l'appelle à Lyon pour l'aider à la construction de l'immense ballon le *Flesselles*. De Rozier accourt. «On le voit partout courir, donner des ordres, travailler lui-même avec une ardeur infatigable, voler d'estrade en estrade avec le sang-froid du plus intrépide marin... Il oubliait de dormir et de manger.»

Pour aider ceux qu'il aime et cette aérostation qui l'enflamme, il a laissé derrière lui ses propres intérêts qui souffrent, son Musée, dont les auditeurs se plaignent vivement. Il devra même au retour offrir de rembourser quelques mécontents.

Les Anglais, qui avaient d'abord affecté la plus profonde indifférence pour la découverte des Montgolfier, semblaient commencer à lui rendre justice. On faisait quelques tentatives aériennes en Angleterre, et on en vint jusqu'à parler de franchir le détroit avant nous.

La priorité de cette expédition devenait une question nationale.

De Rozier avait le premier publié ce projet. Il sollicite aussitôt du gouvernement la somme nécessaire pour construire un nouvel aérostat et tenter la traversée. On lui accorde quarante mille livres, et on lui désigne Boulogne comme point de départ.

Une Montgolfière et un ballon à gaz sont préparés à Paris. Ce système mixte, qui devait, selon de Rozier, faciliter l'ascension et la descente, a été justement blâmé:—*c'était mettre le feu à côté de la poudre*, disait Charles. Le comte Zambeccari l'employa plusieurs fois pourtant avec succès—jusqu'au jour où il lui coûta la vie.

De nouveau, Pilâtre de Rozier quitte son Musée et arrive, le 4 janvier 1785, au lieu du départ. Là, il apprend que Blanchard, qui veut le devancer, attend déjà, de l'autre côté du détroit, le vent favorable..... De nouveaux ordres de la Cour pressent de Rozier; des faveurs considérables lui sont promises, s'il exécute le premier la traversée.

Mais les vents, qui lui sont contraires, apportent, le 7 janvier, à trois heures après midi, sur les côtes de France, son heureux rival...

Pilâtre de Rozier va au-devant de Blanchard, l'embrasse, le conduit à Paris, le présente lui-même à la Cour, et veut l'inscrire, de sa main, au nombre des fondateurs de son Musée.

L'honneur de la première traversée du détroit lui ayant été enlevé, il ne présumait pas devoir poursuivre une seconde expérience désormais insignifiante et dénuée de tout autre intérêt que celui d'une inutile curiosité. Il ne s'agissait de rien moins encore que de triompher d'obstacles déterminés, là où un coup de vent rendait tout effort et toute lutte inutiles.

Mais la Cour en a décidé autrement: on apprécie qu'il y a plus de difficultés,—et en effet,—à traverser de France en Angleterre qu'il n'y en avait à venir de Douvres en France. Le contrôleur général des finances, M. de Calonne, mande Pilâtre de Rozier, lui adresse des reproches aussi sévères que peu mérités et lui redemande le surplus de la somme avancée, les frais du ballon payés.

Le malheureux Pilâtre, certain du succès, avait déjà consacré ce bénéfice à enrichir le cabinet expérimental de son Musée.....

Il devra donc partir et tenter cette expédition vaine,—dans les plus déplorables conditions.

En effet, alternativement gonflés et dégonflés, mal retraités dans une enceinte près du rempart où les rats les rongent quand ils ne sont pas exposés aux intempéries de l'atmosphère, les deux aérostats sont déjà détériorés.

Pilâtre de Rozier arrive pour la troisième fois à Boulogne et fixe le jour de son départ; mais, comme par un avis providentiel, les tempêtes retardent obstinément ce jour. Plusieurs semaines de suite, des petits ballons d'essai sont lancés; le vent les ramène sur la côte de France.

Pendant toutes ces attentes, mal suppléé à son Musée dont il est la vie, Pilâtre de Rozier s'inquiète, se tourmente.—Au milieu de ces impatiences et de ces chagrins, et pour qu'un incident romanesque vienne donner un dernier et dramatique intérêt à cette héroïde, il rencontre, il aime une jeune Anglaise pensionnaire dans un couvent de Boulogne; sa demande est agréée par les parents de la jeune fille.

—Mais l'ascension avant tout!

Des réparations aux ballons sont devenues tout à fait indispensables: question de vie ou de mort!... Pilâtre de Rozier écrit timidement pour demander un supplément d'allocation nécessaire.—On le lui refuse.

Les 13 et 14 juin, l'*Aéro-Montgolfière* reste gonflée, guettant l'heure propice. On a restauré tant bien que mal, comme on a pu, ses enveloppes desséchées, presque brûlées par les efforts infructueux et trop répétés.—Le 15, à quatre heures du matin, un petit ballon d'essai vient encore retomber à son point de départ.

À sept heures enfin, Pilâtre de Rozier apparaît dans la galerie (nacelle) accompagné du frère aîné Romain, l'un des constructeurs de l'aérostat.

Le marquis de la Maison-Fort jette un rouleau de 200 louis dans la nacelle et prétend monter. Pilâtre l'écarte doucement, mais avec fermeté:

«—L'expérience est trop peu sûre, dit-il, pour qu'il veuille exposer là la vie *d'un autre...*»

«Enfin, dit un récit du temps, l'*Aéro-Montgolfière* s'élève lentement, imposante; deux coups de canon retentissent, les aéronautes saluent, une foule considérable leur répond par des cris de joie. Ils s'avancent; bientôt ils se trouvent sur la mer. Chacun, les yeux sur le fragile aérostat, l'observe avec crainte. Ils étaient environ à cinq quarts de lieue en avant, au-dessus du détroit, à sept cents pieds à peu près de hauteur, lorsqu'un vent d'ouest les ramène sur terre; déjà depuis vingt-sept minutes ils étaient dans les airs.

«À ce moment, on crut s'apercevoir de quelques mouvements d'alarme de la part des voyageurs.—On croit voir qu'ils abaissent précipitamment le réchaud... Tout à coup, une flamme violette paraît au haut de l'aérostat: l'enveloppe du globe se replie sur la Montgolfière—et les malheureux voyageurs, précipités des nues, tombent sur la terre, presque en face la tour de Croy, à cinq quarts de lieue de Boulogne et à trois cents pas des bords de la mer.

«L'infortuné de Rozier fut trouvé dans la galerie le corps fracassé, les os brisés de toutes parts. Son compagnon respirait encore, mais il ne put proférer un seul mot et quelques minutes après il expira.

«Telle fut la fin du premier des aéronautes et du plus courageux des hommes, dit en terminant l'historien contemporain. Il fut victime de l'honneur et du zèle. Sa douceur, son amabilité, sa modestie le feront regretter de ceux qui l'ont connu. Il méritera peut-être les regrets de la postérité, et laisse après lui deux sœurs et une mère qui le pleurent.

«Celle qui l'aima ne put supporter la nouvelle de sa mort. Des convulsions horribles la saisirent; elle expira, a-t-on dit, chez ses parents, huit jours après la terrible catastrophe.

«Bon fils, frère tendre, ami loyal, Pilâtre de Rozier avait un courage héroïque et une âme aimante. Il est mort à vingt-huit ans et demi.—Un monument élevé au lieu où ils tombèrent, à Wimille, sur le bord de la route entre Boulogne et Calais, rappelle sa mort et celle de son compagnon Romain.»

J'ai fini cette héroïque et brève histoire.

Maintenant parcourez les feuilles du temps, ouvrez les mémoires, correspondances et pamphlets:—toutes les injures du monde—homme *ignorant*, *forfant*, *poltron*, *vaniteux*, *cupide*, *intrigant*, *menteur*,—*voleur* même,—il n'en est pas une qui ne soit crachée à la face de ce galant homme, studieux, désintéressé, modeste, bon, brave, généreux, qui vécut pour être utile aux autres et mourut par honneur.

La question de la Navigation Aérienne est la plus grande Question des siècles.

Il est incontestable que par elle doit être réalisée la plus utile et la plus généreuse des évolutions humaines.

Je crois que cette Question est aujourd'hui et enfin posée dans ses véritables termes.

L'observation des phénomènes naturels affirme que la Locomotion Aérienne ne sera que par les appareils *spécifiquement plus lourds que l'air*,—à l'imitation de l'oiseau, qui n'est pas un aérostat, mais une admirable machine,—à l'imitation de tous les êtres qui s'élèvent, se maintiennent et se dirigent dans l'air, en étant plus lourds que l'air.

L'examen historique depuis quatre-vingts ans des vains efforts de l'Aérostation prétendue dirigeable confirmerait encore, au besoin, cette vérité:—que le mot du problème ne doit plus être demandé à l'aérostatique, mais à la statique, à la dynamique, à la mécanique;

—que, pour commander à l'air, il faut enfin se décider à être, non plus faible, mais plus fort que l'air.

Ainsi, en tous ordres de choses, faut-il être le plus fort pour ne pas être battu.

Vient ensuite la grave question de la possibilité technique.

Ma Foi personnelle en cette possibilité ne prouverait rien, si cette foi n'était pas partagée, affirmée, proclamée déjà par quelques-uns des plus illustres et des plus courageux savants de ce temps-ci.

Je n'ignore pas combien je suis peu de chose devant cette immense Question et à quel point ma parole manque ici d'autorité.

Mais comme je sais aussi ce que je puis valoir quand *je crois* et quand *je veux*,—comme je sais encore que jamais Vérité plus utile n'a été attendue par le Monde qu'elle doit transformer,—je me suis donné, comme je sais me donner, âme et corps, à cette Vérité,—à défaut d'un autre plus digne, puisqu'il ne s'en présentait pas.

Arrêté dès le début de mon entreprise par une catastrophe bien moins douloureuse que les chagrins de toute nature qui l'ont précédée et surtout suivie, je vais enfin aujourd'hui, j'espère, reprendre mon œuvre et la poursuivre.

J'ai jugé qu'à ce moment, à la veille d'événements nouveaux, il était bon de prendre quelques nuits à mon sommeil pour dire d'où je suis parti, par où j'ai passé, où j'allais.

Que j'arrive ou que j'aie seulement servi à marquer une étape de plus sur la route, je veux qu'un être au moins,—mon enfant,—sache ce que j'ai voulu faire et ce que j'ai fait.

Un dernier mot:

—Inhabile à ne pas parler net et trop peu soucieux en général des ménagements du discours, j'ai pourtant écrit sur la première page de ce livre: *Rien que la vérité!*—Pas plus!

Bien que les chaudes sympathies que j'ai trouvées de tant de côtés n'aient pas complètement étouffé quelques basses et venimeuses haines,—par indifférence, par pitié, par dégoût, il est des gens que j'ai tâché d'oublier, d'autres que j'ai voulu ménager.

Mais je sais aussi que, pour ces gens-là, démentir coûte peu, calomnier moins encore.

J'attendrai donc, l'oreille au guet,—et pour peu qu'on le veuille, je dirai alors—*toute la vérité.*

Je suis prêt.

Jusque-là, ceux qui me connaissent, et ils sont nombreux, attesteront que pas un mot de ce livre ne saurait être autre chose que l'expression de la vérité la plus stricte.

J'ai quarante-quatre ans, et—ici je parle bien haut:—je défie qu'un homme au monde puisse dire que j'aie une fois menti.

Nadar

I

Trois memento. — Les *Galeries de Bois.* — *Un Grand Homme de province à Paris.* — Les locataires étaliers. — Les chaufferettes. — Un plancher en boue. — Jusqu'au dernier moment! — L'année 1817. — *Les Misérables.* — Le Voltaire Touquet. — Les tabatières à la Charte. — Les petits garçons. — Chateaubriand *par un T.* — L'école de marine d'Angoulème. — L'illustre Racet. — Moïse flatté par les Mastodontes. — *L'infâme* Grégoire. — *Une chose qui fumait...* — *Une distribution gratuite aux Champs-Élysées.* — Le bonhomme Boilly. — La manne préfectorale. — Les grillons sous l'herbe. — Un premier plan en repoussoir. — Changement de décor. — Conservation de la race. — *Ah!!!...* — Le Ballon de la Fête du Roi. — Rentrons chez nous! — Date de naissance du Géant. — Le crépuscule du sommeil. — Le père Hugand et sa tabatière. — Direction des ballons! — M. Carmien, né à Luze. — Les détenus de Clichy. — La pension Augerou. — Le sieur Pétin. — Saint Paul sur la route de Damas! — *Pigeon vole!* — PLUS LOURD QUE L'AIR!!!

Il est trois pages—deux à la plume, une au crayon—qui me rappellent singulièrement les souvenirs de mon extrême enfance.

L'une est cette merveilleuse description du Palais-Royal et des Galeries de Bois,—la Galerie d'Orléans, au Palais-Royal d'aujourd'hui—que Balzac a daguerréotypés dans son *Grand homme de province à Paris.*—Il faut avoir vu, pour y croire, ce lieu sans nom dont rien ne saurait donner une idée aujourd'hui, et quand on l'a vu, fût-ce à l'âge où l'on bégayait à peine, on ne l'a plus jamais oublié.—Mal garanties du côté du jardin par des treillages toujours souillés par les promeneurs, s'étendaient parallèles deux galeries formées d'échoppes ou de huttes entièrement ouvertes et constituant une triple rangée de boutiques, louées mille écus chacune à des modistes, libraires (le célèbre Ladvocat s'y trouvait), tailleurs, marchandes de bouquets, parfumeuses, montreurs de curiosités, vendeurs d'images érotiques. Vu le danger du feu dont ils faisaient eux-mêmes la police, il n'était permis aux locataires étaliers de se servir que de chaufferettes.

Sur la boue monstrueuse et grasse qui servait de plancher, dans la chaude vapeur des arômes les plus contrastés, irrésistiblement attirée par la lumière du soir qui commence le jour pour les phalènes, circulait, comme ivre, une foule si compacte qu'on y marchait au pas comme à la procession ou au bal masqué; foule bariolée d'étrangers, de militaires, de bourgeois, de joueurs, fendue et coupée en tous sens, comme sous les navires le flot, par d'étranges créatures outrageusement décolletées, coiffées de plumes d'une hauteur insolente, ruisselantes de strass, les unes en Espagnoles, les autres en

Cauchoises, et croisant leurs appels avec les invitations aux passants lancées par chacune des demoiselles de boutiques, au milieu d'un brouhaha sans trêve ni fin.

C'était le rendez-vous de Paris, c'est-à-dire du Monde. Au milieu des vêtements d'hommes, généralement sombres sauf les uniformes, les chairs pantelantes étincelaient. Des gens à figures patibulaires s'y coudoyaient du plein droit de cité avec les hommes les plus marquants.—C'est là que Paris entier est venu, jusqu'au dernier moment, respirer cette infâme poésie, étaler ce cynisme public qu'on ne retrouverait plus ni au bal masqué ni ailleurs; jusqu'au dernier moment, Paris s'est promené même sur le plancher provisoire dressé par l'architecte au-dessus des caves qu'il bâtissait,—et un regret immense, unanime a accompagné la chute de cet incroyable et ignoble pandæmonium.

L'autre page, dont je ne puis cependant retrouver que comme un écho dans mes lointains, puisque la date ne m'est point contemporaine, mais que je reconnais comme si je l'avais vue, c'est le kaléidoscope panoramique intitulé *l'Année* 1817, dans le premier volume des *Misérables*:—une page fantastique et pourtant d'une sincérité flagrante, où vous voyez passer tour à tour devant vos yeux le Voltaire Touquet,—les tabatières à la Charte,—les petits garçons engloutis sous les casquettes de cuir à oreillons,—le radeau de la Méduse,—*Ourika*,—l'éloquence de M. Bellart,—*Claire d'Albe*,—l'école de marine d'Angoulême,—le café Lemblin et le café Valois,—M. Chateaubriand par un *t*,—le célèbre Piet et l'illustre Bacot, et aussi M. Charles Loyson,—les dévotions du préfet de police Delaveau,—Cuvier faisant flatter Moïse par les Mastodontes,—les querelles de Récamier et de Dupuytren sur la divinité de Jésus-Christ,—et M. François de Neufchâteau plaidant pour la *Parmentière* et non *pomme de terre*,—et l'*infâme* Grégoire,—et le début d'un prêtre inconnu, Félicité Robert, qui devait s'appeler plus tard Lamennais,—et enfin:

«.....une chose qui fumait et clapotait sur la Seine avec le bruit d'un chien qui nage, allait et venait sous les fenêtres des Tuileries, du Pont-Royal au pont Louis XV; c'était une mécanique bonne à pas grand'chose, une espèce de joujou, une rêverie d'inventeur songe-creux, une utopie: un bateau à vapeur. Les Parisiens regardaient cette inutilité avec indifférence...»

—ne s'en souciant pas plus qu'un poisson d'une pomme ou M. le général Morin d'un hélicoptère.

Mon dernier *memento*, c'est une grande lithographie de ce doux et sympathique faiseur de bonshommes, bonhomme lui-même, appelé Boilly:—*Une distribution gratuite de vivres* à l'occasion de la Fête du Roi, dans l'endroit des Champs-Élysées qu'on appelait alors le carré Marigny, et que couvre aujourd'hui le Palais de l'Industrie.

Du haut des estrades surélevées hors de la portée de la main, les distributeurs, flanqués à droite et à gauche de l'éternel gendarme, lançaient, à toute volée sur la foule les pains et les saucissons.

Le populaire se bousculait sous cette manne préfectorale avec force coups de coudes, horions, renfoncements, et des cris à faire évanouir des éléphants:—tapage qui dominait même l'immense susurrement de la foule, la voix aigre des crécelles, le bourdonnement des mirlitons, les retentissants appels des marchands de macarons et des tirs à l'arbalète,—et les sonnettes des marchands de coco, plus perçantes et plus infatigables qu'un millier de grillons sous l'herbe.

En fermant les yeux, j'entrevois encore dans cet extrême horizon de ma mémoire—confusément, mais certainement—les porteurs des halles aux chapeaux à larges bords, se détachant de toute leur haute taille au-dessus de la houle vivante. Je vois, au-dessus encore de ceux-ci, des filets tendus au bout de quelques bâtons pleins de prévoyance, guettant et happant, dans leur vol intercepté, les comestibles.

Une senteur générale de friture portée par les nuages de poussière où baigne le tableau, semble l'accord continu qui soutient et accompagne la mélodie.

Dans l'espèce d'horreur que j'eus toujours pour l'odeur du vin, je détourne mes yeux du côté droit où se fait la distribution, plus vilaine encore, des liquides, et revenant par un dernier coup d'œil à mon groupe mouvementé, je reconnais au premier plan,—en une opposition pleine de calme et en repoussoir, selon le rite de toute composition rationnelle,—une famille d'honnêtes bourgeois: le père, un père à canne de rotin pomme de buis, en lévite cannelle, culotte jaune et bas mouchetés;—la femme, en écharpe jaune et en robe courte *à la Girafe*—et l'enfant—(peut-être moi!)—dont deux boutons retiennent le pantalon à la nuque,—tandis qu'un chien poncif, vu de dos, au poil effaré, aboie à cette curée qui l'agite et dont il n'est pas.

Je crois que c'est 1830 qui supprima ces distributions en plein vent. Je ne me refuse pas à reconnaître—un peu toujours en attendant mieux que le Droit à l'Assistance—que les bons de pain à domicile sont préférables.

Mon papa et ma maman avaient fort bien apprécié que, pour un enfant de huit ou neuf ans que j'étais alors,—1828 ou 1829,—ce spectacle bruyant et varié dans son uniformité annuelle était plein de curiosité. La preuve en est qu'à cette heure je me rappelle encore certains infinis détails, comme si j'avais encore l'étrange cohue sous les yeux.

Mais on se lasse de tout, ou bien vient l'heure où les distributions cessent.—Ici il y a changement de décor: j'entends une grande clameur, comme pour indiquer un nouvel acte, et je nous vois un peu plus loin, nous frayant un chemin, moi tiré par le bras, car mes petites jambes—d'alors!—étaient un peu en retard, sous les grands arbres, à travers les mille et une boutiques en plein air. Des rafales de vent soulevaient des flots de poussière, quelques étalages ambulants étaient renversés: la foule courait comme si un gros orage était imminent, et presque tous en courant regardaient en l'air avec la même éternelle grimace des gens qui regardent en l'air: les yeux clignés, fermés plutôt, et la bouche ouverte.—La masse ne s'éparpillait pas en sens étoilé, mais, comme par un mot d'ordre, une poussée générale nous pressait sur la grande avenue.

Presque emportés par la foule, nous y arrivâmes aussi. Ma mère, qui avait essentiellement l'instinct de la conservation de sa race, se précipita de côté, me tirant contre elle, derrière un gros arbre qui protégeait nos dos contre tous heurts,—et, ainsi couverts, nous fîmes halte, nous donnant à notre tour le temps de lever le nez pour voir aussi ce dont il s'agissait là-haut.

À ce moment,—et je l'entends encore comme s'il retentissait à mes oreilles,—il y eut un cri terrible de toute la foule:

—Ah!!!...

Une forme venait de passer au-dessus de nous, rasant les arbres avec une rapidité tellement vertigineuse que j'eus à peine le temps de reconnaître, d'après mes images, un Ballon—et, au-dessous, dans le petit panier d'osier qu'on appelle nacelle et qui lui venait à peine aux genoux, un être humain, homme ou femme, qui se cramponnait aux cordages...

La vision avait aussitôt disparu qu'apparu, et, avec une longue clameur, tout le monde traversait en courant l'avenue des Champs-Élysées, à la poursuite de cette masse précipitée...

J'eus un horrible serrement de cœur...

—Le pauvre diable doit être déjà en pièces! dit mon père, qui était pâle... Rentrons, Thérèse! Quand je te disais de ne pas venir!...

Si les bêtes savaient peindre, je veux dire si les ballons savaient écrire, l'immensité de taffetas qui s'appelle aujourd'hui *le Géant* pourrait, sans crainte de se tromper, dater sa vraie naissance de ce jour de la Fête du Roi.

Jamais, en effet, cette scène dramatique ne s'est effacée de ma pensée. Combien de fois au dortoir, avant de m'endormir, ai-je eu un soubresaut de frisson en voyant à travers mes paupières fermées ce globe lancé dans l'espace comme une pierre, frôlant les arbres à en casser avec fracas les hautes branches, pour aller se briser sur les tuiles de quelque toit avec son infortuné voyageur!

Il n'en fut rien cependant,—que j'aie jamais su, tout au moins. Il est plus que probable que «*l'infortuné voyageur*» s'en tira sain et sauf en se débarrassant tout simplement de quelques pincées de lest, et alla descendre en paix, plus ou moins cahoté, dans quelque plaine d'Asnières ou quelque vigne de Maisons-Laffitte.

La foule qui se précipitait haletante a dû, cette fois-là comme toujours, s'imaginer à tort que le ballon allait tomber, parce qu'elle le voyait raser bas.

Mais j'avais été profondément frappé,—et toujours j'avais devant les yeux ce vol d'ouragan du ballon de la Fête du Roi...

Chaque fois aussi que je trouvais une image de ballon, j'en avais pour des heures à la contempler, et je me serais fait vingt fois écraser par les fiacres, dès que j'étais braqué sur une affiche d'ascension.

Le père Hugand, un vieil ami à nous, possédait un trésor, le seul, je crois, que j'aie de toute ma vie secrètement envié: c'était, sur sa tabatière ronde, un petit *fixé* sous sa glace représentant une Montgolfière. Aussi quelle fête le jeudi, jour où le père Hugand avait son couvert mis à la maison! Avec quelle impatience je guettais son arrivée pour courir me jeter dans ses jambes et lui demander de me montrer la précieuse tabatière! Et comme j'attendais le dessert pour la lui redemander encore!—Il y avait pendant le dîner entr'acte de tabatière—par ordre!—Et combien de fois la bonne me réclamait-elle pour me conduire au lit, une fois absorbé sur la fascinante Montgolfière!

Un jour, plusieurs années après, je ne sais plus ni où ni par qui, j'entendis devant moi parler d'un système de direction des ballons.

Il n'y avait eu qu'une ou deux paroles dites, auxquelles, sur le moment, je ne m'étais pas trouvé prêter grande attention.

Mais les jeunes cerveaux ruminent, et ce bout de conversation, que j'avais à peine entendu, compris moins encore, revint à ma pensée.—Comment s'y prendront-ils? me demandais-je.—Et ma petite imagination travaillait et je combinais des systèmes de voiles, contre-voiles, presque aussi ingénieux que le système de ce bon M. Carmien, né à Luze,—celui que le modeste Moigno appelle «son intéressant protégé.»

Et je méditais toujours, quand l'idée ballonnesque venait à se jeter à travers ma petite cervelle.

Combien de fois ai-je suivi de l'œil, jusque par-dessus le mur de nos voisins les prisonniers de Clichy (—J'irai les délivrer un jour avec cela! pensais-je),—les Montgolfières en papier que je lançais de la cour de la pension sous les yeux bienveillants de notre excellent maître, le vénérable M. Augeron, notre meilleur ami à tous, encore aujourd'hui!—Combien de fois aussi ai-je senti mon cœur se faire tout petit quand mes chétives machines allaient, poussées par le vent, s'écraser contre le grand mur!...

Arriva un jour jusqu'à moi le bruit d'un aérostat dirigeable inventé par un sieur Pétin. Il y avait là réunis le ban et l'arrière-ban de tous les procédés et mécanismes à l'usage des directeurs de ballons, depuis l'An de gloire—(et de perdition pour la Navigation Aérienne proprement dite)—1783: plans inclinés, hélices, etc., etc.

Mais les années m'étaient venues aussi, et avec les années un peu de réflexion.

Le souvenir de la course folle de mon ballon de 1828 ou 29 ne m'avait jamais quitté: j'avais toujours sous les yeux cette furieuse dérive,—et, comme je lisais un des prospectus fantastiques du sieur Pétin, la lumière de vérité vint à se faire pour moi:

—Quel mécanisme assez puissant, me demandai-je, pourrait-il jamais employer pour faire résister à l'ouragan une masse aussi considérable et tellement plus légère que l'air?

Je venais d'être subitement frappé comme saint Paul sur la route de Damas.

Le problème se trouvait posé du coup dans ses véritables termes:—Pour résister à l'air, être d'abord plus *lourd* que l'air (plus *dense*, si vous voulez), comme l'oiseau qui n'est pas du tout un ballon, mais une mécanique.

Le souvenir de mon ballon de la Fête du Roi et *Pigeon vole!*—comme dit notre La Landelle—avaient couvé l'œuf: les fantastiques promesses du sieur Pétin déterminaient l'éclosion.

II

Ma première ascension. — Autres. — 200 kilogr. — M. Fould. — Un accident. — Dames blanches. — La casquette. — Un refrain. — Secousses. — On regrette M. Carmien. — Grêle de pois. — En plein bois. — Le chien. — C'est un berger! — Le paletot. — La forêt de Moussy. — Attention aux zones!... — La Photographie Aérostatique est française! — Coutelle et les Aérostiers militaires. — Le Comité de Salut Public. — Le baptême du feu. — *L'Entreprenant* à Fleurus. — L'École nationale Aérostatique de Meudon. — Le ballon du couronnement impérial et la statue de Néron. — Mon ami de Gaugler perdu. — Un pis aller. — L'ouragan. — Mon ordre du jour.

L'intervention du moindre rayon de lumière dissipe à la seconde même les ténèbres les plus épaisses et permet à l'œil de sonder les plus sombres recoins.

Dès que j'eus entrevu la vérité, je fus moi-même surpris de constater l'admirable et infinie concordance des preuves à l'appui. Chaque observation nouvelle concluait d'accord: de tout jaillissait la démonstration, palpable, incontestable, mathématique, surévidente.

Je rencontrai enfin l'occasion que j'avais tant de fois rêvée: un jour d'Hippodrome, L. Godard, que je ne connaissais pas, vint à moi et m'offrit de prendre place dans son ballon. J'acceptai avec empressement, non pas cependant sans m'être d'abord assuré discrètement que nul voyageur payant ne m'envierait cette place gratuitement offerte:

—les affaires avant tout!—pour les autres, j'entends.

Et me voici en l'air, jouissant à pleins pores de cette volupté infinie, unique de l'ascension.

Je n'avais jamais causé avec L. Godard, puisque je le voyais pour la première fois. Je savais seulement qu'il avait une certaine pratique des aérostats.

Ma première question, à peine à cinq cents mètres du sol, fut celle-ci:

—Et vous, croyez-vous à la possibilité de diriger vos ballons?

—Jamais!

—À la bonne heure!

Nous descendîmes, je ne me rappelle plus où cette première fois;—et je n'eus plus qu'une pensée que comprendront tous ceux qui ont fait une ascension: recommencer au plus tôt.

Je guettais les occasions. Ne me jugeant pas assez riche pour me payer toutes les semaines au prix de cent francs une heure de plaisir, je m'accotais sur la barrière de l'enceinte, épiant comme ennemie toute figure nouvelle qui venait parler à Godard, et quand l'heure du départ sonnait enfin, par bonheur, si la place était restée vide, je ne mettais pas longtemps à enjamber la barricade et à sauter dans le panier.

Pour Godard, d'une finesse particulière sous son allure de bonhomie, son temps ne se trouvait pas perdu, et chacune de nos ascensions était pour lui un excellent placement comme publicité. Un beau *fait divers*, rédigé par moi après chaque ascension, inévitablement reproduit par tous les journaux toujours bien disposés pour moi et sur ce chapitre, ne manqua jamais une fois de chanter «d'*intrépidité*» de mon aéronaute et de célébrer, en même temps que la courtoisie des hôtes de nos descentes, la gloire de la dynastie des Godard.

Il est inutile d'ajouter que je me chargeais, comme de juste, de tous les divers frais de retour, dépenses communes, indemnités de descente, etc.—De cette façon, chacun y trouvait son compte.

Aussi Louis et Jules Godard mettaient un empressement naturel à me demander comme compagnon dans leurs ascensions. Lors même que la chose semblait impossible de par le peu de force ascensionnelle dont leurs petits ballons disposent, l'ardeur que j'avais à monter et l'intérêt qu'ils pouvaient avoir à m'emporter, faute d'un voyageur tout à fait *sérieux*, arrivaient d'ensemble à déterminer mon départ. Plus d'une fois, avec une force ascensionnelle plus qu'insuffisante, ils acceptèrent les cent kilogrammes que j'ai le tort aérostatique de peser,—vidant leur nacelle du précieux lest, lorsqu'un demi-sac peut représenter la vie d'un homme. Plus d'une fois il nous arriva de partir, soit avec Jules, soit avec Louis,—comme une fois à Montmartre,—avec un seul sac de lest, bien que la plus élémentaire prudence nécessite au moins le double, sinon le triple.

Avec une descente que nous fîmes, Louis et moi, sur un arbre de la propriété de M. Fould, à Saint-Germain, et une charmante soirée dans cette maison hospitalière,—avec une autre, près de Rosny, où nous démolîmes quelque peu une maison et où je tremblai un instant que Louis n'eût la cuisse coupée par la corde d'ancre imprudemment agencée, je me rappelle surtout une descente assez vive que nous opérâmes avec Jules sur plein bois, par nuit noire et orage.

Nous étions partis depuis une heure de l'Hippodrome et le jour commençait sensiblement à baisser. Il fallait remiser et plier bagage.

—Tâchons donc cette fois-ci de descendre chez des gens un peu civilisés, dis-je à Jules. Nous nous arrangeons presque toujours pour tomber en pleins champs; les paysans arrivent, nous gênent plutôt qu'ils nous aident, et il faut souvent jouer du poing fermé pour s'en débarrasser. Nous avons beau tomber sur des terres fauchées, en pleins chaumes, ils trouvent toujours moyen de réclamer une indemnité, que je leur paye toujours aussi, pour en finir plus vite.—Tenez, Jules! regardez sur quelle charmante propriété nous arrivons: n'est-ce pas fait pour nous?

C'était charmant, en effet: une immense pelouse devant une jolie maison bourgeoise, le tout entouré de bois, avec eaux vives, je crois. Sur la pelouse et devant le perron, de belles daines en robes blanches... On m'a dit depuis que cette propriété appartenait à M. Dehaynin.

Nous rasions à soixante mètres au plus.

—Descendez ici! nous criait-on. Venez dîner avec nous!

—Eh bien! dis-je à Jules, voilà notre affaire!

—Notre angle de descente nous porte un peu plus loin, me répondit-il,—mais pas beaucoup plus loin. Nous allons revenir: *j'ai mon moyen!*

Et le voilà qui salue, salue à tour de bras—et laisse tomber sa casquette...

Je venais de comprendre.

—Gardez-la-moi! crie-t-il. Nous allons revenir!

—C'est dit! Venez vite!

Mais, crac! voici qu'un coup de vent de tous les diables fait disparaître sous nous la jolie maison—et bien d'autres. L'ouragan vient de se déchaîner: en un clin d'œil nous sommes portés à quelques lieues de là, les nuages sombres galopent avec nous, la nuit subite est venue.

Je pars d'un éclat de rire,—et je chante à Jules sur un air connu des casernes:

As—tu—vu
La casquette, la casquette,
As—tu—vu
La casquette au p'tit Godard?

Mais Jules ne rit pas. Est-ce le deuil de sa casquette? n'est-ce pas plutôt la préoccupation assez légitime de noire descente qui le rend sérieux, lui qui est beaucoup plus à même que moi, par sa pratique antérieure, d'en apprécier toute la gravité?

Cependant la bourrasque continue à nous emporter. La nuit est tombée tout à fait.... J'avais recommencé mon refrain...

—Il faut descendre sur ce plein bois, monsieur Nadar, m'interrompt tout à coup Jules;—et nous allons avoir du tirage!

Il donne un brusque coup de soupape, amarre rapidement sa corde, fait passer l'ancre par-dessus le bord de notre panier et laisse filer le câble:

—Maintenant, me dit-il très-vite, tenez-vous bien, monsieur Nadar! Tenez-vous bien: vous allez recevoir un choc comme vous n'en avez jamais reçu de votre vie!!!...

Je m'étais déjà cramponné de mes deux mains aux cordes qui suspendent la nacelle au cercle, et Jules en avait fait autant...

—Tenez-vous bien, monsieur Nadar!... Tenez-vous bien, nom de D...!

Il n'a pu achever: le cri a été coupé court par la plus épouvantable des secousses... Du coup, la nacelle est revenue sur elle-même comme par un ressort...

Et la voilà déjà repartie, entraînée par le ballon...

—Tenez-vous bien!!!

Ouf!... deuxième secousse, un peu moins violente, mais il y a encore de quoi vous arracher le pain de la bouche... La nacelle subit le même mouvement de retour, puis le câble se tend encore... L'ancre tient bon, le câble aussi—jusqu'à présent.—Mais l'ouragan s'obstine et pousse au ballon: nous entendons derrière nous les branches que nous fracassons... Comme M. Carmien de Luze, qui se charge de diriger ces machines-là, nous serait précieux ici!...

—Tenez-vous bien, monsieur Nadar!!!...

Patatras! Tout a cassé avec un tintamarre épouvantable,—notre câble aussi. La nacelle s'élance, revient et repart encore comme un gigantesque pendule au-dessous du ballon qui a repris son vol.—Je ne me suis pas encore offert un traînage à la remorque du *Géant* en Hanovre, et n'appréciant pas, comme mon compagnon, le danger,—je jouis de toute la surexcitation de mes nerfs de l'âcre et indicible volupté du terrible jeu.

—Au nom de Dieu, monsieur Nadar, ne riez pas!—Et tenez-vous bien!!!

Il jette le *guide-rope*,—long câble d'une soixantaine de mètres, pour l'engager dans les arbres et nous retenir, à défaut de l'ancre perdue.

Une secousse effroyable encore,—mais on s'y fait! Il me semble d'ailleurs que celle-ci a été moins violente que les autres.

Et en effet, le ballon dégagé déjà d'une bonne partie de son gaz par la soupape maintenant ouverte a dû perdre beaucoup de ses forces.

Un peu de roulis encore et nous voici à peu près tranquilles.—Le quart d'heure a été rude: je ruisselle de sueur et quitte ma redingote.

Mais qu'est ceci? Et que se passe-t-il au-dessus de nous? J'entends dans tout le ballon que je ne vois pas, mais qui est toujours, bien entendu, au-dessus de nous, une crépitation extraordinaire:—on dirait une grêle de pois tombant sur un tambour.

—Qu'est-ce qui se passe donc là-haut, *la Casquette?*...

—C'est la pluie.

—Tiens! Mais on est fort bien là-dessous.

—Oui. Seulement, attendez!

Et presque aussitôt la parole dite, la pluie qui frappe de tous côtés la vaste envergure et suit le long de la sphère sa pente naturelle, nous arrive dans le cou comme si elle tombait d'une gargouille:

—Ah! mais, bigre! il faut nous en aller de là—et vite!

Reste la question de savoir sur quoi nous sommes.

Est-ce haute futaie, moyenne futaie, petite futaie?

Allons-nous arriver sur la cime d'un chêne de trente mètres? Comment le hasard nous y accrochera-t-il? Et comment en descendrons-nous dans cette obscurité?

Car il ne faut plus compter sur le ballon pour nous soutenir désormais. Il se dégonfle de plus en plus, et nous baissons sensiblement...

Jules se met à crier, à tout hasard, entre ses deux mains en porte-voix:

—Ho! hé!... Ho!... Au secours!...

J'en fais autant:

—Au secours!... Ho! hé!... Ho!...

quoique sans conviction.—Quel abonné du journal *Les Mondes* pourrait rôder sous ces ombrages par une température aussi peu engageante?

Mais nous sommes sauvés,—dans un moment, quand nous allons être à terre: au loin, les aboiements d'un chien nous répondent:

—C'est une ferme! dis-je tout satisfait à Jules.

—Il ne s'agit que de s'y rendre.

Nous descendons toujours: des craquements se font entendre sous la nacelle. Nous touchons,—quoi?

Enfonçons encore!... Hardi!... Encore!...—Ça s'arrête!!...

Jules, qui tient l'emploi de Chat céleste, enjambe le bord du panier, une corde en main,—et disparaît dans le noir...

—Prenez bien garde! lui dis-je.

—Nous sommes à terre, me répond-il presque aussitôt. Nous avons de la chance: juste sur un buisson!

À mon tour, je descends.

—Ho! hé!... Ho!...

Réponse du chien.

—Le chien est de ce côté, Jules!

—Eh bien, allons-y!

Et nous voilà partis, le ballon bien amarré.

Au bout de dix pas:

—Et mon paletot que j'oubliais!

—Bah! nous allons revenir le prendre dans un instant.

Et j'allais y croire! Il est dit que toute ma vie je me laisserai prendre à la première parole de mon prochain...

Mais, heureusement, je pense à la casquette de Jules: c'est une *vendetta*! Et puis,—un peu de bon sens!—comment diable retrouver cette place quand nous aurons fait seulement trois pas de plus?...

Farceur de Jules!

Je reprends mon paletot—et cette fois nous voilà partis:

—Ho! hé!... Ho!...

Nous tirons sur le chien.—Quelles fondrières! Je me cramponne à l'épaule de mon compagnon, beaucoup plus malin que moi pour se débrouiller dans ces taillis. Je crois qu'il y voit de nuit, toujours comme les chats, ses frères. Nous glissons à chaque pas dans des trous...

—Ho! hé!... Ho!...

Le chien approche.

—Un peu de patience! dis-je par manière d'encouragement pour nous deux.

—Nous serons bientôt à la ferme! répond Jules.

—On nous donnera à manger!

—Et à boire!

—Et nous ferons faire du feu pour nous sécher.

—Oh! moi, je me sèche toujours tout seul!

—*Houp! houp! houp!*...—Couchez!...

—Ah! voilà le chien!... Ohé!... *Houst!*... Arrière!... Couchez!!!

Hélas!

Le chien n'est pas une ferme, c'est un berger—qui parque sous la lisière du bois.

Ledit berger ne paraît, dans l'ombre, rassuré que tout juste: son chien, derrière lui, grommèle... On cause...

—Comment, dà! c'étiez vous qu'étaient dans c'grand machin-là!

D'après l'idiome, nous devons être au moins sur l'extrême Normandie.

Renseignements: nous sommes dans la forêt de Moussy, bois de Beaumarchais; quatre lieues pour gagner la station de Luzarches—par les terres labourées.—Merci!

Nous mourons de soif, il nous offre sa gourde de cidre: du pur vinaigre!

Nous lui rendons de quoi boire une bouteille de cacheté,—et nous revoilà en route.

Vers les minuit, nous prenions le convoi qui nous ramenait sur Paris,—au complet, moins une casquette que je réclamais le lendemain par une lettre insérée dans le *Figaro*, et qui nous fut honnêtement renvoyée,—et le ballon que Jules allait chercher le surlendemain, et retrouvait intact, sans la moindre déchirure, bien qu'entouré de villageois qui venaient y faire respectueusement pèlerinage.

Notre extrême chance nous avait fait échoir tout justement au beau milieu d'une clairière,—d'une part,—et, d'autre part, ces braves villageois appartenaient à la zone hospitalière qui commence au delà de cinq lieues autour de Paris.

Ne jamais tomber en deçà, et encore moins, dans ce mauvais cas, laisser quoi que ce soit sur place. Car dans cette banlieue de la capitale du monde civilisé, vous trouvez des brutes plus sauvages et plus féroces que les Boschimen et ceux de l'Orégon.

À chaque ascension nouvelle où je m'ajoutais un chevron, plus nettement et absolument se formulait dans mon esprit l'axiome:—*«Être plus lourd que l'air pour lutter contre l'air,»*—ou, en termes encore plus élémentaires, et comme l'a articulé mon coadjuteur de La Landelle:

—Être le plus fort pour ne pas être battu.

Ce n'est pas avec l'éponge que vous entamez le verre, c'est avec le diamant.

Plus aussi me prenait et m'envahissait la passion des ascensions.

J'aurai l'occasion tout à l'heure de tâcher de décrire le charme infini—et sans similaire d'aucune sorte—qu'on éprouve sous une nacelle d'aérostat.

En attendant, je m'étais trouvé un prétexte sérieux pour monter en ballon à peu près à ma guise, autant du moins que ma bourse me le permettrait.

J'avais eu l'idée d'essayer des relevés photographiques du planisphère, et j'avais aussitôt pris,—n'en déplaise au célèbre opticien-photographe de Londres, M. Negretti,—le premier brevet de *Photographie Aérostatique.*

Les applications étaient du plus grand intérêt.

Au point de vue stratégique, on n'ignore pas quelle bonne fortune c'est pour un général en campagne de rencontrer un clocher de village d'où quelque officier d'état-major dresse ses observations.

Je portais mon clocher avec moi, et, grâce à mon appareil photographique, je pouvais tirer tous les quarts d'heure un positif sur verre que je faisais parvenir au quartier général, sans perdre de temps ni de gaz à descendre, tout simplement au moyen d'un facteur mécanique,—petite boîte coulant jusqu'à terre le long d'une cordelle qui me remontait des instructions au besoin.

Le positif sur verre, soumis dans une chambre optique aux yeux du général en chef, marquait les points de la bataille en constatant, au fur et à mesure, chaque mouvement des deux corps d'armée.

Il ne m'est réellement pas possible ici de ne pas rappeler, si brièvement que ce soit, l'histoire, si peu connue et qui pourtant ne saurait jamais être assez répétée, de Coutelle et des Aérostiers militaires sous la première République.

Guyton de Morveau eut l'idée première de cette application de l'aérostatique.

Le Comité de Salut Public, Carnot, Berthollet, Fourcroy, Monge, etc., en tête, l'adopta aussitôt et l'exécution immédiate s'ensuivit.—Dans ce temps-là, on allait vite!

Guyton de Morveau s'adjoignit un ancien précepteur du comte d'Artois, Coutelle, qui, bientôt nommé directeur des essais, s'installe au château de Meudon, et appelle immédiatement à lui son ami Conté, peintre, chimiste, mécanicien: «—Toutes les sciences dans la tête, tous les arts dans la main,» disait de Conté, Marey-Monge.

Quatre jours après la première expérience, le Comité de Salut Public décrétait la création d'une compagnie d'Aérostiers militaires sous le commandement du capitaine Coutelle.

Les hommes que Coutelle choisit avec soin avaient tous des notions de charpente, chimie, maçonnerie, peinture d'impression, etc.

Cinq semaines après sa création, la compagnie est à Maubeuge assiégée par les Autrichiens. Coutelle demande et obtient l'honneur de prendre part avec ses hommes à une sortie contre l'ennemi, et il gagne ainsi le sanglant baptême du feu pour sa petite troupe dont la garnison ne comprenait pas encore bien la mission.

Les premiers moments furent rudes: tout avait été si hâté que rien n'était prêt. Il fallut tout improviser, mais Coutelle était admirablement secondé par ses hommes, soldats-ouvriers d'élite, et bientôt le voici en l'air, dans son ballon l'*Entreprenant*[1], guettant et constatant le moindre mouvement de l'ennemi, rendant impossible toute surprise et produisant de plus un grand effet moral sur les assiégeants.

Coutelle est envoyé sur Charleroi: il part avec son ballon gonflé,—opération difficile,—fait en route une reconnaissance aérostatique, et, arrivé à Charleroi, trouve encore le temps de s'élever en l'air avant la nuit.

Le lendemain, c'était la bataille de Fleurus. L'*Entreprenant* resta huit heures en observation, malgré les projectiles de l'ennemi.

Une fausse manœuvre—un coup de vent plutôt—porte l'aérostat sur un arbre après la bataille et le met hors de service. On envoie de Meudon un autre ballon cylindrique et ne pouvant enlever qu'un seul homme: Coutelle le renvoie.—La compagnie des Aérostiers installe un établissement à Borcette, près d'Aix-la-Chapelle.

Pendant ce temps-là, le Comité de Salut Public n'avait pas cessé un instant de s'occuper du corps créé par lui.

Dès le départ de Coutelle pour Maubeuge, la Convention avait décrété (5 messidor an II) la formation d'une deuxième compagnie, espèce de dépôt placé à Meudon sous le commandement de Conté.

Le 10 brumaire an III le Comité créait l'*École Nationale Aérostatique de Meudon* destinée à assurer le recrutement spécial et à fournir des officiers. C'est là que Conté, parmi bien d'autres découvertes précieuses, trouva le secret, malheureusement perdu, de parer à l'endosmose et à l'exosmose en parvenant à garder le gaz jusqu'à trois mois dans un aérostat.

Outre l'*Entreprenant*, qui avait été établi à Meudon, Conté fit construire le *Céleste*, destiné également à l'armée de Sambre-et-Meuse, l'*Hercule* et l'*Intrépide*, envoyés plus tard à l'armée de Rhin et Moselle.

Le 3 germinal an III, le Comité de Salut Public décrétait la création d'une deuxième compagnie active pour l'organisation de laquelle Coutelle fut rappelé de Borcette en qualité de chef de bataillon.

À peine formée, cette compagnie est envoyée à Maubeuge. On retrouve dès lors nos Aérostiers à Frankenthal, où le ballon est criblé de balles, à Manheim, à Ehrenbreistein, où le capitaine Lhomond fit avec succès une reconnaissance au milieu d'une pluie de bombes et de boulets.

À Wurtzburg, malheureusement (17 fructidor an IV), l'aérostat en observation a ses agrès brisés; la compagnie et son matériel tombent au pouvoir de l'ennemi par la capitulation. Lhomond et Plazanet, prisonniers de guerre, sont échangés quelques mois après, à temps pour participer à la campagne d'Orient avec leur compagnie.

Mais à partir de Wurtzburg, hommes et événements jusqu'alors propices, tout change pour les Aérostiers, Hoche d'abord, qui succède à Jourdan, et leur est aussi hostile que celui-ci leur avait été favorable. La première compagnie est prisonnière de guerre, et la seconde reste inactive malgré les instances de Delaunay, son capitaine.

Libre par le traité de Léoben, la première compagnie est dirigée sur Toulon. Elle se trouve, dans le transport, séparée de son matériel qu'Aboukir lui enlève; le bâtiment qui la portait est coulé.

À compter de ce désastre, l'Aérostation militaire est perdue. En débarquant à Marseille, les Aérostiers sont licenciés et versés dans le corps du génie. À grand'peine, et après des réclamations énergiques, les officiers ont obtenu la confirmation de leurs grades conquis. Le matériel de Meudon est versé dans les magasins du génie—et tout est oublié.

On a parlé, à tort ou à raison, de l'hostilité de l'Empereur contre tout ce qui était aérostat, à la suite de la mésaventure du ballon du couronnement qui, lancé par Garnerin, allait, le lendemain matin, s'accrocher au pseudo-tombeau de Néron à Rome, y laissant une partie de la couronne impériale décorative qu'il emportait, pour aller enfin s'abîmer dans le lac Braciano.— Les journaux étrangers ne pouvaient manquer de signaler avec insistance à la malignité de l'Europe coalisée cet incident étrange, tout fortuit qu'il fût.

Depuis nous retrouvons à peine çà et là quelques traces historiques de l'Aérostation militaire. En 1812, les Russes avaient projeté d'écraser l'armée française à l'aide d'une machine infernale transportée par un aérostat.

En 1815, Carnot, commandant la défense d'Anvers, employa un ballon à des reconnaissances militaires.

En 1820, quelques partisans obstinés de l'aéronautique cherchent à remettre la question sur le tapis.

En 1826, les journaux se décident enfin à y donner quelque attention. Le *Spectateur militaire* publie un excellent article où l'auteur, M. Ferry, prédit l'oubli des traditions et la perte, peut-être irréparable, des découvertes déjà acquises. C'était déjà plus qu'à moitié fait.—L'opinion publique s'émeut: une commission militaire est chargée d'un rapport. Ce rapport est enfin publié et, favorable à la question, il va, comme de juste, et à la tradition fidèle, s'enfouir dans les cartons.

Lors de l'expédition d'Alger, l'aéronaute Margat obtient l'autorisation d'accompagner l'armée.—Le ballon fut emporté, rapporté, payé, sans avoir même été déballé, et tout fut dit.

En 1848-49, les Autrichiens emploient, devant Venise, de petits ballons enlevant des bombes. Mais les courants de vent reportent ces envois sur les assiégeants qui s'empressent de renoncer au procédé.

Enfin, en 1854, on essaya, à Vincennes, je crois, dans les plus mauvaises conditions et partant sans succès, de faire tomber d'un aérostat captif des projectiles détachés par un mécanisme électrique.

Que je remercie maintenant un brave et charmant officier qui fut pour moi un ami de quelques jours, et que je n'ai pas revu depuis des années. C'est à une intéressante brochure de M. de Gaugler que je viens d'emprunter sans façon ces détails pleins d'intérêt.

Inutile de dire que M. de Gaugler concluait à la réorganisation immédiate des Compagnies d'Aérostiers Militaires,—et je ne résiste pas au plaisir de le citer encore:

Abordant les objections:

«La question des armes de précision est moins sérieuse qu'elle ne paraît de prime-abord, dit-il: un ballon distant de mille mètres et élevé de cinq cents, n'est pas un but facile à atteindre, et est, à cette distance, un observatoire commode. Les anciens aérostiers ont eu les leurs percés à Frankenthal et à Francfort,—à Frankenthal de neuf balles, et ils eurent le temps de rester encore trois quarts d'heure en observation avant d'être forcés de descendre. Il n'y aurait de vraiment redoutables que les projectiles porteurs d'une houppe d'éponge de platine...»

Mais rassurez-vous!

«... Au pis aller! poursuit M. de Gaugler, on sauterait, et cela n'arriverait pas tous les jours.»

Et il termine, plein d'une douce philosophie:

«Ce sont des désagréments dont il est difficile de s'affranchir absolument à la guerre.»

Vous comprenez si, en relisant ce charmant final, j'ai du regret de ne pouvoir en ce moment serrer dans la mienne la main qui l'a tracé.

Pour en finir avec les Aérostiers militaires, et en attendant qu'un pouvoir intelligent apprécie enfin la nécessité de reconstituer ce corps précieux, je ne connais rien de plus émouvant ni de plus chevaleresque que cet épisode de la vie de Coutelle devant je ne sais plus quelle tranchée.

Il faisait un vent formidable et les soixante-quatre hommes qui retenaient son ballon par les deux cordes de l'équateur étaient entraînés à de grandes distances, et enlevés parfois restaient suspendus. L'aérostat était tantôt soulevé, tantôt repoussé avec furie contre terre; les barres de bois qui forment le plancher de la nacelle avaient volé en éclats: Coutelle était à son poste, dans le panier, cramponné aux cordages, guettant le moment du *Lâchez tout!*

Trois fois l'ouragan avait semblé vouloir écraser l'aérostat et l'aérostier sur le sol.

Tout à coup, des lignes ennemies, on voit accourir des hommes agitant le drapeau parlementaire. On les conduit au commandant français:

—Le général qui nous commande, dit l'un d'eux, vous demande de ne pas permettre que ce brave officier expose ainsi plus longtemps ses jours; il ne doit pas périr par un accident étranger à la guerre. Nous lui apportons l'offre de venir relever en toute liberté l'intérieur de nos fortifications.

Coutelle, à qui on transmet la proposition, la refuse, et, quelques minutes après, s'enlève, superbe, au-dessus de l'ennemi.

Ailleurs et plus tard, en 1793, au siége de Mayence, les Prussiens cessent leur feu pour donner aux Français le temps d'élever dans un des bastions la tombe du général de génie Meusnier,—«de plus remarquable des auteurs aérostatiques,» dit Marey-Monge,—qui vient d'être tué par un boulet.

Il est pour l'écrivain, avant l'heure précise où il va prendre la plume, certaines lectures qui le diatonisent, et semblent, comme le cheval de course, l'entraîner.

J'ai bien des fois pensé que, si j'étais général, la veille d'une bataille, je ferais mettre à l'ordre du jour, dans les chambrées ou sous les tentes, la lecture à haute voix de la plus héroïque et la plus généreuse des épopées: le *Gœtz de*

Berlichingen, de Gœthe—que je n'ai jamais relu sans sentir frémir mon cœur et mes muscles se roidir de vaillance.

Mais j'ordonnerais aussi que chaque bataillon eût au moins deux exemplaires de la noble histoire de nos vaillants Aérostiers de la République.

III

La Cadastre par la Photographie Aérostatique. — Arpentage au daguerréotype en ballon. — Avantages. — Moyens. — Un partage Breton. — L'instantanéité. — Où en est le cadastre en France et en Europe. — Les Pilones! — Brevets partout. — Payons l'amende! — Alphonse Karr. — Thermomètre des civilisés. — Tentatives. — Bataille du gaz et des iodures. — La vallée de la Bièvre. — Le Petit Bicêtre. — Je me déteste! — Victoire! — Un souvenir à feu Legray.

Mais *cedant arma*—et parlons un peu de ce qui me touchait surtout dans mon idée de Photographie Aérostatique.

J'avais vu là une application première aux opérations cadastrales qui m'avait particulièrement transporté.

Cette œuvre gigantesque du cadastre, me disais-je, avec son armée d'ingénieurs, d'arpenteurs, de chaîneurs, de dessinateurs, de calculateurs, a demandé trente ans de travail et plus,—pour être mal faite.

Cette œuvre aujourd'hui, avec le même personnel, je peux l'achever en trente jours—et l'achever parfaite.

«Un bon aérostat captif et un bon appareil photographique à objectif renversé, voilà mes seules armes.

«Plus de triangulation préalable, péniblement échafaudée sur un amas de formules trigonométriques; plus d'instruments douteux, planchettes, boussoles, alidades et graphomètres; plus de chaînes de galériens à traîner à travers les vallées, les terres labourées, les vignes, les marais!

«Plus de ces travaux incertains, préparés sans unité, poursuivis, achevés sans cohésion, sans contrôle, par un personnel insurveillé auquel le billard du bourg voisin peut faire parfois oublier les heures du travail!

«Miracle! moi, qui ai professé toute ma vie une haine de la géométrie qui n'a d'égale que mon horreur contre l'algèbre, je produis avec la rapidité de la pensée des plans plus fidèles que ceux de Cassini, plus parfaits que ceux du Dépôt de la guerre!

«Et quelle simplicité de moyens! Mon ballon maintenu captif à une hauteur toujours égale de mille mètres, je suppose, sur les points strictement déterminés à l'avance, relève, d'un coup, une surface d'un million de mètres carrés, c'est-à-dire de cent hectares, et, comme dans une journée on peut en moyenne parcourir dix stations, je lève le cadastre de mille hectares en un jour, à peu près la surface d'une commune.

«Voici l'arpentage au daguerréotype, le véritable état de lieux qui fait foi pour la délimitation des héritages.»

Jadis en Bretagne, quand il y avait un partage de biens entre deux familles, les parents amenaient des deux parts tous les petits enfants. On plaçait les bornes indicatives,—et, aussitôt, de se précipiter sur les petits et de les combler d'un grêle de torgnoles: «—Vous vous rappelerez ainsi cette journée et à quelle place respectée désormais les bornes ont été placées!»

Nous avons renoncé depuis assez longtemps à ce procédé mnémotechnique un peu primitif,—mais par quoi l'avions-nous remplacé?

À l'avenir, plus de contestations, plus de procès possibles,—même en Normandie.

Certitude absolue!—car rien ne m'est plus facile que de redresser mathématiquement les aberrations de sphéricité de mes appareils, s'il y en a,—et j'ai trouvé à l'art créé par l'immortel Daguerre, son application la plus extraordinaire et la plus utile!

C'était un beau projet,—je ne consentirai jamais à dire un beau rêve.

Je savais bien la difficulté première contre laquelle j'avais à lutter:—la mobilité de ma nacelle, si captive qu'elle fût, de par les mouvements de haut en bas, de bas en haut, d'arrière en avant, d'avant en arrière, de gauche à droite et réciproquement, sans parler des mouvements rotatoires,—et aussi de tous les combinés de ces mouvements entre eux.

Mais on connaît aussi quels perfectionnements à atteints la photographie quant à l'instantanéité, et le moindre praticien sait que, quelle que soit la rapidité des produits photochimiques qu'il emploie, cette rapidité s'accroît en raison de l'éloignement de son objectivité.—Sans compter qu'à défaut de tout, il me serait resté encore ce bon M. Carmien (né à Luze ou de Luze, comme il l'entendra), qui en a bien vu d'autres, et qui se charge d'arrêter les ballons sur place, avec la garantie du vénérable sieur Moigno!

Comme résultat financier,—au point de vue privé du *business*,—pas d'opération plus merveilleuse. Je m'étais renseigné et on m'avait répondu:

Qu'à la vérité tous nos départements étaient cadastrés, moins la Corse, mais tellement mal que nombre de localités de la Seine, de l'Eure, etc., venaient de prendre le parti de recommencer les études par trop imparfaites. Ces révisions ne coûtaient pas moins de six cent mille francs au budget pour trois ou quatre départements, sans compter les centimes additionnels que s'imposaient extraordinairement les communes,—en tout près d'un million par an.

(Et plus tard, avec quel chagrin et quel haussement d'épaules je vis s'élever, dans notre Paris même, ces gigantesques, coûteux et dérisoires *pilones* qui ne servirent absolument à rien.—J'aurais fait leur besogne en une journée!)

J'allais plus loin encore. L'Angleterre n'a point de cadastre; tout au plus une sorte d'état civil de la propriété domaniale.

Rien en Russie.

Presque rien en Allemagne,—où le besoin d'un bon cadastre se fait peut-être sentir plus qu'ailleurs.

En Belgique, l'imperfection.—En Piémont, Espagne, États-Napolitains, États-Romains, etc., etc., rien encore ou presque rien.

En Algérie, rien,—pas même une vraie carte!

Quels horizons pour ma ballonnerie!

J'écrivis aussitôt à mon fidèle mandataire, E. Barrault, de me prendre brevets partout,—ce qui coûte gros.

Et en versant les billets de mille, je me rappelais ce qu'a écrit avec une si vaillante et généreuse insistance mon excellent ami Alphonse Karr, ce profond et spirituel bon sens,—à savoir que, parmi les supplices et tortures en tous genres qu'était bien averti d'encourir tout fou assez oublieux de lui-même pour créer une invention utile à ses semblables, le coût du brevet était le premier et le moindre, suivant la loi des gradations.

Vous vous rappelez à peu près comment Karr formula la chose:

Art. 1er. Tout imbécile de génie qui aura fait une découverte précieuse au bonheur du monde est d'abord condamné à payer l'amende, sans préjudice des autres peines à encourir.

Et je remarquais en effet, et à l'appui de la formule si nette, si profondément juste, de Karr,—que les pays le plus en retard dans la civilisation universelle sont ceux où cette amende atteint le plus haut chiffre.

Nous croyons pouvoir affirmer que c'est en France que l'amende du brevet est la moins chère.

Voilà donc mes brevets pris. Il ne s'agit plus que de voir si j'ai eu raison.

Et je me mets bien vite à faire gonfler des ballons. J'installe sur ma nacelle une tente d'étoffe orange doublée de noir appendue au cercle,—et je monte, et j'opère.

Rien d'abord.

D'autres essais sont également infructueux.

Ces essais coûtaient trop cher, et présentaient trop de difficultés autres pour être renouvelés et suivis comme ils auraient dû l'être.—Et puis j'avais besoin de gagner mon pain de chaque jour; une ascension de cette nature ne s'improvise pas, et quand j'étais en l'air, ma maison de photographie souffrait.

Le très-grand, le seul obstacle réel peut-être à ma réussite, consistait dans le matériel aérostatique même que j'étais bien forcé d'employer.

Les ballons forains qui me servaient, faute de tout autre spécial dont l'établissement coûteux m'était interdit, ces ballons trop courts de base vomissaient, par leur appendice ouvert immédiatement sur mes cuvettes, des flots d'hydrogène sulfuré,—et le dernier élève photographe sautera en l'air en pensant au joli ménage que mes iodures devaient faire avec ce diable de gaz.—Autant eût valu essayer d'allumer de la braise au fond d'un seau d'eau.

J'étais désespéré,—et je ne lâchais prise, pourtant.

Une fois, après un dernier échec, je donnai, comme les fois précédentes, l'ordre de *lâcher tout*. Comme le pâtissier qui mange son fonds faute de pratiques, je m'offrais, après chaque essai photographique manqué, le plaisir d'une ascension libre.

Nous allâmes tomber, une heure après, dans une vallée charmante et déserte qu'on appelle la vallée de la Bièvre, au Petit-Bicètre, à deux ou trois lieues de Paris.

Il n'y avait pas de vent,—et une voiture, que j'avais frétée exprès, amenait presque en même temps que nous sur le lieu de la descente mon préparateur et mon domestique.

Je pris une résolution:

—Nous allons laisser le ballon sur place, en fermant l'appendice. Il n'y a pas de danger, puisque le gaz n'a pas à se dilater cette nuit, bien au contraire. Je remonterai demain matin à la première heure, avec des bains neufs apportés tout exprès,—et nous verrons bien!

Le ballon est en effet amarré à des pommiers, la nacelle chargée de pierres meulières, et le tout est laissé à la garde de mon brave et noir Siméon,—avec mon manteau et les provisions d'un bon feu pour toute la nuit, bien entendu.

Retour sur les lieux le lendemain matin: le temps est couvert, il tombe une brume grise et glaciale. N'importe!

La nacelle est vidée: j'y remonte. Le ballon s'élève d'un mètre et retombe. Le gaz a perdu sa force pendant la nuit, et en outre le filet et les manœuvres sont alourdis par la rosée et cette petite pluie fine si inopportune.

Je ne veux pas désespérer. Je débarrasse la nacelle de tout ce que j'en puis retirer: je quitte ensuite ma redingote, puis mon gilet, puis mes bottes que je jette à terre; je...—comment dire cela? Débarrassé quant à l'extérieur, je me déleste encore de *tout* ce qui peut m'alourdir,—et je m'enlève à 80 mètres environ!...

J'avais emporté ma plaque toute préparée.—J'ouvre et referme mon objectif, et je crie impatient:

—Descendez!

On me tire à terre, je saute d'un bond dans l'auberge où tout palpitant je développe mon image...

Bonheur!—Il y a quelque chose!

J'insiste et force: l'image se révèle, bien effacée, bien pâle, mais nette et certaine.—Ce ne sera qu'un simple positif sur verre, très-faible, tout taché, mais qu'importe! Je sors triomphalement de mon laboratoire improvisé.

Il n'y a pas à nier! Voici bien les trois uniques maisons dont se compose le tout petit village appelé le *Petit-Bicêtre*: une ferme, une auberge et la gendarmerie,—ainsi qu'il convient dans tout Petit-Bicêtre civilisé.

On distingue parfaitement les tuiles des toits,—et sur la route une tapissière dont le charretier s'est arrêté court devant le ballon.

J'avais eu raison! la Photographie Aérostatique était possible,—quoi qu'en eussent dit, pour m'en détourner d'abord, les plus sérieux de mes confrères, et entre autres ce pauvre et bon Legray,—si déplorablement perdu pour nous, qui mourait il y a quelques mois en Égypte, loin de ses amis et de ses enfants.

IV

Déception. — M. Andraud. — Que le diable l'emporte, d'abord... et le rapporte bien vite! — Les *desiderata* d'un homme de génie. — Une idée dans l'air. — Le monsieur assis et le monsieur debout. — L'expédition d'Italie. — Mes conditions. — Tout de suite! — Un autographe de cinquante mille francs. — Nadar au ministère d'État. — M. Fould me bat froid. — Les feuilles sèches. — Un ballon brûlé. — Les *Commentaires de Godard.* — Un schisme. — Moralité: HISTOIRE DU JEUNE HOMME QUI A RENDU LES QUINZE MILLE FRANCS.

J'étais transporté de joie...—mais quel coup de foudre le soir même de ce beau matin-là!

Un ami m'arrive à l'heure de dîner. Je lui raconte avec tout mon lyrisme habituel quand j'ai enfourché un dada nouveau, et ma théorie, et mes espérances brevetées, et mon expérience du matin, et je cours chercher mon cliché victorieux, si laid qu'il soit...

—Mais, mon pauvre bonhomme, c'est connu, ton affaire! J'ai lu tout cela, il y a un mois à peine, imprimé tout au long.—Et même *il y avait* à l'Exposition de cette année des photographies faites en ballon...

Je dus passer du jaune au vert.

L'ami terrible continuait:

—Le livre est fort bien fait. Il est d'un monsieur.... monsieur... attends donc!—Un monsieur qui a eu des rapports avec l'air comprimé... monsieur... Andraud!—c'est cela: monsieur Andraud.

Il m'est grimpé une buée de chaleur derrière les oreilles.

Je sonne, j'envoie dans deux directions à la recherche du livre... On me l'apporte enfin:—c'est qu'il a l'air très-honnête, ce scélérat de livre!

EXPOSITION UNIVERSELLE DE 1855

UNE DERNIÈRE ANNEXE
AU
PALAIS DE L'INDUSTRIE

Sciences industrielles—Beaux-Arts—Philosophie

PAR
M. ANDRAUD

La science du pouvoir est de bien user du
pouvoir de la science.

NAPOLEON Ier.

PARIS
GUILLAUMIN ET Ce, LIBRAIRES
Éditeurs du *Journal des Économistes*,
de la *Collection des principaux Économistes*, du *Dictionnaire de l'Économie politique*,
etc.

RUE RICHELIEU, 14
Et chez l'auteur, rue Mogador, 4
1855

Je feuillette, fiévreux—et j'arrive à la page 97.

TOPOGRAPHIE
N° II. ARPENTAGE AU DAGUERRÉOTYPE

Le livre me tombe des mains!...

Comment n'ai-je pas su cela?... Quelle belle paternité perdue!... sans parler d'une douzaine de mille francs jetés là...

Accablé, j'ai repris le livre et je parcours, distrait...

Tout à coup:

—Mais, animal! m'écriai-je, tu ne sais donc pas lire!!!

L'animal n'avait pas su lire en effet, ou plutôt, comme tant de gens, il n'avait lu qu'avec les yeux.

Le livre du très-sérieux et très-savant M. Andraud était un livre de pure fantaisie: l'*Annexe* de l'Exposition, c'était M. Andraud, à lui seul, qui l'avait construite, magnifiquement, il faut le dire, sans y ménager davantage les millions, que s'il eût été l'État ou s'il se fût appelé Pereire ou Rothschild,—et il avait entassé là tous les trésors fantastiques, mais non moins précieux, tous les *desiderata* accumulés dans sa triple et féconde imagination de savant, de poëte et d'homme de bien.

On y trouvait successivement:—un système définitif de pavage,

- les auvents couvre-trottoirs,
- l'escalier automoteur,
- la végétation instantanée,
- le filtre universel,

- les viandes végétales,
- la réforme du vêtement,
- un nouveau combustible,
- les brouettes à charge équilibrée,
- l'horloge à air,
- la force motrice universelle,
- le plan d'une maison d'habitation,
- le théâtre de la science,
- la propagation illimitée du son,
- l'arpentage au daguerréotype (!!!),
- etc., etc., etc.,

—et une foule d'autres ingéniosités, semées à pleines mains, sans précautions ni brevets d'aucune sorte.—Que lui faisait d'être volé, à ce millionnaire de l'idée!

Ce volume était à la science utile, ce qu'est à l'histoire contemporaine, moins nécessaire, le fameux livre de Geoffroy-Château—ce bréviaire du jour, que si peu de gens pourtant connaissent aujourd'hui—le *Napoléon Apocryphe!*

L'alarme avait été chaude,—si chaude, que je voulus voir le terrible homme qui l'avait causée, ce qui me donna l'occasion de faire connaissance avec un des esprits les plus éminents de Paris, et en même temps avec le plus modeste et le plus sympathique des hommes.—C'est malheureusement sur un tombeau que je dépose cette couronne en affectueux souvenir.

Je n'ai jamais eu la curiosité ni le temps de constater si le livre de M. Andraud avait paru avant ma prise de brevets, ou si j'avais pris mes brevets avant la publication du livre.

Peu m'importait désormais: je savais maintenant que son auteur était trop riche pour avoir eu besoin de me rien prendre, d'une part, et j'étais bien sûr, d'autre part, que, quant à moi, je ne lui avais rien volé.

Il y a à certaines heures des manières d'endémies synchroniques pour la pensée humaine. C'est à ce propos qu'il a fallu inventer la formule, le dicton:—Cette idée était dans l'air.

Je n'ai pas tout à fait fini avec la Photographie Aérostatique.

Je m'étais trouvé à un dîner du *Figaro* à côté d'un monsieur, homme d'affaires fort intelligent dans sa partie, ma foi! que je connaissais banalement comme je connais cinq ou dix mille personnes à Paris.

Je lui avais parlé de mes espérances de ce côté.—Le monsieur me dit qu'il partait pour rejoindre l'armée d'Italie, et il me demanda s'il me conviendrait d'apporter à l'expédition mon concours, au cas où ce concours me serait demandé.

Je répondis affirmativement, cette expédition étant tout à fait de mon goût,—

—MAIS!!!...

—...mais j'aurais à poser certaine réserve que voici:

—Ayant passé l'âge de la conscription, n'étant réquisitionnable à aucun degré, et déclarant absolument à l'avance que je refusais toute espèce de rémunération quelle qu'elle fût, pécuniaire ou honorifique, je ne consentirais à partir qu'à la condition expresse—*sine quâ non*—que l'on me laisserait toute ma liberté personnelle, dès que je m'engageais, sur toute réquisition du commandement militaire et dans quelques conditions que ce fût, à faire mes ascensions photographiques.

Il était donc bien entendu que je n'aurais pas d'autres rapports avec ce commandement que celui des ordres à moi transmis. Je ne suis pas un quémandeur d'antichambre: je ne cherche pas du tout les conversations augustes et je suis de glace aux sourires bienveillants. J'apporterais donc très-volontiers mes services complètement désintéressés dans une campagne dont le but m'était sympathique, mais j'en tendais en revanche réserver d'ailleurs de la plus absolue façon la disposition complète de mon individu...

Les personnes civilisées qu'irriterait l'impertinence de cette outrecuidante sauvagerie sont priées d'être indulgentes:—mon défaut est si peu contagieux!

Huit jours après, au moment où je pensais le moins à cette conversation en l'air aussitôt oubliée, je recevais de je ne sais plus quel campement d'Italie une dépêche télégraphique de douze lignes, dans lesquelles se trouvait douze fois au moins le mot: *tout de suite!*

«On vous attend *tout de suite*, etc. Préparez *immédiatement* votre matériel. J'arrive *aussitôt* à Paris. *Nous avons* un crédit de 50,000 francs.»

Nous avons! m'inquiéta un peu. Comment diable pouvais-je, moi, être pour quelque chose dans l'obtention d'un crédit de 50,000 fr. auprès du gouvernement?

—Et puis le monsieur en question avait peut-être été un peu trop vite pour que je fusse bien certain de le suivre: mon fameux positif sur verre du Petit-Bicêtre ne me garantissait pas rigoureusement une série non interrompue de succès.—Il fallait évidemment faire de nouveaux essais avant le départ. Je n'étais pas du tout d'humeur à aller me casser piteusement le nez là-bas!

Tout cela ne devait pas m'empêcher à toute éventualité de me mettre—*tout de suite*—à l'œuvre, comme il m'était mandé.

J'allai donc trouver Louis et Jules Godard, enchanté de leur procurer cette affaire, qui devait être d'autant meilleure pour eux que je leur en abandonnais toute espèce de profit, et je leur demandai de mettre *tout de suite* un ballon en état. On gonflerait aussitôt à l'usine à gaz des Batignolles, et peut-être, tout à fait désensorcelé, réussirais-je dans une tentative dernière que j'espérais définitive cette fois.

Ils m'apprirent que leur frère aîné Eugène venait d'arriver d'Amérique, et ils me demandèrent de l'accepter avec eux.

C'était un concours de plus: j'acceptai le troisième Godard qui me fut alors présenté, et sur la demande de ses frères je lui avançai mille (ou deux mille?) francs, pour qu'il mît à notre disposition son ballon d'Amérique,—qui se trouvait pour le quart d'heure agrafé en Douane.

Arrive sur ces entrefaites, comme il l'avait dit, le monsieur au télégramme.

Il paraît satisfait de l'activité de nos préparatifs et me fait part du firman des 50,000 fr.—C'était un billet autographe sur quart vélin, ainsi conçu:

(je vois encore l'N gaufré, en tête, sous la couronne)

Je prie M. Fould d'ouvrir immédiatement un crédit de cinquante mille francs à MM. Nadar et... pour un nouveau système de ballon utile à l'armée.

Napoléon.

—Voici, me dis-je assez surpris à part moi,—voilà bien de la confiance en ce monsieur qui n'a pu parler que d'après moi—et en moi qui ne suis rien moins que sûr de quoi que ce soit en cette affaire...

—Eh bien? dis-je au monsieur en lui rendant le précieux papier.

—Eh bien, me dit-il, pendant que les Godard préparent votre ascension d'aujourd'hui, nous allons courir au ministère toucher les fonds!

—Et si je ne réussis pas?

—Vous réussirez.—Mais dépêchons, nous n'avons pas de temps à perdre.

—Eh bien! allez au ministère, si c'est votre idée.

—Venez avec moi.

—Pourquoi? Je n'ai rien à faire là, ce me semble.

—Si fait.—D'ailleurs n'avons-nous pas à causer en route?...

—Mais...

—Ne vous faut-il pas de l'argent pour payer le matériel spécial que vous allez emporter, l'essai même que vous allez faire aujourd'hui, votre déplacement, celui de vos aides, le retour—auquel il faut toujours penser!—etc., etc. J'admets que vous ne prétendiez à aucune indemnité d'aucun genre, si c'est votre opinion, mais je pense au moins que vous n'avez pas la prétention, outre le temps que vous allez prendre à vos affaires, de faire des cadeaux d'argent à l'État?

—D'accord.

—Eh bien, si nous n'allons pas tout de suite au ministère, nous voici renvoyés (—c'était quelque chose comme un samedi, je crois),—nous voici renvoyés à après-demain. Après-demain il peut se présenter quelque incident—et vous voyez quelle est l'urgence...

—Soit! Allons...

—De quelle somme supposez-vous que vous aurez besoin pour votre personnel, vos instruments, etc.

—Je ne sais; dix, quinze mille francs au plus...

—Parfaitement!

Nous arrivons au ministère.

—De la part de l'Empereur, une lettre à remettre en mains propres à M. le ministre! dit majestueusement le monsieur.

Les portes s'ouvrent à deux battants... Je suivais, confus de tant d'honneurs.

M. le ministre Fould était dans un beau cabinet, debout près de la fenêtre. Un second monsieur était assis devant un bureau.—J'ai su depuis que ce monsieur, un homme de beaucoup d'esprit, se nomme M. Pelletier.

Le monsieur debout—le mien—remet la lettre au ministre, qui la tourne et retourne un peu.

Je crois remarquer un semblant de froideur de la part du ministre: je ne m'en formalise pas autrement d'ailleurs.—Il nous prie de revenir le lendemain.

Je me suis toujours un peu demandé si M. Fould n'avait réellement pas de monnaie sur lui ce matin-là,—ou plutôt s'il n'avait pas pris en sage économe la précaution d'utiliser ces quarante-huit heures de délai en se faisant confirmer par télégrammes cet ordre un peu bien extraordinaire.

La prudence est mère de tant de choses!

Le lendemain matin, le monsieur est exact à venir me prendre—et nous voilà de nouveau en présence des autorités.

Tout était prêt, les billets de banque sur le bureau du monsieur assis.—M. Fould me semble de nouveau un peu froid avec nous; mais notre liaison est encore bien récente, et puis, dans sa position, on peut être quelquefois préoccupé.

Le monsieur assis me tend une plume—pour signer le reçu, me dit-il.

—Ah! mais non! dis-je, je ne signe rien du tout.

—Y pensez-vous? me dit le monsieur debout, le mien.

—Je ne signe rien du tout!

—À votre gré, Monsieur! interrompt aussitôt M. Fould—qui me paraît à ce moment-là y mettre un peu plus d'onction.—La lettre de crédit est à vos deux noms: je ne fais pas payer sans les deux signatures.

—Mais, Monsieur, lui dis-je, je n'ai jamais su compter, même pour moi, sans me tromper. Je ne possède personnellement aucune fortune et j'ai cependant un caissier pour me la gérer.—Comment voulez-vous, étant à ce point frappé d'incapacité en ces choses, que je pose ma signature au bas du reçu d'une somme que Monsieur va devant vous mettre dans sa poche et dont je suis ravi qu'il veuille bien accepter toute la gestion. Mettez-vous à ma place, s'il vous plaît?

Je dois reconnaître que M. Fould, sans précisément me répondre, me semble pourtant de l'œil accepter au mieux mes excellentes raisons et qu'il n'insiste pas du tout pour modifier mes convictions.—Le monsieur assis n'a pas non plus l'air d'être disposé à se blesser trop vivement si je lui laisse les fonds.

Mais le monsieur debout, le mien, me soumet rapidement et énergiquement une série d'observations qui me paraissent d'autre part tenir aussi étroitement à d'autres principes non moins fermement arrêtés.—J'hésite, chancelle—et cède...

En descendant l'escalier:

—Il m'a semblé, dis-je à mon monsieur, retrouver encore un peu de froideur chez M. Fould quand nous sommes partis.—Et à vous?

Le monsieur me rassure—en m'affirmant que tous les hommes d'État sont—*comme ça.*

Il est convenu, en nous quittant, qu'il va à l'usine Charonne, demander, en cas, la cession de quelques voitures à gaz pour notre expédition—et que je cours à mon ascension aux Batignolles.

Nous nous quittons en prenant rendez-vous pour le soir, après mon expérience.

Ah! j'oubliais...—Reçu les quinze mille francs.

Hélas! cette fois comme les autres, je ne réussis même pas à obtenir le positif sur verre du Petit-Bicètre!

Je recommence, je m'obstine.

Rien!

Rien!!

Rien!!!...

Il faut décidément renoncer à ma campagne d'Italie.

C'est dommage! c'était bien beau et tentant.

Le soir, arrivée du Monsieur.

Je lui raconte ma *misfortune*.

—Qu'est-ce que cela fait? me dit-il. Cela ne nous empêche pas du tout de partir.

—Ah! pour cette fois, non, et très-certainement non! On ne me demande pas là-bas pour tenter des essais, mais pour donner des résultats. Je ne veux pas du tout manger l'argent de ces personnes-là sans rien rendre en échange. J'espère encore, j'espère toujours réussir; mais, honnêtement et vu l'impossibilité présente, je refuse de garantir, donc de partir.—Ç'a été un beau rêve, voilà tout pour le moment!...—Donc, si l'heure vous convient, nous irons ensemble demain matin à neuf heures reporter l'argent à M. Fould.

—Je ne rends pas ce que je tiens! me répond le monsieur, solennel comme s'il prononçait un verset du Coran.

—Ah bah!... Et qu'est-ce que vous en ferez?...

—Je retourne là-bas avec—et j'emmène les Godard! Un ballon doit toujours être utile, même sans photographe.—Mais vous avez tort de ne pas venir!...

—À votre aise. Veuillez seulement alors me donner décharge pour ma part des trente-cinq mille francs que vous gardez.

—C'est trop juste.—Mais venez donc!

J'ai sa signature et je souhaite bon voyage à mon monsieur, en lui gardant une toute petite rancune, peut-être, de l'insistance qu'il a mise à m'emmener là-bas peur me faire casser le nez.

Et en me couchant le soir, je dépose précieusement les quinze mille francs, après les avoir comptés une fois de plus, dans le tiroir de ma table de nuit.

Je les avais comptés toute la soirée, tant je tremblais de les perdre. Il me semblait que ce n'était pas de l'argent comme d'autre.

La nuit, je suis agité. Je rêve qu'en me réveillant au matin, je trouve dans mon tiroir de table de nuit, au lieu des billets de banque, un petit paquet de feuilles sèches, comme il arrive dans les contrats diaboliques...

À huit heures, je suis au ministère d'État, ma main dans ma poche, mes billets dans ma main.—Ils me brûlent à travers la lustrine, ces diables de billets!

Je demande M. Fould.—Personne.

Je vais faire un tour sous la rue de Rivoli,—ma main sur l'oiseau, toujours.

Retour à huit heures et demie.—Personne encore.

Autre promenade. Il est neuf heures.

—C'est encore moi!

Le garçon de bureau me dit:

—Veuillez prendre la peine d'entrer!

Ce garçon est bien plus aimable qu'hier. On dirait qu'il sent les quinze mille francs que je rapporte dans sa maison...

J'entre et je vois mon monsieur assis, toujours assis:

—Monsieur, lui dis-je, je ne vais pas là-bas. J'ai manqué mon dernier essai hier: ce sera, j'espère, pour la prochaine fois où nous irons rendre à quelque autre peuple sa nationalité.—En attendant, voici quinze mille francs qui m'avaient été remis sur les cinquante: veuillez les prendre bien vite et m'en donner quittance, s'il vous plaît.—Quant aux trente-cinq mille autres, comme vous avez eu la bonté de faire assez d'honneur à ma signature pour y tenir, je sais que s'il arrivait un accident à mon monsieur,—brûlé,—volé,—tombé dans une fosse,—je serais matériellement responsable de la somme; mais il y a au moins la responsabilité morale que je puis dégager dès à présent. Voici donc la déclaration par laquelle ce Monsieur certifie que, sous sa responsabilité personnelle, il garde les trente-cinq mille francs qu'il veut absolument faire gagner aux frères Godard, ce qui est une idée pleine de grandeur. Il emporte la dynastie Godard, le ballon et l'argent.

Le digne monsieur assis semble m'examiner avec curiosité,—mais sans la moindre malveillance.

Il me donne mon reçu,—et je m'envole plus délesté et alerte que si je sortais de mon premier bain russe.

Le résultat de tout ceci fut:

—que les Godard ensemble brûlèrent leur ballon, devant Magenta, je crois, la veille ou l'avant-veille de la bataille;

—que le cadet Godard fut dépêché bien vite sur Paris pour fabriquer un autre ballon;

—que l'aîné Godard pendant ce temps perfectionna ses études aéro-militaires et réunit les matériaux d'un livre que j'appellerais à sa place: *Les Commentaires de Godard*;

—que la note de fabrication du nouveau ballon présentée par Godard cadet et Godard jeune fut trouvée un peu vive par le monsieur et Godard aîné;

—qu'il y eut schisme,—et que Godard aîné, Godard cadet, Godard jeune et le monsieur plaidèrent tous ensemble,—ce qui me chagrina très-fort.

Voilà les faits.—Voici la morale:

La paix fut signée avant même que fût fini le ballon commandé pour la guerre—(M. Fould avait joliment raison de ne pas se presser!)—et ce beau ballon neuf qui avait coûté dix-huit mille francs et qui m'aurait été si utile si on me l'eût prêté pour la poursuite de mes essais de photographie aérostatique, fut précieusement enfoui dans les arcanes du Garde-Meuble,—où il a eu, depuis, le temps de pourrir inutilement dix fois;

—Godard aîné eut l'avantage de se faire nommer aéronaute de l'Empereur, ce qui lui permit plus tard de se livrer à sa passion pour ces ballons platoniques qui s'appellent Montgolfières;

—le monsieur, toujours plein d'une sagacité qui ne saurait se laisser entamer par les événements, trouva le moyen de se faire redonner les quinze mille francs qui m'avaient procuré tant d'inquiétudes pendant vingt-quatre heures;

—et il me fut enfin confidentiellement redit, à ma grande surprise, que, dans une maison où je ne connaissais personne, j'étais pourtant connu de tout le monde sous le pseudonyme, purement honorifique, du—«*Jeune homme qui a rendu les quinze mille francs.*»

V

L'amblyopie, — La sublime et *exécrable* découverte des Montgolfier. — La liaison conduit à la Foi. — Une fausse piste. — Les petits papiers. — Le cerf-volant. — L'oiseau et le papillon. — La fusée. — L'académicien. — L'oiseau-Montgolfière. — *Être plus lourd que l'air pour lutter contre l'air*, ou *Être le plus fort pour ne pas être battu.* — Le vertige de l'oiseau! — L'homme du monde. — Le bourgmestre de Magdebourg. — Les plans inclinés. — Il y a des injustices! — L'ennemi. — Les Dérangers de l'A + B. — Tous vont au moulin! — Le pauvre Stephenson. — Quel malheur pour le bœuf! — Une dinde sur ses œufs. — Un seul vétérinaire pour trente-neuf académiciens. — *Ex asino.* — Conséquence dans l'absurde. — Les fines mouches! — Le savant pieux. — Moïse raccommodé avec le Manuel du baccalauréat. — Marmite et tabatière. — Défense à Dieu! — Les blasphémateurs.

Mais oublions pour un moment la photographie aérostatique.

Je reprendrai plus tard ces intéressants travaux, après les heures difficiles, avec mon brave *Géant*, si admirablement préparé à leur offrir l'hospitalité la plus confortable.

Il est une affection morbide des organes de la vision,—l'*amblyopie*, si j'ai bonne mémoire et si je ne suis pas tenu pour pédant,—dans laquelle,—les paupières ouvertes ou closes,—des manières de filaments arachnéens semblent surgir, graviter, s'arrêter, puis reculer et enfin repartir, pour s'abîmer et revenir encore......

Ainsi se représentait toujours à moi, pendant la veille ou dans le rêve, l'obstinée vision de mon ballon de la Fête du Roi.

Plus aussi je faisais d'ascensions, plus j'appréciais cette force pour ainsi dire incalculable qui s'appelle le vent, et l'absolue et radicale impossibilité de lutter contre le moindre courant avec cette surface énorme d'une part, si légère de l'autre, qui est un ballon.

L'histoire héroï-comique de l'aérostation me témoignait que cette grande science, presque immédiatement abandonnée aux mains grossières des acrobates et bateleurs forains, n'avait littéralement pas fait un pas depuis le premier ballon gonflé au gaz hydrogène par Charles en 1783.

Au lieu de la perfectionner et de l'utiliser, tout en la vulgarisant, au profit de l'étude multiple et infinie de l'atmosphère, l'homme s'était laissé surprendre et détourner par un espoir absurde.

Lorsqu'il s'était vu enlevé dans l'air,—malgré la défense absolue de Hooke et de Borelli, et en dépit de l'interdiction formelle proférée par l'illustre académicien Lalande juste un an avant l'ascension de la première Montgolfière,—l'homme s'était dit:

—Je m'enlève, donc—le plus difficile, puisque hier encore c'était l'impossible, est fait.—Il ne me reste plus qu'à me diriger!

Et depuis la sublime et, j'ose dire ici, exécrable découverte des Montgolfier, depuis quatre-vingts ans et encore à l'heure qu'il est, sans tenir aucun compte des déconvenues de tant de devanciers, l'homme s'obstinait sur cette fausse piste, à la poursuite décevante de cette chimère qui s'appelle la direction des ballons.

Quoi de plus évident pourtant que l'inanité de cette recherche?

Si—tenant compte de la non-résistance de l'aérostat sous l'action du vent, par compensation avec l'ellipse de sa sphéricité,—vous admettez assez raisonnablement que la force de 400 chevaux attribuée au vent sur la voile tendue d'un vaisseau est égale sur un ballon de 500 mètres, lequel, avec le gaz d'éclairage, emporte au plus deux hommes,

—comment pourriez-vous faire supporter à ce ballon le poids de la machine de 400 chevaux et un peu plus, nécessaire pour lutter avec avantage contre cette pression?

Et en admettant même, pour aller au delà de l'absurde, que votre ballon de 800 mètres puisse emporter avec lui cette force de 400 chevaux, comment ne comprenez-vous pas qu'entre une pression de 400 chevaux d'une part et une résistance de 400 chevaux d'autre part, votre ballon,—fût-il non pas en soie, mais en cuivre, en tôle, en acier,—éclaterait comme l'insecte sous l'ongle?

Et dans la nature entière, cet éternel et impeccable modèle, voyez-vous donc un seul être se mouvoir dans l'air en étant plus léger que lui?

J'avais regardé et j'avais vu. Par l'observation, par la réflexion, ce qui m'était resté tout d'abord uniquement de mon souvenir d'enfance comme une vision terrible, cela se mûrissait peu à peu en théorie, se formulait en principes, s'affirmait en conviction.—La Raison me conduisait à la Foi.

Comment n'aurais-je pas cru?

Ne voyais-je donc pas l'oiseau, n'avais-je donc jamais regardé l'insecte, ces deux admirables machines qui s'élèvent, se maintiennent et se dirigent dans l'air en étant spécifiquement plus lourdes que lui? Et jusque dans les autres ordres du règne animal, la chauve-souris et le poisson volant ne sont-ils pas plus denses que l'air?

Pourquoi les morceaux du journal déchiré que je laissais tomber du balcon et que je m'amusais à suivre de l'œil, arrivaient-ils à terre en trajectoires et à temps inégaux?

Le plan incliné du cerf-volant, dont le fils d'Euler disait, dès 1763, à l'académie de Berlin: «Ce jouet d'enfant méprisé des savants, peut cependant donner lieu aux réflexions les plus profondes...»—mon cerf-volant, spécifiquement plus lourd que l'air, ne s'enlevait-il pas à la seule condition de couper cet air en contre-courant,—et n'avais-je pas senti mon bras soulevé par la ficelle dont l'autre bout faisait mon cerf tenir tête à la nue?

La fusée, plus lourde que l'air, ne s'élève-t-elle pas dans l'air, emportant son moteur avec elle?

Petits papiers, cerf-volant, oiseau, papillon, fusée m'enseignaient.

À la vérité, le savant,—vous savez, le savant, qui sait, puisque son nom est censé l'obliger, qui sait tout—excepté ce qu'on ne lui a pas appris,—le savant éternel et obligatoire, sinon gratuit, qui marque les points pendant que les autres jouent la partie, qui se bat contre le mot nouveau jusqu'à ce qu'il le pique en qualité de mot ancien sur le liège de sa collection,—le savant, qui défend à Demain de s'appeler autrement qu'Hier, s'était bien avisé d'établir que l'oiseau n'a le droit de s'enlever qu'en raison de l'air chaud qu'il fabrique en lui-même...

À la vérité, Cuvier après Buffon,—deux beaux noms, par malheur!—Cuvier affirmait doctoralement dans ses cours orthodoxes que l'air renfermé dans toutes les parties du corps et sous les plumes de l'oiseau, en se raréfiant par la chaleur, facilitait le vol,—ce qui, supposé vrai, déterminerait absolument l'effet contraire.

À la vérité encore, Navier établissait l'impossibilité de la Navigation Aérienne au moyen de la force humaine, par de puissants calculs qui avaient malheureusement un tout petit inconvénient:—celui de défendre pareillement à l'oiseau de voler, puisqu'ils exigeaient d'une oie la force de quatre hommes pour le vol le plus lent,—demandant par analogie au saumon lui-même, qu'une ligne des plus minces arrête, une puissance égale à celle d'une vapeur de 50 chevaux!

Mais les petites Montgolfières que je fabriquais en papier en savaient bien plus long que ces savants-là, elles qui, pliées, ne représentaient que quelques centimètres cubiques, et déplaçaient, en se développant pour s'enlever, quatre et cinq mètres d'air atmosphérique.

Et elles se moquaient avec moi du savant qui, à l'instant même où il transformait son oiseau en ballon, négligeait sa primordiale besogne en ne centuplant pas plusieurs fois le diamètre d'enveloppe dudit oiseau.

Ce qui n'empêche pas qu'encore à l'heure qui sonne, des gens graves—et bien destinés dès lors à n'accepter le principe du *Plus lourd que l'air* qu'au moment juste où quelque déraillement céleste leur fera tomber une de nos aéromotives sur le nez,—nous objectent encore, avec le sérieux qui caractérise cette institution,—les avantages aérostatiques, constitutifs de l'oiseau.

Ce qui prouve une fois de plus qu'une vérité n'est jamais assez de fois redite.

Donc—et irrémissiblement:

ÊTRE PLUS LOURD QUE L'AIR POUR COMMANDER À L'AIR.

—Mais vous négligez un léger détail qui a quelque intérêt,—nous demandait ironiquement le savant,—en omettant de nous dire de combien il faut être plus lourd que l'air?

—Du plus possible!

En vertu du même principe qui fait que, des trois balles de volume égal lancées par vous avec la même force,—la balle de plomb fendra l'air à plusieurs mètres,—la balle de liège arrivera jusqu'à trois ou quatre pas,—la balle de moelle de sureau reviendra sur vos pieds.

Du plus possible!—À quelques cinq ou six cents mètres, le moineau, le pigeon, emportés dans la nacelle de l'aérostat et par vous posés sur le bord, ont le vertige—*le vertige de l'oiseau*, oui!—et ils se rejettent effarés en arrière vers le fond de la nacelle.—Lancés par vous loin du bord, vous les voyez tomber comme plomb ou tourbillonner, jusqu'à ce qu'ils aient atteint dans leur chute la couche atmosphérique plus dense, où il est seulement permis à leur exiguïté de se soutenir et de se mouvoir.

Cependant, seul et fier, l'aigle habite les cimes qui lui appartiennent—de par son envergure corrélative à son poids,—et c'est bien au-dessus de mille mètres que plane le condor, quand il gagne les crêtes de la Cordillière des Andes.

Pourquoi?—Parce que de tous les volateurs proprement dits, il est le plus grand, le plus gros,—c'est-à-dire le plus lourd!

Sur quoi, l'homme du monde,—un beau monsieur qui ne fait rien, qui n'a jamais rien fait et qui ne saura jamais rien faire, en conséquence ennemi né de celui qui fait quelque chose,—nuisible dès lors, parce que inutile;—l'homme du monde qui ignore l'orthographe comme s'il était vraiment né gentilhomme,—qui n'a pas trouvé d'autre moyen de tuer son ennemi mortel, l'ennui, qu'en essayant des gilets neufs,—qui cause avec son coiffeur, porte à la boutonnière un petit brin de ruban d'une couleur quelconque qui n'est pas même la rouge, tutoie son domestique et dit vous à son ami,—l'homme du monde vous demande avec sa finesse la plus supérieure et ce demi-sourire d'âne que vous savez:

—Et votre point d'appui?

—Sur quoi, ô homme du monde! l'oiseau s'appuie-t-il quand il vole?

—Mais, dit l'académicien qui vient en aide,—en admettant même votre principe, votre oiseau possède physiologiquement une force relative que l'homme n'a pas,—car AB = VS...

—Prenez garde, académicien que vous êtes! et rappelez-vous toujours que votre même formule mathématique défend aussi à l'oiseau de voler. Pourtant,—PIGEON VOLE!—Qu'en savez-vous d'ailleurs, et comment, pour les soustraire, avez-vous pu réduire ces deux fractions à un même dénominateur?

—Mais où est votre moteur? Vous ne possédez pas le moteur, assez léger d'une part et assez puissant de l'autre, car une force vapeur qui pèse 100, je suppose, ne peut enlever que 10.

—Et, en admettant que nous ne puissions arriver à créer un moteur à vapeur suffisamment léger,—ce dont les nécessités industrielles n'ont pas eu à s'occuper très-précisément jusqu'ici,—n'avons-nous pas cent autres agents? Ces autres forces naturelles qui se nomment l'air comprimé, l'air dilaté, le gaz acide carbonique,—que l'homme ne sait même pas contenir encore, l'éther, l'électricité, etc., etc.,—sans parler des poudres,—ne sont-elles pas autant d'agents pour la Navigation Aérienne?

Qui vous dit qu'on ne va pas vous présenter demain une force de cheval dans un boîtier de montre et dix chevaux dans un carton à chapeau?

Nos mécaniciens ont-ils donc fermé l'atelier depuis le bourgmestre qui inventa les deux hémisphères à Magdebourg?

Mais, d'abord, êtes-vous bien sûrs, ô savants! qu'une si grande force soit indispensable à l'homme pour s'élever et se mouvoir dans cet air si essentiellement élastique?

Êtes-vous bien sûrs que l'oiseau dépense tant de force,—toute sa force pour voler,—quand l'aigle enlève l'agneau,—quand le tiercelet et la pie-grièche, les plus petits des carnassiers, ne se gênent pas, en cas de besoin, pour ajouter à leur poids celui d'une mère perdrix qu'ils viennent d'arracher du sillon?

Les plans inclinés ne vous fournissent-ils pas, comme à plaisir, de véritables temps de repos où se renouvelle la force dépensée et sur lesquels Antée va retrouver la terre?

La sage et molle lenteur avec laquelle descend le parachute ne vous a-t-elle donc rien fait deviner?

Et quand, au-dessus de votre tête, l'oiseau plane, majestueux, donnant à peine un coup d'aile par minute, comme s'il daignait consentir à ne pas oublier tout à fait sa gravité,—dépense-t-il là de la force ou s'enivre-t-il de toute la profonde sécurité de son équilibre, de toute la molle volupté du repos où il se berce?—Non, il ne travaille pas: il jouit!

—Que m'arrivera-t-il donc si je dis cette fois encore ce que je pense—comme je le pense?

Eh bien, il y a des injustices!

Nos Athéniens d'aujourd'hui, vous savez trop s'ils sont impitoyablement persévérants à charbonner d'éternelles plaisanteries les murailles de l'Académie des Lettres.—Celle des Arts encore est si peu ménagée que, l'autre jour, le pouvoir lui-même, gardien intéressé de toute autorité, portait la main sur sa masure et la jetait bas.

Or, je me demande quel singulier privilége semble protéger l'Académie des Sciences?

Devant celle-ci, nous semblons tous frappés d'une sorte de stupeur bestiale, comme sous le tonnerre certains animaux. Toucher à cette momie, c'est cas de sacrilège, et l'idée seule de cette énormité ne viendrait même pas.

Si jamais l'ennemi fut quelque part pourtant, ennemi dérisoire et grotesque, mais dangereux surtout, c'est bien ici, puisqu'ici ne se débat plus la vanité du superflu, mais la nécessité de l'indispensable. Pire cent fois donc que ses sœurs est celle-ci à tous points de vue,—et au-dessous même du dernier étiage, car vingt hommes de génie ont toute leur vie passé, comme Balzac et tant d'autres génies devant la porte de l'Académie des Lettres, sans penser à y sonner,—tandis que l'Académie des Sciences n'a même pas été dédaignée une seule fois par un Déranger de l'A+B.

Tous vont à ce moulin.

Ô Savants! Pharisiens et Princes des Prêtres! Doctrinaires de la science! Académies, Comités scientifiques, Corps savants reconnus,—je vous reconnais seulement comme ennemis nés de tout ce qui est hors de vous, de tout ce qui se cherche et surtout de tout ce qui se trouve sans vous!

C'est vous qui démontriez, il y a quelques années, l'impossibilité pratique de l'éclairage extrait de la houille, alors même que tout le pays d'Angleterre resplendissait de la lumière du gaz hydrogène.

C'est vous qui décrétiez avant-hier que—LES ROUES DES CHEMINS DE FER PATINERAIENT TOUJOURS SANS AVANCER JAMAIS, DE PAR

LE POLI DES SURFACES QUI RENDAIT L'ADHÉSION IMPOSSIBLE,—et c'est vous encore qui ajoutiez, en supplément de bagage, qu'—EN SUPPOSANT LA TRACTION POSSIBLE, SA VITESSE ÉTOUFFERAIT INFAILLIBLEMENT LES VOYAGEURS...

C'est vous qui déclariez hier que—LA TÉLÉGRAPHIE ÉLECTRIQUE NE POURRAIT ÊTRE JAMAIS PLUS QU'UN AMUSEMENT INTÉRESSANT POUR LES PERSONNES CURIEUSES DE PHYSIQUE...

Mais ayons la générosité de ne pas tirer sur ceux qui sont trop près:—c'est l'ingénieur de Philadelphie qui nie la locomotion par la vapeur, alors même que roule devant lui la voiture qu'Olivier Evans a construite avec ses pauvres épargnes.

C'est le professeur Hardner qui prêche à Londres, à Bristol, partout, qu'—ESSAYER DE TRAVERSER L'ATLANTIQUE AVEC DES BATEAUX À VAPEUR, C'EST ESSAYER D'ALLER DANS LA LUNE...—et, quelques années après, le *Sirius* et le *Great-Eastern* traversent l'Atlantique en quinze jours.

Le pauvre Stephenson allait partout, de l'un à l'autre, jusqu'à la reine. Des Académies, il y en a partout, même en ce pays libre d'Angleterre. Tout le monde tournait le dos quand il prêchait la locomotion ferrée.

Le plus terrible de ces académiciens lui répondit une fois, comme par condescendance:

—J'admets—pour un instant—votre système mis en pratique: la machine est lancée à toute vapeur, les wagons qu'elle entraîne et qui la poussent à leur tour augmentent sa vitesse acquise. Et dans les prairies traversées comme par un éclair, un bœuf, je suppose, a franchi la haie de son pacage, il a pénétré jusque sur la voie, et le tourbillon arrive sur lui... Quel épouvantable malheur!...

—Hélas! oui, monsieur,—pour le bœuf!

Une ville de nos départements—que je ne nommerai pas,—allait célébrer je ne sais quelle fête.

On avait commandé une ascension de ballon.

L'Académie de l'endroit,—une Académie très-importante, s'il vous plaît, mais dont plusieurs membres étaient en même temps Conseillers municipaux,—réfléchissant que ledit Conseil avait alloué pour cette ascension une somme relativement assez forte, eut l'idée louable de tirer, académiquement, tout le parti possible de la dépense municipale.—On verrait donc à utiliser l'ascension au profit de quelques observations barométriques, stratégiques ou autres.—On se décida pour un essai d'application stratégique, plus facile.

Mais avant de rien faire, les plus prudents demandèrent, par déférence, l'opinion d'un des leurs, qui était un véritable savant assurément et en même temps un très-haut personnage:—je persiste à ne nommer personne.

Voici, *strictement*, la réponse de l'illustre savant,—très-compétent, je le répète, en toutes choses d'X et surtout en l'espèce:

—Votre expérience serait absurde. Les aérostats NE PEUVENT être stratégiquement utilisés aujourd'hui, de par les progrès de la projection des nouveaux engins de guerre,

«CAR—un aérostat de 500 mètres, tenu en captivité par deux câbles de... ne peut s'élever à plus de... mètres, puisqu'il n'emporte que... kilos par... mètres, et que chacun des câbles pèse... par... mètres... kilos.

«OR,—la force balistique des canons rayés de tel modèle étant, à angle de..., de...,

«à la hauteur de... mètres, l'aérostat ou l'aérostier seraient inévitablement atteints par les projectiles ennemis.

«DONC!!!...»

—Ce qui était en effet du plus juste et du plus limpide calcul.

Seulement, ô illustre savant,—si vous aviez fait un plus gros ballon, n'auriez-vous pu soulever un câble plus long—et monter plus haut???

«Il n'avait oublié qu'un point!» dit Florian.

L'inventeur pour ces gens-là, mais c'est l'ennemi!

Avez-vous la naïveté, par hasard, de croire que des personnages de cette importance commettent la folie de se déranger pour si peu? Ils ne croiront d'abord ni à vous ni à votre découverte. Ils vous oublieront aux catacombes de leurs cartons,—ou s'ils examinent, ce sera pis encore.

Si vous aviez raison, par hasard, voyez donc les conséquences!—Des essais à suivre, des formules nouvelles à établir,—sans compter que cette découverte va en forcer plus d'un à se démentir et à revenir sur des théories précédemment affirmées.—Comment, en bonne conscience, attendre qu'un tel bouleversement pourra être pris de bonne grâce par ces braves gens et émérites, doués d'un âge où on aime le repos, et qui, leur siège fait, bien campés sur leurs traitements, accroupis sur leurs positions acquises, doivent raisonnablement être plus difficiles à déranger qu'une dinde sur ses œufs?

Ô les savants d'Académie!

Et comme ils se moquent de ton respect, ô Public naïf qui croiras toujours aux Augures!—Entends-les donc seulement rire les uns des autres! Et, dans leurs querelles, écoute comment ils se traitent, connaissant leur ignorance réciproque pour ce qu'elle vaut!

Un célèbre vétérinaire—mais vétérinaire!—se présentait à l'Académie des Sciences.—Quelques membres s'indignaient de l'audace:

—Je ne trouve pas que ce soit trop d'un vétérinaire pour tant d'académiciens, dit le plus savant de la compagnie.

Et quand il s'en présentait deux de droits égaux à brouter les éternels chardons du jardin d'Académus, ce n'est plus *Ex æquo* qu'écrivait celui-là, mais *Ex asino*—poussant jusqu'au calembour en latin le dédain de sa moquerie.

Écrivez *Tatar* pour Tartare et *Timbouctou* pour Tombouctou, voilà votre candidature académique posée.—Arrivez à Indoustan par un H: *Hindoustan*, la voici prise en considération.—Maintenant, au lieu de Constantinople, prononcez *Stamboul*,—vous êtes élu!

Conséquence remarquable et logique dans l'absurde:

—lorsqu'il s'agit d'abord de cet insoluble problème de la direction des ballons, l'Académie de Paris fût unanime pour adopter le rapport signé, entre autres, par Lavoisier et Condorcet, et proclamant la possibilité de cette archi-impossibilité.

Ce n'était pas assez encore, et les Académies de Lyon et de Dijon,—je n'ai pas compté les autres,—s'empressèrent d'acclamer en chœur cette inanité.

Aujourd'hui que le problème est posé dans ses véritables termes,—logiques, incontestables, absolus,—l'Académie des Sciences n'a pas assez de ricanements quand un chercheur de Navigation Aérienne a la naïveté de s'adresser à elle, et elle éclate de rire,—ô les fines mouches!—en «*renvoyant à M. Babinet*!»

Mais ne terminons pas en oubliant une des plus étranges variétés du genre Savant,—la dernière:—le savant pieux, qui gagne sa vie à raccommoder Josué avec Galilée, et Moïse avec le Manuel du baccalauréat.

Pour celui-là, toute idée nouvelle, c'est l'ennemi, comme à la chauve-souris dans son ombre toute lumière fait cligner l'œil. Sans voir, sans regarder même, il crie: Non!—d'avance et d'instinct à toute découverte, tremblant toujours d'être définitivement débusqué ce coup-là de son trou.

Celui-là,—se gardant bien de dire qu'il copie servilement en cette rencontre l'*Aéronautica of Sketches*—affirme «qu'en fait de locomotion au sein des eaux, la Création a atteint des proportions *assez* gigantesques en nous donnant la baleine. Mais, en fait de locomotion aérienne, elle s'est arrêtée—*et pour cause!*—à l'aigle ou au condor; elle a armé l'autruche de pattes très-énergiques, d'ailes très-courtes, et lui a donné le sol pour appui,—etc., etc., etc.»

Vous savez avec quel aplomb ces honnêtes gens-là accaparent le bon Dieu, et il faut vraiment que le bon Dieu soit bien fort pour résister depuis si longtemps à ces Guillot qui le défendent.

Ils n'hésitent jamais, ricanant sous cape et sans trembler du sacrilége, à faire intervenir devant leur parterre «la Bonne Providence» chaque fois qu'ils ont besoin de remplir leur marmite ou leur tabatière.—Et on comprend dès lors que «la Bonne Providence,» absorbée par des soins aussi importants, n'a pas de temps de reste pour assister la Navigation Aérienne.

De par eux donc, défense à Dieu de faire voler l'autruche,—le ptérodactyle et l'épiornis, étant morts et enterrés, ne sont plus là pour répondre;—et, pour défendre à l'homme de dépasser certaines proportions de la nature, affirmons pieusement que le *Great Eastern* est moins volumineux que la baleine,—ordonnons que le cheval distance comme vitesse et dépasse comme format la locomotive avec ses queues de wagons,—décrétons que le télégraphe électrique porte moins loin que la parole humaine et l'œil du lynx fantastique plus loin que notre télescope,—jetons bas la casquette de notre Corps des Ponts et Chaussées devant l'auréole du castor,—et arrêtons court le tunnel du Mont-Cenis par déférence pour le trou du lapin.

Pour le besoin de la cause présente, ils oublient leur thème ordinaire:—l'Ordre Universel créé tout entier pour les besoins et la satisfaction de l'homme, et aussi Dieu qu'ils ne craignaient pas d'envoyer tout à l'heure clouer les étoiles au firmament «*pour le seul plaisir de nos yeux.*»

Impies blasphémateurs de Dieu qu'ils limitent à leur mètre, insolents envers le créateur et la créature, les voilà qui nient à présent cette miraculeuse intelligence qui a été donnée à l'homme et par laquelle il a dépassé en tous ordres les facultés de l'animal, à mesure qu'il a su le vouloir et le mériter.

Eh quoi! l'homme, plus vite que le cerf, plus prompt que le bruit, qui a fait siens le domaine de la taupe comme celui du poisson,—l'homme,—ce favorisé de la Providence, celle image de la Divinité,—ne s'élèverait pas dans l'air comme la misérable chenille d'hier et la mouche immonde née de la pourriture!...

VI

Mon confrère Moreau. — M. Mauguin fils. — Découverte de la lune. — La main qui saisit! — Les ouvriers de la dernière heure. — Qui? comment? — «La liberté dans la lumière!» — Obsession et possession. — Quel Œdipe? — Une Photographie sans retouches. — Les bêtes à X. — La Chimie, c'est ce qui pue! — L'impatience de l'ennui. — Le pape Clément XIV et l'arlequin Carlo Bertinazzi. — PINGEBAT ROMA!!! — Un capitaine mangé. — Le baron Taylor. — J'ai l'horreur du *raisonnable!* — Le Génie, c'est l'Insolence! — La baguette de Tarquin. — Attention à la cravate! — Le beau jeune homme de Rouen. — Gustave Flaubert. — Les croix d'honneur. — Gare les épaules! — Le monsieur au cochon de lait. — Résumé.

Je discutais avec tout venant:

La contradiction m'affirmait et m'excitait, encore comme la meule affile la lame, comme la compression exaspère l'explosion.

Mais quelle satisfaction quand je trouvais un partisan du *Plus lourd que l'air*, comme, il y a quelque dix ans, mon sagace et ingénieux confrère Moreau, de la Société des auteurs dramatiques, qui en sait plus à lui seul sur l'électricité et bien d'autres choses que vingt académies;—et M. Mauguin,—fils du député, mon ancien chef de file au journal le *Commerce*,—directeur d'une importante usine en Belgique, avec lequel je me rencontrai juste au retour d'un voyage en Hollande, pour tomber ensemble à bras raccourcis sur les «directeurs de ballons» et chanter la gloire de l'hélice et des plans inclinés, etc., etc.

D'ailleurs, je ne savais rien de la question,—rien, j'entends, de ce que m'eussent pu apprendre les autres.

Je n'avais rien lu de tout ce que j'ai lu depuis et qui m'a démontré qu'en effet il n'était rien de nouveau sous le soleil. Je ne connaissais ni la précieuse théorie de Michel Loup, publiée en 1853, ni l'excellente démonstration de Liais,—une de nos gloires scientifiques perdue sur un rocher lointain, ni les très-remarquables articles du capitaine Béléguic, ni seulement l'*Aéronef*, brochure de La Landelle publiée depuis deux ou trois ans déjà.

Je ressemblais peut-être bien un peu, moi Parisien né, à ces jeunes gens départementaux, pleins de confiance, qui viennent ici pour nous découvrir la lune. Mais cet isolement mien de tout ce qui avait pu se dire et faire m'amenait, par la concentration, comme une sorte d'hypnotisme, jusqu'au paroxysme de la Foi.

Plus convaincu chaque jour, je m'étonnais de l'aveuglement et de l'indifférence des hommes devant cette immense question, la plus grande des questions humaines dans toute la série des siècles,—lorsqu'elle n'attendait même pas un inventeur comme Papin ni un découvreur comme Colomb, lorsque le mot du problème était simplement dans l'application raisonnée des phénomènes connus.

Les temps ne sont-ils pas venus? Je vois l'Angleterre s'émouvoir depuis quelques années surtout autour des questions qui se rattachent à la Navigation Aérienne. Devant la préoccupation générale des esprits dans ce pays, la multiplicité des tentatives vers l'étude des phénomènes naturels dans ces voies nouvelles,—l'émulation de libéralité des sociétés scientifiques, Société de géographie, Société royale de Londres, Association britannique, sans parler de l'Administration de la guerre, à voter des fonds pour la création de coûteux aérostats et la répétition infatigable des expériences,—on comprend que cette nation, essentiellement pratique, a senti que le moment est enfin venu pour l'homme de prendre possession de l'immense domaine vers lequel il lève irrésistiblement les yeux depuis si longtemps.

Il a suffi que son flair subtil devinât la proie glorieuse. Son intérêt la pousse, son orgueil légitime l'excite:—elle avance déjà la main qui saisit.

Si une question peut effacer jusqu'à l'ombre du sentiment mesquin des rivalités ou des jalousies, c'est bien cette noble question de la Navigation Aérienne dont le premier bienfait sera de hâter la grande communion humaine.

Mais, pour arriver à cette éclosion, l'ardeur de tous est nécessaire. Les siècles marchent, les heures avancent: celle ci va sonner, la plus solennelle dans la série des âges,—et, comptant trop sur ce que nous valons comme ouvriers de la dernière heure, nous attendons, impassibles et comme indifférents.

De temps à autre pourtant, de ce point ou de cet autre, une aspiration isolée s'exhale, une clarté s'éveille et luit un instant pour s'éteindre, un effort se manifeste qui s'affaisse aussitôt découragé.

C'est que la Foi seule ne suffit pas, et comme, d'une part, le capital individuel n'aurait garde de prêter l'oreille à de semblables sornettes, et que, d'autre part, le levier puissant de l'association nous fait défaut pour répondre aux lieu et place du capital particulier qui est sourd,—il en résultera demain que la plus grande des conquêtes humaines affranchira le monde sous un pavillon qui ne sera pas le nôtre.

Et nous ne nous glorifierons plus en répétant notre phrase consacrée: «—L'Aérostation, cette science toute Française!...»

Je me demandais:

—Quels seront les moyens?

Quels agents silencieux encore, quels moteurs mystérieux, quels fluides qui gardent encore leur secret, nous donneront raison de ce grand Inconnu?

Qui attachera son nom à cette révolution gigantesque?

Dans quel coin de hameau, pauvre, ignoré, moqué, attend-il qu'on l'appelle, le porteur prédestiné et béni du *Sésame, ouvre-toi!* qui nous donnera pleine carrière par les portes libres des immensités?

Ou plutôt cette gloire de demi-dieu ne sera-t-elle pas trop lourde, et la victoire trop opime pour n'appartenir qu'à un seul?

Ne serait-il pas trop haut, en effet, au-dessus des autres hommes, celui qui, leur apportant, selon la belle parole du poète:

«La liberté dans la lumière!...»

—abaissera les frontières, fera les guerres impossibles et déchirera jusqu'au dernier feuillet les codes divers de nos époques barbares, pour en dicter un seul et dernier, Loi suprême de Liberté et d'Amour?

J'ai pensé qu'il n'y avait rien de plus beau, de plus utile, de plus nécessaire que la solution de ce grand problème,—solution aussi urgente, pour tout gouvernement intelligent, que celle du pain à bon marché pour l'ouvrier de la métropole;—plus précieuse, une fois entrevue, pour tout esprit philosophique, pour tout homme de généreux vouloir, à défaut de l'initiative gouvernementale, que repos, santé, fortune, famille, vie même.

L'idée que je couvais depuis tant d'années, à laquelle je revenais toujours à travers les agitations, les nécessités, les soucis ou même les plaisirs d'une existence déjà remplie plus que de besoin, cette idée s'était emparée de moi, de plus en plus maîtresse chaque jour. Elle m'avait pris comme prenait autrefois ses gens le Diable d'Enfer au Moyen Âge:—j'avais passé par l'Obsession, j'arrivais à la Possession.

Elle en était venue peu à peu à faire place nette autour d'elle, trop jalouse pour supporter une rivalité, trop grande pour ne pas envahir le terrain tout entier, si chétif qu'il fût.—Un jour se leva où tout avait disparu autour de moi: travaux caressés à moitié achevés, modestes ambitions maintenant méprisées, devoirs sacrés et de toute nature oubliés désormais.

De tout cela qui avait toujours fait jusqu'à ce jour ma vie remplie, il ne restait rien—qu'une volonté unique, fervente, âcre.

Je ne me suis pas interrogé, je ne me suis rien promis. Je n'ai pas pesé mes forces,—heureusement! Je n'ai pas pensé à regarder la route, dès qu'elle menait vers le but, et, sans me demander par où je passerais, j'ai marché.

Quels conseils d'amis aimés et respectés, quelle influence assez pénétrante, quelles prières, quelles larmes auraient pu me détourner?

Une première et fort simple réflexion m'eût arrêté tout net et d'abord, avant le premier pied levé,—si j'avais été Celui qui réfléchit:

—Devant moi se dressait la plus grande question des siècles, la question devant laquelle s'effacent et s'anéantissent toutes les découvertes dont l'humanité s'enorgueillit,—la Question des questions aux pieds de laquelle pâlissent, dès les temps mythologiques, les plus savants et les plus sages.

Or, devant ce Sphynx redoutable, qui en a tant dévorés, et les plus forts,—quel Œdipe aujourd'hui?

Je vais vous le dire moi-même,—après avoir écouté aux plus mauvaises portes.

—Un ancien faiseur de caricatures, dessinateur sans le savoir, assez impertinent, pêcheur à la ligne dans les petits journaux, médiocre auteur de quelques romans dédaignés de lui tout le premier, et réfugié finalement dans le Botany-Bay de la photographie.

Comme unique bagage d'érudit, parrain, de par le catalogue de l'entomologiste Chevrollat, d'un *Bupreste* et d'une variété *Copris* (environs de Paris). Intelligence superficielle, ayant effleuré beaucoup trop de choses pour avoir eu le temps d'en approfondir une.—N'ayant commencé l'étude de la médecine que pour lui tourner le dos aussitôt, et n'en sachant pas plus d'ailleurs, en fait de physique et de chimie, que ce qu'il a oublié de ce qu'il n'avait guère appris étant au collége, où il passait son temps, on se le rappelle encore, à crosser du pied les bordures eu buis taillé du *Jardin des racines grecques*.—Un de ces hommes dénués de respect, qui appellent les savants «des bêtes à X,» comme d'autres disent des vers à soie;—se compromettant, comme à plaisir, à affecter une ignorance plus grande encore que la sienne réelle, et à se faire attribuer la paternité de formules dans le genre de celle-ci:—«La Chimie, c'est ce qui pue!»

Voilà pour l'autorité scientifique.

Comme caractère général ou caractères généraux, la plus solide et la mieux établie des réputations de cerveau brûlé sur le territoire parisien et extra-muros. Un vrai casse-cou, toujours en quête des courants à remonter, bravant l'opinion, inconciliable avec tout esprit d'ordre, se vantant d'avoir ses quarante ans bien sonnés, quand tout le monde sait bien qu'il n'en compte que douze ou treize au plus;—touche à tout, riant à gauche, pinçant à droite, mal élevé jusqu'à appeler les choses par leur nom et les gens aussi, et n'ayant jamais raté l'occasion de parler de cordes dans la maison de gens pendus ou à pendre. Sans mesure ni retenue, exagéré en tout, impatient à la discussion, violent en paroles, obstiné plutôt que persévérant, enthousiaste à propos de rien, sceptique à propos de tout, épouseur en défi de toutes les querelles, ramasseur de gens à terre, bougeant toujours et dès lors marchant sur les pieds de tout le monde, ce que les gens qui ont des cors ne pardonnent pas.— Imprudent jusqu'à la témérité et téméraire jusqu'à la folie, ayant passé sa vie à se jeter par la fenêtre de tous les sixièmes étages pour retomber sur ses pieds, à fournir de légendes la badauderie universelle, et poursuivi comme malgré lui par un acharnement d'heureuse chance à faire grincer des dents aux plus bénins, puisqu'il n'a jamais pu réussir à se noyer tout à fait.— Personnalité bruyante, absorbante, gênante, agaçante, forçant la curiosité, qui s'en irrite,—et dès lors couchée en joue de derrière chaque angle de carrefour; rebelle né vis-à-vis de tout joug, impatient de toutes convenances, alerte comme lièvre devant la porte de toutes les maisons où on ne met pas ses pieds sur la cheminée, n'ayant jamais su répondre à une lettre que deux ans après, et—afin que rien ne lui manque, pas même un dernier défaut physique, pour combler la mesure de toutes ces vertus attractives et lui rassembler quelques bons amis de plus—poussant la myopie jusqu'à la cécité, et conséquemment frappé du plus impertinent manque de mémoire devant tout visage qu'il n'a pas vu plus de vingt-cinq fois à quinze centimètres de son nez.

Mais que dire de plus—car je n'en finirais pas!—d'un garçon tellement dépourvu de cervelle qu'il n'eut jamais le premier bon sens pratique—ô monsieur Prud'homme!—de se prendre un seul instant de sa vie au sérieux et de commencer par se croire quelqu'un pour le persuader aux autres!

Tireur de pétards, casse-carreaux, chien de jeu de quilles, prototype de terreur pour les beaux-pères:—voilà l'homme qui avait l'insolence de se poser face à face avec la question de l'Automotion Aérienne,—à peu près comme ferait un chien devant un Évêque!

Mais, de toutes ces incongruités, qu'il nous soit permis de forcer l'attention du lecteur sur la plus monstrueuse en notre pays de France: l'impatience de l'ennui.

Lâche devant l'Ennemi! Crime irrémissible.—À quelle considération, à quelle respectabilité pourrait-il jamais prétendre, celui-ci qui, une seule fois dans sa vie, n'a pu se résigner à entendre réciter «*une pièce*» de vers,—assez imprudent encore et même impudent pour s'en vanter!

Latouche fait dire à Clément XIV, dans sa pseudo-correspondance avec l'arlequin Carlo Bertinazzi: «—Ce peuple, qui passe pour le plus gai et le plus impatient, est de tous le plus intrépide à s'ennuyer.»

Voici assurément une parole profonde,—et malheur à l'enfant du père auquel l'expérience des années n'a pas appris la nécessité première d'arborer la cravate blanche à sa progéniture dès le berceau!

Il y avait des peintres qui avaient nom Heim, Picot, Hesse, Couder, que sais-je encore? tous de génie à peu près égal, comme il convenait à gens venus de l'école des David, des Gérard et des Girodet.

Pendant que ces bons peintres se bornaient naïvement à faire leur peinture, l'un d'eux tira ses grègues à l'écart de ces braves gens, et se mit à peindre ses toiles avec un sérieux tout particulier et véritablement supérieur. Rien de plus profondément glacial et antipathique que cette atroce peinture et que cette méthode plus répulsive encore qui calculait machiavéliquement ses lenteurs, patiente jusqu'à l'énervement, sobre jusqu'à l'abstinence, avare jusqu'à la prodigalité. Mais, en revanche,—impérissable secret pour tout homme médiocre qui veut atteindre à toute grande fortune,—l'homme ne riait jamais, et quand il avait terminé un de ses enluminages archaïques, ce «Chinois égaré dans les rues d'Athènes,» comme a dit mon Préault, écrivait magistralement au bas: INGRES PINGEBAT. ROMA, et le millésime en romains.

Et la foule d'accourir pour contempler ce que venait d'accomplir l'homme grave, et comme il demeurait plus sérieux que jamais, cela ôtait l'envie de rire aux autres.

—PINGEBAT!... lisait l'un.

—ROMA!!... relisait l'autre.

—Bigre!!!... disaient les deux en s'en allant,—celui-là est un homme fort!

Et, en effet,—cet homme dont l'œuvre n'est autre chose qu'une glacière dans laquelle un ou deux rayons de chaude lumière semblent perdus à regret, devant chaque tableau duquel il me semble qu'on me coule une clef dans le dos,—cet homme qui a créé la plus détestable école, dont le caractère personnel et impérieux repoussait toute sympathie, mourra comblé d'ans, d'honneurs et de biens, et traînera toute une nation spirituelle derrière lui le jour de ses funérailles.

PINGEBAT!!!

(Combien de nouvelles pierres, ô Nadar! viens-tu d'ajouter ici au tas qui t'est réservé!)

Je reviens à la question:

—Supposez un homme tout à fait nouveau pour le public, et non affligé de toutes les causes de disgrâce qui me sont personnelles:—quel fou celui qui osera sortir du rang, se mettre en vue et en avant, même pour le plus grand bien de tous,—et quel effroyable métier et homicide que celui d'attacheur de grelot!

On insultait quelqu'un qui avait le malheur d'être un homme d'esprit reconnu,—un homme hors du rang:—il avait été pirate, il avait fait la traite, il avait tué son capitaine:

—Hélas! oui, c'est vrai! confessa bien vite Gozlan, et j'avoue même l'avoir mangé!

Pas d'attentat qui vaille celui-ci:—faire ce que ne font pas ou ce que n'ont pas fait les autres!

Il est de par la ville un excellent homme—le meilleur des hommes—qui se mit un jour en tète de venir en aide à une foule de pauvres gens qu'il ne connaissait pas. Il n'en choisit pas un ou deux, l'égoïste! il les voulait tous.

À tous les affligés, à partir de ce jour-là, et de l'aube à la nuit, sa porte fut ouverte. Aux plus pauvres l'obole, aux malades le remède, aux veuves la protection, aux orphelins l'appui, la consolation à tous, et toutes les consolations; car, en même temps qu'il faisait vivre les corps, cet original avait encore pris charge d'âmes, toujours inépuisable en bons conseils et encouragements.

Donner sa veille et son sommeil et son intelligence et ses poumons au premier venu et au dernier aussi, c'était déjà assez choquant pour l'immense quantité de ceux qui étaient incapables, non pas d'en faire autant, mais seulement d'y rien comprendre.—Se ruiner un peu à ce métier bizarre jusqu'à être forcé, un vilain malin, de se séparer d'une partie de ses livres (—un bibliophile!), les circonstances devenaient aggravantes.—Mais le cas parut tout à fait intolérable, quand on vit, à force de foi, de volonté et de labeur, cette sublime excentricité réussir et le baron Taylor constituer des *rentes* à une demi-douzaine de Sociétés inventées par lui du néant et de la misère.

Cet homme, si saintement utile, qui ne fut offensif pour personne au monde, et qui, au bout d'une carrière déjà longue tout entière donnée aux autres, ne se repose pas à contempler son œuvre, mais la poursuit toujours, infatigable, opiniâtre et ardent de cette éternelle jeunesse que lui fait l'amour du bien,—combien de fois, plein de tristesse et aussi d'indignation, ai-je eu à défendre cet homme de charité et de désintéressement, contre les soupçons perfides, les explications insidieuses, et enfin contre l'injure des malheureux mêmes secourus par lui!

Tout était admissible, probable, certain,—plutôt que la simple vérité, incompréhensible pour les âmes basses.

En tous ordres de choses, de même. La vérité contestée toujours, le faux toujours d'emblée accepté.

Le faux prend toutes les formes, même et surtout celle du *raisonnable.* Mais vous le reconnaissez toujours à sa place éternelle: au-dessous ou au rez du niveau des masses. Aussi combien elles l'aiment et comme elles le choient!—J'ai l'horreur de ce qu'on appelle *raisonnable*.

Dans les arts, quels succès pour la médiocrité—qui n'est autre que le faux, puisque tous la comprennent et qu'elle ne choque personne. Les monstres ont appliqué le Suffrage Universel à la musique et à la peinture!—Quel est cet inconnu qui vient forcer notre admiration? Ça, le Génie? C'est l'Insolence!

Sois banal si tu veux vivre. Je te le redirai cent fois et sous toutes les formes, mais jamais assez!

La baguette de Tarquin n'est autre chose qu'un mythe. Le jardin de Tarquin est partout, et gare aux têtes hautes des pavots!—Courbe-toi, tapis-toi, et vite!

Et considère toujours qu'il n'est rien de petit ni d'indifférent dans l'irrémissible crime de lèse-majorité.—Ne mets jamais seulement ta cravate autrement que ton prochain!

Je me rappelle encore un bon jeune homme et beau monsieur de Rouen, que je félicitais du très-grand, très-mérité et tout nouveau alors succès de son compatriote, auteur de *Madame Bovary*:

—Vous trouvez *ça* beau, ici? me répondit le jeune Rouennais de famille, avec un ton de supériorité tout à fait écrasant pour M. Flaubert.—Je ne trouve pas, moi!—L'auteur, d'ailleurs, est une espèce d'original, que nous ne sentions guère à Rouen... *Il cherchait* à se singulariser: il ne voulait pas faire partie de la garde nationale... et puis, tout à coup,—*sans rien dire*,—il partait pour l'Afrique... *Nous n'aimons pas ces genres-là, à Rouen!* (Textuel.)

Hélas! beau jeune homme de famille, Rouen, c'est Paris,—et Paris, c'est partout!

Si vous voulez éviter les plus grands malheurs, non-seulement montez votre garde, mais criez à l'unisson haro sur qui ne la monte pas.

Je suppose la rue barrée par vous pour un moment. Vous arrêtez l'un après l'autre, jusqu'au vingt et unième, les vingt premiers venus qui passent:

—Excusez-moi, messieurs, je voulais vous demander votre opinion sur monsieur,—ce vingt et unième qui passe là-bas.

«Ce monsieur est un bon homme, honnête, bien vu, obligeant, affable,—mais il a des idées singulières...—Ainsi il respecte parfaitement la croix d'honneur, et notez, spécialement, qu'il est enchanté quand un de ses amis vient à être décoré:—son ami désirait la croix, son ami l'a obtenue et est heureux: partant lui aussi.

«Mais, pour son compte personnel,—je ne sais trop comment vous dire cela,—croiriez-vous qu'il ne voudrait pas, pour tout au monde, de la croix d'honneur ni d'un ruban quelconque! Cela choque certaines idées particulières qu'il a et auxquelles il tient par-dessus tout.—Enfin, et pour bien dire le fond des choses,—de par certaines théories que je ne me charge pas de vous expliquer,—cette distinction honorifique, qui ne le gêne pas du tout, qu'il admet autant qu'on veut à la boutonnière des autres,—il se mépriserait absolument s'il la voyait à la sienne...»

(Ne choisissez pas pour cette consultation le voisinage d'un tas de cailloux, surtout!—Les épaules dudit vingt et unième n'y tiendraient pas...)

—Il ne veut pas la croix! dit le premier.—Il faut qu'il soit bien *orgueilleux*!

—C'est un insolent!!

—C'est un scélérat!!!

Etc., etc.

Le vingtième—le plus indulgent—s'éloigne en haussant les épaules et se contente de penser:

—Il ne veut pas la croix?—C'est parce qu'*il ne peut* pas l'avoir!

—Philibert est le dernier des pleutres; c'est un coquin fieffé, un menteur, un voleur, un assassin, un mouchard,—etc., etc., etc.

Traduction:

—Philibert est d'un autre avis que moi.

Vous êtes-vous demandé ce qui pourrait bien arriver à un original qui, n'aimant pas la compagnie du chien, préférerait la société du cochon de lait et s'aviserait de sortir sur rue avec un petit cochon de lait au bout d'une ficelle?

—Il serait arrêté, Monsieur!—et il y a quatre chances sur trois pour qu'il fût condamné en police correctionnelle pour tapage diurne.

Le tort que les hommes vous pardonnent le moins, vous dis-je,—après le mal qu'ils vous ont fait,—est celui que vous vous faites à vous-même.

N'en appelez ni à Galilée, ni à Palissy, ni à Papin, ni à Fulton ni à Dallery.

Vous n'avez pas besoin de tous ces gros personnages. Observez un seul instant ce qui se passe où que vous soyez, et fermez les yeux...

Quand vous aurez réfléchi, vous trouverez que la méchanceté des hommes n'a d'égale que leur bêtise et de supérieure que leur lâcheté!

VII

Celui qui réfléchit. — Simple bilan. — Ce qui s'est fait hier. — Le mangeur de miel. — Mon erreur. — Une visite. — De La Landelle. — Les antérieurs. — Les hélicoptères. — Première démonstration pratique. — Une ouverture. — Hors du puits! — Incompatibilités d'attelage. — Le Comité de la Société des Gens de lettres. — La dynastie de M. Francis Wey, auteur du *Dictionnaire démocratique* (1848). — La Thoré-faction. — Je suis conservateur! — Un souvenir pénible. — Les *mais*!... — L'*alter ego*. — Analogie Passionnelle. — Le bœuf La Landelle. — Résolution. — La main dans la main. — L'élan. — *Go a head!*

Si j'étais celui qui réfléchit,—je me serais dit toutes ces choses et bien d'autres encore.

J'aurais calculé d'un coup d'œil qu'en essayant seulement de porter la main sur la chose qui n'avait pas encore été touchée, j'attirais sur moi tous les désastres prédits.

—que j'allais donner du pied dans la fourmilière de ceux qui, ne faisant pas, nuisent, par naturelle prédestination, à qui veut faire;

—qu'il n'y avait donc, d'un côté, que des coups, uniquement, à recevoir,

—et, d'autre part, aucune espèce de bénéfice à attendre, sous quelque forme que ce fût.

Car, en supposant les choses au mieux, l'œuvre accomplie moi vivant,—je veux dire l'homme naviguant par les nues au moyen d'appareils plus lourds que l'air,—que devait-il arriver?

Inévitablement alors, l'Académie, mise en demeure cette fois par le fait accompli, n'éprouverait aucune espèce d'embarras à s'écrier en chœur, comme les compagnons de Colomb devant l'œuf cassé,—que la chose était tellement simple, élémentaire (et en effet!) et garantie à l'avance de par toutes les lois connues,—mathématiques, mécaniques, physiques, chimiques, etc.,

—qu'il n'y avait eu aucune espèce de mérite à appliquer ces lois connues,

—et qu'en conséquence, il ne restait qu'à passer à l'ordre du jour.

«—Rien de plus facile que ce qui s'est fait hier!» disait Biot.

Et quant à ma chétive personnalité, plus humble alors que jamais,—disparue, oubliée, anéantie dans l'immensité du fait,—effacée jour par jour et dès longtemps de toute mémoire par chacun des inventeurs successifs qui auraient graduellement amené le Grand Œuvre à sa fin,—plus qu'écrasée sous l'inévitable, éternel accaparement de l'exploitation financière, elle serait, à ce moment solennel,—plus que ridicule, impertinente à ne pas rentrer jusqu'au plus petit bout de son nez.

Étais-je donc en effet mécanicien, mathématicien, physicien ou chimiste?

Et celui qui mange le miel s'est-il jamais inquiété de l'autre qui, au danger de sa peau, a réuni les abeilles?

Mais, malheureusement ou heureusement, je n'ai jamais été et je ne serai jamais—celui qui réfléchit.—Vérité ou erreur, j'avais vu devant moi une Grande Chose. J'avais cru, et comme je sais bien que je suis de ceux qui affirment et payent leur Foi, je m'étais élancé avec l'enthousiasme du devoir accompli.

Et encore, à ce même moment, mais et seulement alors,—il m'était enfin venu à la pensée,—devant cette Évidence rayonnante pour moi seul, de me demander—si je n'aurais peut-être pas eu toute ma vie un peu trop de défiance de moi et un peu trop de confiance dans les autres.

En somme, plus j'avais vieilli, plus j'avais été surpris chaque jour de voir combien peu de gens savent le métier qu'ils font,—depuis les Rois jusqu'aux marmitons.

—Ô mon fils! disait à son héritier le grand chancelier de Suède Oxenstiern qui ne fut pas une oie,—ô mon fils! vous serez surpris quand vous verrez combien peu de sagesse préside aux destinées des peuples!

J'avais vu les plus grands hommes d'État à l'œuvre—hélas!—et je voyais toujours aussi le serrurier auquel on a commandé de clouer dans l'angle un clou pour accrocher les manches de parapluie:

—Mais ce n'est pas les manches de parapluies que vous accrocherez là; ce sont les manches d'habits des passants!—Poussez-moi donc encore ce clou-là dans le coin!

Et le menuisier qui vient de poser son tasseau:

—Votre tasseau penche à gauche.

—Mais, monsieur, mon niveau...

—Mes yeux!!! Vous penchez à gauche.—Vérifiez!

—C'est vrai, monsieur.

Et...

... —et les académiciens, donc!

En somme, il y avait là une question de simple observation, de sens commun, d'évidence. La chose était si simple qu'elle en était bête tout à l'heure. Elle n'était même pas neuve, sinon connue.

Et quels immenses horizons ouvrait cette Vérité nouvelle!

J'avais distinctement entendu sonner l'heure à mon oreille; et puisque les autres semblaient sourds, puisque l'honneur de l'immense révélation m'avait été réservé,—sans mesurer autrement mes forces, j'avais dû me jurer et je m'étais juré, sur ma vie et sur mon honneur, que je répondrais au glorieux appel.

Je me trompais—sur un point, entre autres.

Éloigné par des séries diverses de travaux d'ordres tout différents, je ne savais pas ce qui se passait sur le terrain réservé au savant que je n'étais pas; j'ignorais ce que quelques autres s'entre-disaient, trop bas pour que leur voix eût frappé mon oreille.

Lorsque, toujours poursuivi par l'obstinée vision de mon ballon de la Fête du Roi,—j'arrivais peu à peu par mes expériences aérostatiques, par l'observation et par la réflexion qui mûrit l'observation, à l'absolu théorème du *Plus lourd que l'air*, d'autres que moi,—de ceux qui savent mieux que regarder, voir,—observaient de leur côté et arrivaient à la même inévitable conclusion.

Je reçus un matin la visite d'un de mes confrères avec lequel je me rencontrais une fois par an, depuis quelques quinze ou seize ans, à notre réunion de la Société des Gens de lettres.

C'était l'ancien enseigne de vaisseau démissionnaire connu depuis par plusieurs succès comme romancier maritime, G. de La Landelle.

La Landelle suivait depuis trois ans la même piste—sur laquelle plusieurs autres, m'apprit-il, s'étaient déjà vainement lancés avant lui et avant moi.

Cette visite de mon confrère,—la première, je crois, en quinze années,—avait-elle été décidée par une connaissance quelconque de ma très-grosse préoccupation? Le point devenait et restait plus qu'indifférent, de par les autres antériorités.

Donc, La Landelle travaillait opiniâtrement depuis trois ans à la grande besogne, négligeant, oubliant pour elle les nécessités de son labeur littéraire et de sa vie quotidienne. Avait-il eu l'initiative ou avait-il reçu l'impulsion de M. de Ponton d'Amécourt, son habile collaborateur? Ce détail personnel m'était aussi indifférent que s'il se fût agi de moi-même, du moment que La Landelle, tout au courant de l'historique de la question, m'apprenait que nous n'étions aucun des trois le premier.

De cette collaboration, et grâce à la fortune considérable de M. d'Amécourt, était résulté un fait, une preuve de notre théorie,—preuve matérielle, évidente, palpable.

S'inspirant très-judicieusement du jouet appelé stropheor, papillon, spiralifère, et plus heureux que nos devanciers ou nos contemporains qui, comme Liais, Michel Loup, Béléguic, Moreau, Pline, etc., avaient seulement posé dans le livre ou par le verbe le problème dans ses véritables termes, un homme riche avait pu prendre sur l'excédant de ses revenus une dizaine de mille francs et réaliser par les mains de deux ouvriers intelligents, MM. Joseph et Richard, la formule de l'idée en une série de modèles de petits hélicoptères s'enlevant à deux ou trois mètres de hauteur avec un mouvement d'horlogerie.—Ces petits hélicoptères constituaient sur le spiralifère connu, qui s'enlève sous une pression extérieure, un progrès d'une importance très-réelle à cette heure, puisqu'ils emportaient avec eux leur moteur, où était préalablement, il est vrai, emmagasinée la force.

Si rudimentaires et embryonnaires que fussent ces hélicoptères de petit format, et bien qu'ils n'apprissent rien aux esprits sérieusement occupés de la question, ils devenaient précieux dès lors qu'ils arrivaient les premiers sur le terrain encore vierge de la démonstration pratique.

Mon confrère de La Landelle, dans sa visite, ne m'apporta pas, mais me raconta lesdits hélicoptères. Il m'exposa ensuite le motif qui l'amenait chez moi.

Non pas découragé,—il est des choses si grandes que devant elles le découragement est impossible,—mais fatigué de trois années de travaux encore inféconds et d'un prêche sans relâche par la parole et par la plume,—lassé, me dit-il, de traîner le boulet d'un travail apparemment abandonné de son collaborateur, il me proposait de joindre ses efforts aux miens, et, puisque nous étions convaincus tous deux de la Vérité, de tirer ensemble sur la corde sans nous arrêter, jusqu'à ce qu'Elle fût enfin irrémissiblement et sans conteste hors du puits.

—J'avoue que je n'accueillis pas très-chaudement cette ouverture.

Si je puis entrer dans quelques détails personnels et assez étrangers à ce qui nous occupe ici, je dirai d'abord que, peut-être, sur aucun chemin, je n'eusse précisément choisi mondit confrère pour compagnon de route. Les allures un peu trop graves de La Landelle n'étaient pas du tout miennes, et je ne voyais guère entre nous de possibilités d'attelage.

Et puis La Landelle faisait partie du Comité de notre Société des Gens de lettres.—Je n'aime pas les Comités, non plus que les Académies, et j'ai toujours eu une dent spéciale contre cet éternel Comité-ci, qui, ne brillant pas par beaucoup d'autres rapports essentiels avec le Phénix, se renouvelle irrémissiblement chaque année de lui-même, par un irritant miracle de transsubstantiation—plus facile à expliquer qu'à déjouer.

Fuyant, pour ma part, les grandeurs avec une persévérance qui ne s'est jamais démentie, j'avais toujours été mécontent et humilié de voir cette Société des Gens de lettres,—qui compte dans son sein des littérateurs pour de vrai, tels que Th. Gautier, Gozlan, Méry, les deux Dumas, etc.,—présidée à perpétuité et dynastiquement tout à l'heure, s'il a fait souche mâle,—par M. Francis Wey, auteur, en 1848, du *Dictionnaire démocratique*, haut fonctionnaire pour le quart d'heure et enrubanné de plus de décorations que deux arbres de mai.

On m'avait toujours vu, faute d'autre éloquence, l'un des interrupteurs les plus distingués à nos assemblées annuelles de la Société des Gens de lettres, soit lorsque, ne voyant pas tout à fait le fond des choses, je luttais contre l'influence du parti Salvandy, à côté de mon compère Merruau, qui depuis...,—soit lorsque, emporté par l'ardeur du carnage, je m'élançais et dépassais jusqu'aux gardes avancées—ce que j'avais appelé dans ce temps-là—«*la Thoré-faction.*»

J'avoue qu'il est et je crains bien qu'il soit toujours un peu de ma nature d'être à jamais de l'opposition, quel que soit le régime qui nous gouverne,—et, plus encore peut-être, hélas! j'en ai grand'peur, le jour où nous gouvernera le régime de mon choix.

C'est en qualité de Conservateur essentiel que je crois parler, entendons-nous bien! m'estimant à tort ou à raison, malgré ces semblants anarchistes, plus conservateur cent fois que quiconque,—puisque, *si parva licet...*, je ne m'aviserais jamais de commencer par confier au vinaigre des fruits véreux, des cornichons tombés ou des oignons moisis.—

Mais passons vite sur cette braise!...

Donc le Comité avait fait tort, dans mon esprit, à La Landelle.—J'avais encore, s'il faut tout dire, pris jadis contre lui fait et cause, dans une rencontre douloureuse, pour un ami mien que j'estime autant que je l'aime, et c'est dire on ne peut plus. Ce dissentiment très-profond m'avait laissé un souvenir plus que froid vis-à-vis de mon confrère,—qu'il s'agissait à cette heure d'accepter à la vie à la mort comme collaborateur de tous les instants.

—De plus, il m'apportait avec lui un *alter ego*, dont, en toute justice, je ne pouvais le séparer,—et.....

Et puis,—raison première qui emporte toutes les autres,—qu'avais-je besoin de qui que ce fût avec moi?

Je savais ce que je pouvais valoir, moi, dans cet assaut, n'ayant de ma vie, en aucune circonstance, eu besoin pour avancer de sentir les coudes de mon voisin.—Sûr de moi-même, incapable de regarder derrière moi pendant le combat, acharné jusqu'à la victoire, pourquoi m'embarrasser de deux alliés pour lesquels je n'avais à ce moment que des sympathies douteuses? Pourquoi ne persistaient-ils pas à marcher de leur côté dans leur voie,—comme moi dans la mienne?

Les joujoux hélicoptères qu'on m'offrait, en manière d'appoint, n'avaient de mystère pour personne, et, avec quelques jours et quelque argent, rien n'était plus facile que de les réaliser, si besoin était. Le brevet qui les décorait ne me paraissait point sérieux, et, le fût-il, il m'était plus qu'indifférent de passer outre.

Je ne voyais donc devant moi qu'un inventeur quelconque en deux volumes, qui se trouvait avoir fait un des mille pas qui nous séparaient du but,—un inventeur comme nous allions en trouver mille autres devant nous.—Il ne s'agissait pas du tout, pour le moment, de questions technologiques, mais de tout autre chose.

Je dus présenter à plusieurs reprises mes objections à mon confrère.—Mais il n'est pas de ceux qui sont embarrassés pour répondre,—et il me laissa réfléchir.

Et voici ce qui m'apparut:

Tel que j'avais pu le supposer déjà par quelques échos et d'après mes rapports personnels avec lui, si vagues et lointains qu'ils fussent, tel surtout que je l'ai apprécié depuis,—homme de sens essentiellement pratique et plein de méthode, doué d'un merveilleux esprit d'ordre et de suite, laborieux, patient, obstiné et toujours ruminant comme le bœuf, son similaire en Analogie Passionnelle, La Landelle avait toutes les qualités qui me manquent,—et que naturellement je me trouve d'autant plus enclin à priser haut. À nous deux,—quoique, ou plutôt parce que, si profondément dissemblables,—nous réalisions absolument, dans toute la plénitude de son action, l'unité virile qu'il fallait constituer.

Je ne parle pas de sa foi fervente dans l'Aviation, dont il n'avait pas craint d'aborder la technologie proprement dite, si ardue pour tout profane.

À la veille d'engager la grande bataille pour gagner une telle victoire, toute préoccupation personnelle eût été haïssable, toute prévention devait être abandonnée.—L'auxiliaire qui s'offrait était trop important pour qu'il me restât le droit d'hésiter davantage.

Je mis ma main dans la main de La Landelle et je lui dis:

—Nous marcherons ensemble!

Mais le fossé que nous devions franchir était trop large et profond pour qu'un certain élan ne fût pas nécessaire. Je pressentais bien qu'une bonne fois la lutte engagée je ne m'appartiendrais plus. Il s'agissait donc de bien méditer et dresser son plan de campagne, et, cela fait, il fallait se débarrasser autant que possible des nécessités personnelles, des liens de toutes sortes qui pouvaient embarrasser la marche.

Je me trouvais, en ce qui me concerne particulièrement, à la tête d'un établissement de photographie très-important et en pleine prospérité, mais dont les premières exigences d'installation n'étaient pas encore, depuis trois ans, complètement apaisées.—Il fallait régulariser cette situation au mieux des intérêts engagés, et je ne me dissimulais pas que l'absence du chef, pendant quelques mois, allait sensiblement déranger la plus-value des recettes sur les dépenses.

J'entrevoyais bien vaguement que le moindre accident d'ailleurs, le moindre temps d'arrêt dans ma marche d'autre part, pouvaient déterminer telles éventualités funestes,—homicides, peut-être...—Mais, comme je l'ai dit, je me rendais à un irrémissible appel...

Je combinai mes dispositions de ce côté du mieux, ou, tout au moins, du moins mal qu'il me fut possible, et en même temps, j'arrêtai définitivement le plan général depuis longtemps préparé.

Le 6 juillet, j'écrivis à La Landelle:

«Je suis prêt!—*Go a head!*»

VIII

Plan de campagne. — Le capital? — Le lit de Palissy. — Ligne courbe, plus court chemin. — MANIFESTE DE L'AUTOLOCOMOTION AERIENNE. — Barbarisme hybride. — J'écris à M. Émile de Girardin. — *Ubi? quando?* — L'entrevue. — De l'aérostation dans ses rapports avec la maréchaussée. — *Possidet aera Minos!* — Un nouvel ami. — Le 30 juillet! — Au poisson! — Le Compensateur. — Une absurdité perfectionnée.

Or, voici quel était mon plan de campagne.

Je m'étais dit:

—En renversant absolument le principe d'après lequel l'homme depuis quatre-vingts ans a vainement essayé de se diriger dans l'air, et en formulant nettement la proposition de suppléer à l'aérostatique par la dynamique et la statique,—nous venons de découvrir, je suppose, que le couvercle de la marmite est soulevé par la vapeur d'eau.

Ceci n'est que le point de départ et la théorie.

Il s'agit désormais de la pratique et du point d'arrivée:—soit la création et la mise en œuvre de la locomotive Crampton aérienne.

Or, entre ceci et cela, quel espace!

Tâtonnements, calculs, dépenses formidables, peines, sueurs et sang...

Il fallait d'abord, de par cette appréciation première et nôtre que la grande découverte ne doit vraisemblablement pas jaillir tout armée d'un seul cerveau, mais qu'elle éclora sous les incubations successives de plusieurs,—il fallait faire appel à tous les chercheurs, à tous les croyants;

—puis, lorsque tous seraient venus, les réunir en communion de foi, de volonté et de recherches, et, de par la libre discussion entre ces hommes de bonne volonté, décupler la puissance de lumière créatrice pour chacun par la réflexion du rayonnement de tous;

—puis faire que, sans jalousie ni ombrage, ces hommes se soumissent au grand Conseil élu par eux parmi les plus dignes pour régulariser et ordonner les expériences successives;

—puis enfin constituer le capital nécessaire à ces expériences suivies.

Car il n'était pas possible de toucher aux premières de ces questions sans avoir, du même coup, en main la solution de la dernière, celle du capital.

Donc, quel serait ce capital?

Et où le prendre?

Faire appel à une souscription publique au profit d'une théorie nouvelle, sans formule précise?—À quel titre, avec quelle autorité, et dès lors avec quelles chances de succès?

Jeter dans le gouffre insondé au fond duquel s'entrevoyait à peine le plus formidable des X, ses ressources personnelles et dérisoires,—folie pure!

C'eût été, de parti pris et sans même espoir de réussite, se précipiter soi-même dans le brasier éternel de l'inventeur,—brasier qui ne s'éteint jamais, où le lit de Bernard Palissy brûle toujours...

C'est alors que, convaincu de l'impossibilité d'arriver par la ligne droite, je pensai que la ligne courbe pouvait devenir, dans ce cas donné, le plus court chemin d'un point à l'autre.

Je voulais tuer l'aérostation en la remplaçant par les appareils purement mécaniques:—je résolus de demander à l'aérostation elle-même le moyen de créer les agents nouveaux qui la tueraient.

Et je me dis que je construirais un ballon gigantesque, dépassant par ses dimensions les plus grands cités dans les annales aérostatiques,—pouvant enlever dans sa maison d'osier à deux étages de quarante à quatre-vingts personnes,—et dès lors, entreprendre, grâce à son énorme force ascensionnelle, c'est-à-dire grâce à sa quantité considérable de lest, des trajectoires aériennes de longueurs jusque-là inconnues.

Les recettes produites par les ascensions et exhibitions successives de cet aérostat monstre, dans les deux Mondes, devraient constituer le premier capital d'essais de l'ASSOCIATION LIBRE POUR LA NAVIGATION AÉRIENNE AU MOYEN D'APPAREILS PLUS LOURDS QUE L'AIR.

Mais il fallait d'abord faire savoir ce que je voulais, d'où je partais, où j'allais.

J'écrivis à plume courante mon—*Manifeste de l'Autolocomotion Aérienne*,—un barbarisme hybride, que j'eusse créé plus barbare et plus hybride encore, pour mieux faire comprendre ma théorie du *self aerial government*, si absolument opposée à tout système basé sur l'indirigeable aérostation.

Puis j'envoyai un peu à tout le monde quelques centaines d'invitations à venir d'abord entendre le développement de la théorie de l'Autolocomotion aérienne par la suppression préalable et *absolue* de tout aérostat et l'emploi des plans inclinés et de l'hélice,—puis assister à la démonstration pratique de la théorie par la mise en jeu des petits hélicoptères en question.

Ceci fait, je me demandai à quel journal je confierais la publication de mon manifeste?

En dépit de mon maigre mérite d'écrivain, la vérité me fait dire que jamais article ou livre présenté par moi, et dès mes débuts mêmes, n'eut besoin, si médiocres qu'ils soient restés, de frapper à une seconde porte.

Mais il s'agissait de tout autre chose ici que des nouvelles de *Quand j'étais étudiant* et de romans comme *la Robe de Déjanire* et *le Miroir aux Alouettes*.

Ce Manifeste était un démenti en manière de défi à l'opinion générale. Il dénonçait comme absurde l'idée reçue par tous et émettait une théorie toute nouvelle, en apparence de contradiction flagrante avec tout bon sens. Il touchait, et en cassant les vitres, à toutes les sciences, physiques et mathématiques.

Et au bas de cette énormité quel nom pour l'affirmer?—celui du marchand de portraits de boulevard, que je vous racontais tout à l'heure...

Quel journal aurait l'audace d'accepter la compromission d'une publication semblable? Car toutes les réserves et précautions oratoires du monde, vedette d'en-tête ou note de bas de page, ne pourraient en ce cas empêcher l'accusation de complicité morale.

Et encore, pour que rien ne manquât comme aggravation de délit, ledit factum se trouvait être d'une longueur énorme,—et je n'entendais pas en retrancher une ligne!

Je n'hésitai pas, et prenant une feuille de papier à lettre, j'écrivis à peu près ce qui suit à un homme—que je n'avais jamais seulement vu:

«MONSIEUR DE GIRARDIN,

«Je ne vous connais que pour vous avoir été le plus désagréable qu'il m'a été possible en 1848 et 49.

«Cela ne m'empêche pas du tout de venir vous dire que j'ai la conviction de tenir le mot du plus grand des problèmes humains. J'affirme et je prétends démontrer la possibilité unique et exclusive de l'Autolocomotion aérienne au moyen d'appareils *plus lourds que l'air*.—Si Nadar que je sois, faites-moi la grâce de croire que je ne suis pas encore tout à fait fou,—et regardez.

«Je serais surpris, croyant vous bien connaître sans vous avoir jamais parlé, sans vous avoir jamais vu,—si, étant en cause une grande vérité de demain, votre nom ne s'affirmait pas près d'elle dès aujourd'hui.

«Où, quand voulez-vous me donner l'occasion de vous rencontrer?

«NADAR.»

Le lendemain, je recevais quelques lignes—très-cordiales—de M. de Girardin.

Et deux heures après sa réponse, sa visite.

Je lui lus mon manifeste.

À la moitié, m'interrompant:

—C'est bien! me dit-il. Ceci appartient à *la Presse*. Envoyez à l'imprimerie tout de suite;—le journal est désormais à votre disposition.—Et maintenant, causons!

Il écrivit au crayon le *bon à composer* et le manuscrit partit.

—Ah! si vous n'avez pas tort, me dit-il rêvant,—comme vous me donnerez raison! Avec la Navigation Aérienne organisée, plus de frontières, plus de douanes,—plus de gendarmes!

—Je crois que vous allez un peu vite, lui répondis-je en riant. Et nos gouvernements que vous oubliez?—Savez-vous ce qui eut lieu lorsque arriva à Paris l'étonnante nouvelle du premier ballon lancé à Annonay par Joseph Montgolfier?—Eh bien, devant cette découverte merveilleuse qui semblait ouvrir l'immense et définitif horizon de la fraternité à la grande famille humaine, le gouvernement d'alors s'émut et se réunit avec une seule préoccupation:—à savoir si la nouvelle invention n'allait pas fournir des facilités au meilleur service de la maréchaussée?—De toute cette grande chose, le gouvernement n'avait été touché que d'un point:—mettre plus aisément le main sur le collet de son prochain!

...*Possidet aera Minos!*

Je crois que vous trouverez cela dans quelques Mémoires de d'Argenson.—Mais marchons toujours: ils abuseront d'abord, nous userons ensuite!

Je me séparai de M. de Girardin, enchanté de lui et le meilleur ami du monde.

—Qui m'aurait dit cela en 1849, lors de l'élection de la Présidence, m'eût bien étonné.

Mais je n'ai pas fini avec les surprises,—et mon apostolat de Navigation Aérienne (comme dit ce bon La Landelle) m'en réservait bien d'autres!...

La réunion du 30 juillet fut nombreuse et brillante. Il y vint quelques cinq ou six cents personnes; les principaux corps scientifiques, les administrations de chemins de fer, la presse, le grand monde, la finance,—voire l'Institut!—s'y trouvaient représentés. Je reconnus, entre autres, dans l'assistance, le digne M. Pelouze. Mon grand atelier était plein, l'escalier était plein aussi. Plusieurs s'en retournèrent qui n'avaient pu entrer.

Les chandelles allumées, comme on disait autrefois, je lus mon manifeste. Bien m'en prit d'avoir écrit: je ne m'en serais jamais tiré autrement, avec ma parfaite incapacité oratoire, et,—ce qui pourra étonner quelques-uns qui ne me connaissent pas,—avec l'infinie timidité et l'excessive défiance de moi-même qui me paralyseront toujours devant une assemblée quelconque.

Les petits hélicoptères D'Amécourt et La Landelle manœuvrèrent, et mon compère La Landelle—qui était plein de solennité dans son habit noir,—me fit l'agréable surprise d'un *speech* additionnel, qu'il ne m'avait pas annoncé, où il renforça mes arguments et développa les vertus de ses hélicoptères.

Une interruption d'un jeune Méridional, directeur de ballons fourvoyé là, me donna l'occasion naturelle d'offrir la parole au contradicteur, qui s'en tira à merveille, en sautant sur cette bonne occasion de déclarer à l'assistance l'éclosion prochaine d'un ballon dirigeable de son invention,—ballon qu'il exposa depuis, en effet, m'a-t-on dit, mais qu'il ne dirigea guère, que j'aie su.

Je terminai la séance en développant mon projet de demander à l'aérostation elle-même les premières ressources financières dont notre Société aurait besoin. Le modèle de la nacelle de mon futur ballon, en carte découpée, fut curieusement examiné par les assistants.

Je joignis à cette exhibition la démonstration pratique du système dit *Compensateur.*

On sait que le gaz contenu dans les aérostats se dilate à mesure que le ballon s'élève dans les régions atmosphériques moins denses, comme aussi lorsqu'il vient à être frappé par la chaleur du soleil.

Pour éviter l'explosion, une ouverture en manchon, dite *Appendice*, reste prudemment ouverte pendant toute ascension à la partie inférieure de l'aérostat, afin de donner issue au dégagement du gaz.

Mais on comprend qu'il y a là une perte réelle, qui devient sensible lors de la descente par réfrigération ou par le jeu de soupape, et alors l'aéronaute, s'il veut rester en l'air, est forcé de compenser par perte égale de lest la force ascensionnelle perdue.

Louis Godard m'avait plusieurs fois parlé, dans nos ascensions, d'un projet sien qui devait parer, appréciait-il, à cet inconvénient:—il voulait joindre à l'aérostat un ballonneau qui, vide au départ, se remplirait lors de la dilatation.

J'avais trouvé ce projet tellement superbe que je l'avais perfectionné.—Au lieu de laisser, avec ce Godard, mon ballonneau gonflé s'élever contre les flancs du ballon, ce qui déterminerait certainement une aberration de niveau pour la nacelle et l'ensemble du système, et présenterait, en outre, de grandes difficultés de manœuvre, j'avais eu l'idée, dont j'étais tout fier, d'établir notre Compensateur attenant à l'appendice, avec son filet et sa nacelle particuliers, dans la verticale au-dessous du ballon.—Inutile d'ajouter que le diamètre de ce ballonneau devait être calculé en raison du maximum de dilatation du gaz contenu dans le grand ballon.

Et je n'hésitais pas à attendre les plus merveilleux résultats de ce Compensateur,—qui n'était qu'une absurdité.

Il ne compensait rien du tout en effet, puisque, rempli, il augmentait d'autant la force ascensionnelle, dont l'excès restait toujours à combattre par le jeu de la soupape.

Le seul Compensateur réel serait un récipient armé d'une pompe foulante.

Et la simple précaution, que prennent tous les aéronautes intelligents, de n'emplir jamais au départ leur ballon qu'à la moitié ou aux deux tiers, supplée beaucoup plus logiquement et commodément à ces inconvénients possibles de la dilatation.

Mais j'étais tout à fait féru de notre Compensateur et je fis manœuvrer devant mon assemblée ébahie un petit ballon en baudruche de 1 mètre, à deux lobes, dont je gonflais et dégonflais l'inférieur en approchant ou en éloignant du principal un foyer de chaleur.

On me sembla trouver cela fort beau et fort logique,—et je noterai en passant qu'un scientifique et pieux personnage qui a attaqué plus ou moins venimeusement le *Géant* n'a pas manifesté, par une seule ligne, que ce niais Compensateur,—le seul point réellement critiquable,—l'eût choqué le moins du monde...

IX

Les ballons ont tué la direction des ballons! — *Levior vento.* — Le vaisseau et la bouée. — Les bourrelets de l'enfance. — Le défilé des systèmes cornus. — Les poissons! — Les aérostiers en chambre. — Victoire sans ennemi. — *Sub sole, sub Jove!* — L'air, point d'appui. — Le bon sens des Choses. — La légalité physique. — L'ingénieur Paucton. — Minorité la veille, majorité le lendemain. — Coïncidences. — Les hélicoptères. — La Sainte Hélice! — Le spiralifère. — Amplification, amélioration. — Direction des parachutes. — Les plans inclinés. — Les chemins qui marchent! — L'enfant grandira! — Pascal et Franklin. — Nos enjambées futures. — Ayons la Foi! — Le père Fournier et l'eau de mer. — Colomb, Dallery, le marquis de Jouffroy et Fulton. — L'homme créateur. — Un grand siècle. — L'académicien Lalande. — Un démenti. — L'inventeur. — Un vœu. — La poltronnerie française. — Un Cercle à créer. — Ma part!

Le lendemain de cette séance,—dont on me permettra de conserver le souvenir, mémorable pour moi,—les quelques cinquante mille abonnés de la *Presse* lisaient:

MANIFESTE
DE
L'Autolocomotion Aérienne

I

«Ce qui a tué, depuis quatre-vingts ans tout à l'heure qu'on la cherche, la direction des ballons, ce sont les ballons.

«En d'autres termes, vouloir lutter contre l'air en étant plus léger que l'air, c'est folie.

«À la plume—*levior vento*, si le physicien laisse parler le poëte,—à la plume vous aurez beau ajuster et adapter tous les systèmes possibles, si ingénieux qu'ils soient, d'agrès, palettes, ailes, rémiges, roues, gouvernails, voiles et contre-voiles,—vous ne ferez jamais que le vent n'emporte pas du coup ensemble, au moment de sa fantaisie, plume et agrès.

«Le ballon, qui offre à la prise de l'air un volume de 500 à 1,000 mètres cubes d'un gaz de dix à quinze fois plus léger que l'air, le ballon est à jamais frappé d'incapacité native de lutte contre le moindre courant, quelle que soit l'annexe que vous lui dispensiez comme force motrice résistante.

«De par sa constitution et de par le milieu qui le porte et le pousse à son gré, il lui est à jamais interdit d'être vaisseau: il est né bouée et il restera bouée[2].

«La plus simple démonstration arithmétique suffit pour établir irréfragablement non-seulement l'inanité de l'aérostat contre la pression du vent, mais dès lors au point de vue de la Navigation Aérienne proprement dite, sa nocuité.

«Étant donnés le poids qu'enlève chaque mètre cube de gaz et la quotité de mètres cubés par votre ballon d'une part, et, d'autre part, la force de pression du vent dans ses moindres vitesses, établissez la différence—et concluez.

«Il faut reconnaître enfin que, quelle que soit la forme que vous donniez à votre aérostat, sphérique, conique, cylindrique ou plane; que vous en fassiez une boule ou un poisson; de quelque façon que vous distribuiez sa force ascensionnelle en une, deux ou quatre sphères, de quelque attirail, je le répète, que vous l'attifiez, vous ne pourrez jamais faire que 1, je suppose, vaille 20,—et que les ballons soient vis-à-vis de la Navigation Aérienne autre chose que les bourrelets de l'enfance.

«Voulez-vous maintenant demander historiquement aux faits la confirmation de la théorie? Contemplez cet interminable défilé des inventeurs de systèmes cornus pour l'impossible «direction des ballons,»—et je m'irrite d'écrire, même pour la dernière fois, j'espère, cette niaise formule de deux mots qui hurlent d'être ensemble!—Dans cette procession lamentable d'hommes à ailes, à nageoires, d'hommes à poissons surtout,—qui ne sont jamais, au fond, qu'un seul et même homme ou un seul et même poisson,—vous n'en trouvez pas un, derrière l'autre son semblable, qui, en dépit de ses peines et quelquefois d'une intelligence réelle vainement dépensée, ait prouvé quelque chose et fait avancer la question d'un seul pas. Vous vous étonnez de cette persistance, de cette opiniâtreté de capucins de cartes, car vous ne trouvez pas une, je dis une seule intermittence dans l'innombrable série des déconvenues,—depuis cette enthousiaste année 1784, à partir de laquelle nous voyons succéder, avec un égal et non moins intrépide insuccès, aux vaines tentatives de Guyton de Morveau et Bertrand, de Blanchard, de Robert avec le duc de Chartres (Philippe-Égalité), les non moindres échecs d'Alban et Vallet, de Testu-Brissy, Deghen, etc.,—suivis, toujours dans la même voie et dès lors avec la même inexorable issue, de l'abbé Miolan et Janinet, de Henin, Sanson, de Lenox, Helle, Julien, Giffard, Dupuis-Delcourt, Pétin, etc., etc.

«Et nous ne savons pas tout! Nous ignorons encore combien d'autres combinaisons furent mort-nées, combien de cerveaux inconnus enfantèrent d'autres avortements ignorés, combien de nez en l'air,—car la question les fait tous lever invinciblement,—ont ruminé leur petit système particulier. Que de poissons restés secrets! Qui de nous ne s'est pas, à un moment donné, procuré la satisfaction d'une petite théorie—toujours infaillible? Qui de nous, en suivant de l'œil quelque ballon d'hippodrome, n'a pas eu... *son idée*?—Qui de nous n'a pas, au moins une fois, rêvé *poisson*?

«Je m'expliquerais peut-être ce calendrier,—j'allais dire ce martyrologe sans fin de chercheurs aux yeux fermés, venant tous opiniâtrement trébucher les uns après les autres au même point,—en admettant que bon nombre de ces entêtés étaient non point des aérostiers, mais de simples fous de cabinet, d'autant mieux portés à se perdre dans les nuages qu'ils n'avaient pas besoin pour cela de se déranger de leur table à écrire.

«À ces braves gens, la moindre ascension et descente préalables par petit vent frais aurait démontré, par delà l'évidence, ce que vaut la formidable puissance du plus léger courant et du coup l'impossibilité de leur espoir.

«Mais quant à ceux qui, après avoir eu, ne fût-ce qu'une seule fois, l'occasion de mettre le pied dans une nacelle d'aérostat, se sont égarés, eux aussi, à la poursuite de cette chimère appelée direction des ballons, je me tais par le respect que je garde pour l'ingéniosité très-réelle que quelques-uns, de valeur incontestable, ont parfois dépensée là en pure perte et pour des tentatives qui n'étaient pas, en somme, sans quelque danger.

«Ce qu'il faut bien reconnaître et constater surtout, c'est que les quarts de réussite obtenus l'adversaire absent, c'est-à-dire en plein calme, en champ clos du Palais de l'Industrie ou ailleurs, n'ont jamais prouvé rien, par cet unique et imperturbable motif qu'ils ne pouvaient rien prouver.

«L'Autolocomotion aérienne doit s'affirmer *sub sole, sub Jove*, et elle n'a pas souci des poissons ni des aérostiers en chambre.

«Ils ne furent pas inutiles cependant, et il faut même les remercier, bien que tout à fait au rebours de leur prétention, puisque c'est à la multiple et infatigable persévérance de leur insuccès que nous devons d'établir la base d'une théorie—désormais certaine, dès qu'elle procède d'eux-mêmes,—directement et absolument,—par la Négative.

II

«Il faut donc renverser la proposition elle-même et formuler ainsi l'axiome nouveau:

«—POUR LUTTER CONTRE L'AIR, IL FAUT ETRE SPECIFIQUEMENT PLUS LOURD QUE L'AIR.

«De même que spécifiquement l'oiseau est plus lourd que l'air dans lequel il se meut, ainsi l'homme doit exiger de l'air son point d'appui.

«Pour commander à l'air, au lieu de lui servir de jouet, il faut s'appuyer sur l'air et non plus servir d'appui à l'air.

«En locomotion aérienne comme ailleurs, on ne s'appuie que sur ce qui résiste.

«L'air nous fournit amplement cette résistance, l'air qui renverse les murailles, déracine les arbres centenaires, et fait remonter par le navire les plus impétueux courants.

«De par le bon sens des choses,—car les choses ont leur bon sens,—de par la législation physique, non moins positive que la légalité morale,—toute la puissance de l'air, irrésistible hier quand nous ne pouvions que fuir devant lui, toute cette puissance s'anéantit devant la double loi de la dynamique et de la gravité des corps, et, de par cette loi, c'est dans notre main qu'elle va passer.

«C'est au tour de l'air de céder devant l'homme;—c'est à l'homme d'étreindre et de soumettre cette rébellion insolente et anormale qui se rit depuis tant d'années de tant de vains efforts. Nous allons à son tour le faire servir en esclave,—comme l'eau à qui nous imposons le navire,—comme la terre que nous pressons de la roue.

III

«Nous n'annonçons point une loi nouvelle: cette loi était édictée dès 1768, c'est-à-dire quinze ans avant l'ascension de la première Montgolfière, quand l'ingénieur Paucton prédisait à l'hélice son rôle futur dans la Navigation aérienne.

«Il ne s'agit ici que de l'application raisonnée des phénomènes connus.

«Et, quelque effrayante que soit, en France surtout, l'apparence seule d'une novation, il faut bien en prendre son parti, si, de même que les majorités du lendemain ne sont jamais que les minorités de la veille, le paradoxe d'hier est la vérité de demain.

«L'Autolocomotion aérienne, d'ailleurs, ne sera pas absolument une nouveauté pour tout le monde.

«Les inventions et les découvertes sont dans le même air que tous respirent. Quand l'une d'elles va éclore sous le souffle mystérieux qui féconde la pensée humaine, son germe éclate presque toujours sur divers points simultanés. Presque à la même heure où Niepce et Daguerre inventent le Daguerréotype chez nous, Talbot trouve le Talbotype à Londres. Et ainsi de bien d'autres. C'est le même souffle insurrectionnel, général et ubiquiste, de l'esprit de demain contre la routine d'hier.

«Parmi tous les fous qui regardent en l'air plutôt qu'à leurs pieds, il est, à ma seule connaissance, plusieurs bons esprits pour lesquels la formule de l'Autolocomotion aérienne se trouve dégagée, et depuis longtemps déjà.

Plusieurs rencontres, dont quelques-unes absolument fortuites, m'ont témoigné de ces arrivées simultanées vers le même but.—Et,—j'appelle l'attention sur le caractère symptomatique de cette observation,—ce qui paraîtra aux autres comme à moi remarquable, c'est que pour tous et toujours le moyen était absolument le même et unique.

«Pour ne citer que quelques-uns, je recevais, il y a près de dix ans, la première visite de M. Moreau, de la Société des auteurs dramatiques, qui, simple théoricien en aérostatique, mais esprit dégagé et chercheur, me communiquait la solution trouvée.

«D'autres depuis, M. Laubereau, inventeur du moteur à air dilaté, M. M..., ingénieur, fils d'un ancien et célèbre député, étaient arrivés, par la seule observation et par la simple logique, à la même solution.

«J'arrive à MM. de Ponton d'Amécourt, inventeur de l'*Aéronef*, et de La Landelle, dont les efforts considérables, depuis trois années, se sont portés sur la démonstration pratique du système, et à l'obligeance desquels nous devons la communication d'une série de modèles d'hélicoptères s'enlevant automatiquement en l'air avec des surcharges graduées.

«Si des obstacles que j'ignore, des difficultés personnelles ont empêché jusqu'ici l'idée de prendre place dans la pratique, le moment est venu pour l'éclosion.

IV

«La première nécessité pour l'Autolocomotion aérienne est donc de se débarrasser d'abord absolument de toute espèce d'aérostat.

«Ce que l'aérostation lui refuse, c'est à la dynamique et à la statique qu'elle doit le demander.

«C'est l'hélice—*la sainte Hélice!* comme me disait un jour un mathématicien illustre—qui va nous emporter dans l'air; c'est l'hélice qui entre dans l'air comme la vrille entre dans le bois, emportant avec elles, l'une son moteur, l'autre son manche.

«Vous connaissez ce joujou qui a nom *spiralifère*?

«—Quatre petites palettes, ou, pour dire mieux, spires en papier bordé de fil de fer, prennent leur point d'attache sur un pivot de bois léger.

«Ce pivot est porté par une tige creuse à mouvement rotatoire sur un axe immobile qui se tient de la main gauche. Une ficelle, enroulée autour de la tige et déroulée d'un coup bref par la main droite, lui imprime un mouvement de rotation suffisant pour que l'hélice en miniature se détache et s'élève à quelques mètres en l'air.—d'où elle retombe, sa force de départ dépensée.

«Veuillez supposer maintenant des spires de matière et d'étendue suffisantes pour supporter un moteur quelconque, vapeur, éther, air comprimé, etc.,—que ce moteur ait la permanence des forces employées dans les usages industriels,—et, en le réglant à votre gré comme le mécanicien fait sa locomotive, vous allez monter, descendre ou rester immobile dans l'espace, selon le nombre de tours de roues que vous demanderez par seconde à votre machine.

«Mais rien ne vaut pour arriver à l'intelligence ce qui parle d'abord aux yeux. La démonstration est établie d'une manière plus que concluante par les divers modèles de MM. de Ponton d'Amécourt et de La Landelle,—un homme du monde et un littérateur,—qui ne sont mécaniciens ni l'un ni l'autre et qui ont eu la chance méritée de trouver, pour la traduction de leurs idées, deux ouvriers d'élite, MM. L. Joseph (d'Arras) et J. Richard.

«Ces systèmes, différents du *spiralifère*, mais plus avancés que lui en ce qu'ils emportent avec eux leur moteur, témoignent surabondamment, en dépit de la prohibition de Lalande, de l'évidente possibilité de l'ascension des corps spécifiquement plus lourds que l'air.

«Il n'est pas besoin d'insister sur l'imperfection forcée—et si encourageante—de ces engins d'essai, obtenus dans les pires conditions à tous points de vue et qui sont purement embryonnaires. Supposez-les perfectionnés, et, pour ce faire, confiez-en l'établissement dans les proportions pratiques aux ateliers spéciaux; qu'un comité choisi parmi les plus compétents en dirige les dispositions,—et je doute qu'il puisse rester, dans l'esprit même le plus prévenu, le moindre doute sur la possibilité de l'Autolocomotion aérienne.

«Je désire aller autant qu'il m'est possible au-devant de toute objection, dans mon ardente volonté de faire partager ma conviction.—Je suppose donc, en admettant tout le premier que la pratique donne trop souvent le démenti à la théorie—et réciproquement!—je suppose qu'on vienne prétendre à tout hasard que, sur une échelle plus grande, c'est-à-dire dans les proportions usuelles, nous n'obtiendrons pas les mêmes résultats.

«La réponse sera trop facile.

«C'est tout au contraire l'amplification de notre poids et de nos formes qui nous assure le succès. Et, en effet,—dès que notre principe est admis,—si notre moteur X de la force d'un cheval, je suppose, n'arrive pas à nous fournir la puissance ascensionnelle suffisante, nous n'avons, élémentairement, qu'une chose à faire:—doubler la force de notre moteur. Une force de deux chevaux est-elle insuffisante encore, nous en prenons quatre, nous en prenons huit,—puisque, à mesure proportionnelle que nous augmentons sa force, nous diminuons *relativement* le poids de notre moteur.

«Il est bien certain, en effet, qu'une force de dix chevaux pèse bien moins que dix forces d'un cheval, tout en produisant le même résultat.

«La progression de notre décharge monte donc en raison proportionnelle de notre addition de force.

V

«Nous pouvons, je crois, admettre que le plus difficile est fait,—dès que l'hélice nous donne la puissance ascensionnelle, soit verticale,—graduée et facultative.

«L'hélice va compléter son œuvre en nous fournissant le propulseur à pivot horizontal, dont la rapidité, qui sera presque toujours supérieure à celle de l'hélice ascensionnelle, va s'accroître encore de celle obtenue par les plans inclinés,—et nous avons la direction.

«Observons le parachute en ses effets:

«—Le parachute est une manière de parapluie où le manche est remplacé à son point d'insertion par une ouverture destinée à donner satisfaction au trop-plein de la prise d'air, pour éviter les oscillations trop fortes, principalement au moment du développement.

«Des cordelles, partant symétriquement des divers points de la circonférence, viennent se rejoindre concentriquement au panier d'osier dans lequel se tient l'aérostier.

«Au-dessus de ce panier et à l'entrée du parachute au repos, c'est-à-dire fermé dans l'ascension, un cercle fixe d'un diamètre suffisant doit faciliter, au moment de la chute, l'entrée de l'air qui, s'engouffrant sous la pression, développe plus facilement et plus rapidement les plis.

«Or le parachute,—où le poids de la nacelle, du gréement et de l'aérostier est équilibré avec l'envergure de la voilure,—le parachute qui semble, d'après son nom même, n'avoir d'autre but et ne présenter d'autre ressource que de modérer la chute,—le parachute est dirigeable, et les aérostiers qui le pratiquent n'ont garde d'oublier cette faculté.

«Si le courant vient à pousser l'aérostier placé dans la nacelle du parachute sur un point dangereux pour la descente, une rivière, une ville, une forêt,—l'aérostier, qui voit à sa droite, je suppose, la plaine plus propice, tire sur les cordelles qui l'entourent à droite, et, imbriquant ainsi son toit d'étoffe, glisse dans l'air qu'il fend obliquement vers la droite voulue.

«Toute chute se détermine, en effet, du côté maximum du poids,—c'est-à-dire ici de l'inclinaison.

«Les inclinaisons,—ou déclinaisons plutôt, imprimées à la plate-forme de notre locomotive aérienne et combinées avec la faculté ascensionnelle dont elle dispose, lui fournissent donc, indépendamment de l'hélice horizontale, vers un moyen assuré de locomotion.

«Si Pascal a eu raison d'appeler les fleuves «des chemins qui marchent,» Franklin, qui entrevoyait peut-être dans les horizons de l'avenir l'Autolocomotion aérienne centuplant les vitesses alors connues et humiliant l'Océan, Franklin n'avait pas tort de s'écrier à la nouvelle de la première Montgolfière: «—Ce n'est qu'un enfant, mais il grandira!»

«On comprendra qu'il ne saurait nous appartenir de déterminer dès à présent, dans cet exposé général et primordial, ni mécanismes, ni manœuvres.

«Nous ne nous aviserions pas davantage de fixer, même approximativement, la rapidité future des Autolocomoteurs aériens.

«Que la pensée cherche seulement à évaluer d'aussi loin que ce soit la marche probable d'une locomotive glissant dans les airs sans déraillements possibles, sans mouvement de lacet, sans le moindre obstacle;—supposez que cette locomotive se rencontre, dans sa route, au milieu et dans le sens d'un de ces courants qui donnent jusqu'à 30 et 40 lieues à l'heure;—additionnez ensemble ces données formidables,—et votre imagination va reculer en ajoutant encore à ces vitesses vertigineuses la rapidité d'une machine tombant dans un angle de descente de 4 à 5,000 mètres, par gigantesques zigzags, et faisant le tour du globe en quelques enjambées fantastiques...

VI

Il faut se réveiller, et pour sortir du rêve, contentons-nous, la part reste assez belle, d'apprécier si l'Autolocomotion aérienne est possible,—et, si elle ne l'est pas aujourd'hui, qu'elle le soit demain! Hâtons-nous de réparer le temps perdu en nous emparant au plus tôt de ce champ qui nous appartient.

«Nous ne saurions, dès à présent, en apercevoir les horizons sans fin. L'Autolocomotion aérienne, qui efface les frontières, supprime les distances, rend les guerres impossibles, nous réserve le spectacle d'autres miracles, dès que nous aurons su la gagner.

«Efforçons-nous à cela, et, pour commencer, tâchons d'avoir la Foi!—Il y a quatre mille ans que la navigation est connue, et pendant quatre mille ans le marin a souffert la soif sur les océans. Le Père Fournier écrivait en 1643 que l'eau de mer passée à l'alambic peut, à la vérité, devenir potable, mais il s'empressait de racheter cette concession en décrétant «—que l'usage de cette eau pendant quinze jours donne *infailliblement* le flux de sang.» Il n'y a pas vingt ans qu'on s'est enfin décidé à ne plus mourir de soif au milieu de l'eau.—Rappelons-nous le vaisseau de Colomb glissant dans les espaces, les souffrances de Dallery, l'invention du marquis de Jouffroy traitée d'enfantillage puéril, et les propositions de Fulton, d'inepties. Rappelons-nous les locomotives qui devaient tourner sur place sans avancer et la vitesse de traction qui devait étouffer sans miséricorde les voyageurs. Rappelons-nous ces choses, et tant d'autres!

«L'homme, se soumettant à cette infériorité, serait-il donc décidé à repousser sa part d'une prérogative qui a été dispensée, comme pour l'engager d'exemple, à toutes les séries diverses du règne animal, depuis l'oiseau et l'insecte jusqu'à certains mammifères et à quelques poissons[3]?

«À l'homme, au seul bénéfice duquel, nous dit-on, l'univers entier a été créé,—et il doit dès lors le prouver jusqu'au bout;—à l'homme, qui a supprimé l'espace avec la vapeur et l'électricité, et, avec cette même électricité, a vaincu les ténèbres et défié le soleil;—à l'homme qui, s'élevant cette fois jusqu'à la puissance créatrice, a fait de rien quelque chose, en fixant et en matérialisant par la photographie les spectres impalpables;—à l'homme qui s'est fait porter par le feu;—qui, comme le poisson, a fait sienne la mer, et qui, bien autrement que la taupe, traverse en un trait de flamme les profondeurs de la terre;—à l'homme appartient un dernier domaine, celui de l'oiseau, et il n'a qu'à le vouloir pour s'en emparer.

«Chaque époque a sa part faite, et si l'on a bien quelques autres reproches à adresser à ce siècle-ci, on ne saurait méconnaître au moins la place lumineuse qu'il se sera marquée, par les sciences physiques, dans l'histoire des âges. Nous devons encore quelque chose à notre siècle, au siècle de la Vapeur, de l'Électricité et de la Photographie:—nous lui devons l'Autolocomotion aérienne.

«Ne le sentez-vous pas, en effet, comme nous,—quelque chose, qui est la satisfaction d'un besoin réel, ne vous manque-t-il pas encore? N'éprouvez-vous pas, comme nous, comme tous, ces aspirations vagues et pourtant certaines, cette curiosité inquiète qui se défie d'elle-même jusqu'à en être moqueuse?—Pour ma part, en admirant les bonnes volontés et les sympathies que je trouvais en ces derniers jours autour de moi, qui ne suis rien devant cette immense question, je me disais:—Pour qu'on me laisse si peu à faire dès que j'ai prononcé le premier mot magique, pour que je rencontre tant de bienveillance, tant d'élan et de spontanéité, la solution de ce problème était donc bien impatiemment attendue?

«Ayons la Foi. Défions-nous des idées préconçues et du parti pris. Les leçons du passé nous montrent tant de fois les rieurs moqués!—Le savant astronome Lalande condamnait en 1782, dans une lettre publique, comme *folles tentatives*, toutes celles, aérostatiques ou dynamiques, essayées par l'homme pour s'élever dans l'air.—Un an après l'anathème de Lalande, la première Montgolfière, lui donnant un premier démenti en prédisant le second, s'enlevait par le fait d'une simple différence de pesanteur spécifique, et bientôt Lalande lui-même, enthousiasmé, essayait à son tour,—à plus de soixante ans!—ces routes nouvelles, dans le ballon de Blanchard.

«Puisque l'homme ne se lasse pas de revenir à cette escalade sublime,—puisque, malgré tant d'assauts infructueux, il semble devoir s'y obstiner jusqu'à ce qu'il ait trouvé l'issue, et puisque la Question semble devoir nous imposer tant d'efforts successifs, cherchons donc encore et ensemble, ou tout au moins ne bafouons pas ni n'écrasons celui qui veut chercher. Sans dérision comme sans basse envie, unissons-nous, encourageons et entr'aidons-nous. Ne soyons pas toujours si mauvais et cruels pour nous-mêmes que nous repoussions si impitoyablement ceux-là qui s'entêtent à nous servir malgré nous. Daignons au moins faire accueil à celui qui vient, pieds nus par les sillons, nous offrir sa trouvaille, et sans ouvrir les grandes portes à la démence non plus qu'à la vanité impuissante, prenons au moins la peine de jeter les yeux sur ce qui nous est apporté, au prix souvent de tant de sueurs et de sacrifices.—Que le pauvre inventeur, condamné déjà par nous à l'amende préventive pour son génie, trouve au moins le seuil hospitalier où on l'écoute!

«Je voudrais voir se créer une Société d'hommes d'intelligence et de bien, se proposant pour objet d'encourager et de faciliter ces intéressantes recherches. Cette Société, qu'un capital insignifiant suffirait à constituer au début, trouverait bien vite en elle-même les ressources nécessaires par des expositions ou expériences publiques et d'autres moyens qui naîtraient d'eux-mêmes devant l'intérêt général et profond qui s'attache aux tentatives de cet ordre. Elle serait, comme nous l'avons dit, le point de concentration, d'examen comparatif et de cohésion de tant d'efforts isolés jusqu'ici et dès lors perdus. Un Comité d'hommes spéciaux, d'incontestable compétence, se réunirait à époques périodiques pour apprécier l'apport d'idées de tout nouveau venu, et ferait à chacun sa part méritée, décidant seul des essais à faire et ne disposant qu'avec la prudence indiquée du capital de l'association.

«Je ne désespère même pas tout à fait que quelques esprits, trop élevés et curieux pour ne pas s'intéresser à la solution du problème, si lointaine qu'elle paraisse être, aient le très-grand courage de surmonter notre *«poltronnerie française»* en acceptant le drapeau de cette grande recherche, et que les ressources de l'influence de notre association puissent s'accroître par la création d'un Cercle ou Club spécial.—N'avons-nous pas, dans des ordres absolument similaires, d'autres Cercles spéciaux composés d'hommes du monde empressés d'honorer leurs loisirs en mettant leurs réunions sous l'invocation des intérêts les plus sérieux, et l'Autolocomotion aérienne n'est-elle pas au chemin de fer ce que le chemin de fer a été au cheval?

«Enfin, et pour terminer, l'attention extrême qu'accorde toujours la presse au moindre fait d'aérostation témoigne à l'avance de la bienveillance avec laquelle les journaux de tous pays soutiendraient cette Association désintéressée en tout, hors le bien de la cause. Prochain ou éloigné, quel que fût le résultat de sa constitution et de ses actes, cette Société ne saurait être inutile dès qu'elle réveillerait et aiguillonnerait les efforts des chercheurs et l'attention publique au profit de l'immense Question qui réalisera, dans les ordres physique, moral et politique, la plus considérable des révolutions humaines.

«Je soumets l'ébauche de ce projet aux hommes de bonne volonté et je me tiendrai pour fier d'avoir seulement provoqué la grande *Agitation* au profit de la Cause.»

«En admirant les bonnes volontés et les sympathies que je trouvais en ces derniers jours autour moi...—pour qu'on me laisse si peu à faire dès que j'ai prononcé ce premier mot magique, pour que je rencontre tant de bienveillance, tant d'élan et de spontanéité...»—disais-je alors.

Hélas! ces «derniers jours» étaient les premiers—et je devais payer cher, plus tard, ce trop heureux début!

X

À tous les journaux de l'univers. — Pluie de lettres. — Prenez mon poisson! — Une pierre dans la mare. — L'ichthyologie. — Un démenti. — Sacristie scientifique. — Beaucoup de bruit, donc un peu de besogne. — Une visite inespérée. — M. Babinet, de l'Institut. — L'Association polytechnique. — Le *Flesselles*. — Les *Stropheors*. — Un œil crevé. — Ville gagnée! — La souris et l'éléphant. — Mademoiselle Garnerin. — Le maréchal Niel. — Un capital placé. — Ma tète à couper! — Une addition pour une omission. — La date! — La mine de poudre. — Un académicien spirituel! — Le grand Arago. — Ondoyant et divers. — Vivent les joujoux! — La pomme de Newton était une poire. — Un million d'exemplaires!

Aussitôt je commandais à l'imprimerie du journal *la Presse* un tirage supplémentaire de plusieurs milliers dudit *Manifeste*, dont j'avais fait prudemment conserver la composition, et j'envoyais un exemplaire à tous les journaux du monde entier, sans exception, jusqu'à Bombay et au Cap, avec une note invoquant leur appui pour la propagation du *Plus lourd que l'air*.

Ce fut comme un coup de tam-tam. Je reçus une pluie de lettres. Presque toutes—toutes, allais-je dire,—criaient *bravo!* et encourageaient.

Quelques-unes me provenaient de «*directeurs de ballons*» qui n'avaient pas compris un mot de ce que j'avais dit, chacun de ceux-ci venant m'offrir son «*poisson*» aérostatique dirigeable.

Un ou deux de ces hommes-poissons—qui avaient compris—me disaient des injures.—J'avais jeté une grosse pierre dans la mare des poissons aérostatiques, et je n'en avais pas fini avec toute cette ichthyologie.

Un certain abbé Moigno, qui rédige aux abords de l'Institut un journal de sacristie scientifique, n'hésita pas à déclarer tout simplement que nos hélicoptères, qui avaient volé devant cinq cents assistants, dont il était, n'avaient pas volé du tout et que j'étais un homme *dénué de conviction*.—Je reviendrai peut-être à celui-là, si j'ai le temps.

Au résumé, beaucoup de bruit—ce qu'il fallait—et déjà, par conséquent, un peu de besogne.

Je n'en attendis pas longtemps la preuve.

Deux jours après, entrait chez moi un vieillard, grand et fort, un peu voûté, de figure singulièrement intelligente, les cheveux gris emmêlés sur le front, décoré.

—Je viens vous dire que vous avez raison! me dit sans autre bonjour ce personnage.—Mais vous usez bien inutilement de l'encre pour prouver l'absurdité des prétendus directeurs de ballons. Si ces imbéciles-là veulent voir clair, ils n'ont qu'à ouvrir les yeux!—Je m'appelle Babinet.

Jamais je ne me fusse attendu à cet honneur, jamais je n'eusse osé concevoir seulement la pensée d'aller déranger de ma visite profane les travaux de ce savant vénéré de tous,—et c'était lui qui venait à moi! Homme d'imagination, ayant au plus quelque sentiment des probabilités, je croyais de toute la force de ma foi, mais sans trop savoir encore, dans mon ignorance, pourquoi je croyais;—et cet homme des plus illustres parmi ceux qui savent pourquoi ils croient venait me tendre la main et me dire:—Persévérez!

Un pareil encouragement ne pouvait manquer de centupler mes forces.

Le célèbre académicien m'annonça son intention de faire, le dimanche suivant, sa leçon à l'Association polytechnique, sur la question de la Navigation Aérienne au moyen d'appareils *plus lourds* que l'air. Je l'engageai vivement à utiliser, pour la démonstration, les petits appareils hélicoptères de MM. d'Amécourt et de La Landelle; ce qui fut fait devant l'assistance considérable entassée dans le grand amphithéâtre de l'École de Médecine.

Des applaudissements enthousiastes et réitérés accueillirent la leçon du maître,—leçon que je pus recueillir en me rappelant mon ancien métier de sténographe aux Chambres.

Si cette leçon doit retrouver quelque part sa place, c'est ici, ce livre n'ayant pas été fait uniquement pour la distraction du lecteur indifférent, mais comme plaidoyer et prêche au profit de la Cause qui me l'a surtout fait écrire.

«La théorie de la direction des ballons proprement dits est absurde, dit M. Babinet.

«Comment faire résister et manœuvrer contre les courants des ballons comme le *Flesselles*, par exemple, qui mesurait 120 pieds de diamètre? Il faudrait une force de 400 chevaux pour mettre en lutte à peu près égale avec le vent une voile de vaisseau. Supposez, ce qui est impossible, qu'un ballon put emporter avec lui une force de 400 chevaux, et ce grand effort ne servirait absolument à rien, car vous appréciez tout de suite que sous cette pression votre ballon s'écraserait dans sa fragile enveloppe.

«L'impossibilité étant admise devant tout bon esprit, M. Nadar s'est donné beaucoup de peine bien inutile pour la démontrer. Je le répète, pour en finir une bonne fois avec l'*impossible direction des ballons*, supposez tous les chevaux d'un régiment attachés par une corde à la nacelle d'un ballon, vous obtiendriez pour tout résultat de voir voler en éclats votre ballon.

«C'est tout à fait ailleurs que l'homme doit chercher les moyens de s'élever, ce qui veut dire en même temps de se diriger dans l'air.

«J'ai vu et acheté autrefois chez Giroux, marchand de jouets, alors rue du Coq, un joujou qui était alors fort à la mode et s'appelait *stropheor*. Ce joujou se composait d'une petite hélice libre se détachant de son support sous le jeu d'une ficelle enroulée et rapidement tirée. L'hélice était assez lourde, pesant bien un quart de livre, et ses ailes étaient en fer blanc plein très-épais. Cette hélice ne volait pas impunément: son essor était si violent dans les appartements que souvent elle allait briser la glace de la cheminée; mais cet inconvénient n'arrêtait pas les amateurs, parce que généralement, au moment où la glace volait en éclats, il fallait courir à l'enfant, dont l'œil était crevé du même coup.—Voici l'un de ces joujoux, comme j'en ai trouvé beaucoup en Belgique et en Allemagne, et dont la force d'ascension est telle que j'en ai vu passer un par-dessus la cathédrale d'Anvers, qui est un des monuments les plus élevés du globe. Vous voyez qu'en effet l'air de dessous est aspiré et fait le vide en passant sous les élytres, tandis que l'air de dessus les remplit et fait donc le plein, et par ce double effet l'appareil monte.

«Mais le problème n'est pas encore résolu par ces joujoux, dont le moteur est extérieur.

«MM. Nadar, Ponton d'Amécourt et de La Landelle nous apportent mieux que cela, bien que les ailes de leurs différents modèles soient tout à fait rudimentaires et réellement peu dignes de gens qui veulent montrer quelque chose à ceux qui ont la vue courte. Ce n'est encore que l'enfance du procédé, mais il est bon, dès lors qu'on peut seulement établir que voici des appareils qui montent en l'air tout seuls: nous avons là, Messieurs,—*ville gagnée!*—car—*ce résultat, si petit qu'il soit, est fondamental.*

«L'hélice n'est pas une chose nouvelle. On a fait des hélices avant de les nommer. Les moulins à vent ne sont que des hélices: le vent appuie sur les ailes, disposées en conséquence, et les fait tourner. Dans les turbines, où vous voyez des chutes d'eau de 300 mètres utilisées par un mécanisme qui n'est pas plus gros qu'un chapeau, le phénomène est le même, seulement le vent est remplacé par l'eau.

«L'hélice aérienne présente de grandes difficultés; mais, si on parvient par elle à enlever le moindre poids, *nous sommes certains d'enlever d'autant mieux un poids plus lourd,*—car—*une grande machine est toujours plus efficace qu'une petite.*

«Je le répète—*et l'affirme:—votre hélice qui, sans moteur extérieur, enlève une souris, emportera dix fois plus aisément un éléphant.*

«Ces hélices, qui ne semblent d'abord servir qu'à monter et descendre, résolvent de plus le problème de la direction contre un vent modéré.

«Mademoiselle Garnerin paria une fois de se diriger, avec le parachute, du point de sa chute à un endroit déterminé et assez éloigné. Par les inclinaisons combinées qu'elle put donner à son parachute, on la vit en effet, très distinctement, manœuvrer et tendre vers la place désignée, et son pari fut presque gagné, à quelques mètres près.

«J'ai souvent examiné dans les montagnes des oiseaux qui planent, et j'ai bien remarqué que leur procédé est absolument celui-là. Une fois qu'ils ont atteint le maximum d'ascension voulu, ils planent et se laissent tomber, les ailes ouvertes en parachute, sur le point qu'ils ont choisi. Le maréchal Niel me raconta qu'il avait bien des fois observé cette manœuvre des grands oiseaux dans les montagnes de l'Algérie.

«En résumé, il est positif que vous avez le moyen de vous transporter par le fait seul que vous avez possession du moyen de vous élever. La seule hauteur vous donne la direction. *Dès que vous avez obtenu l'élévation, vous avez employé et placé là un capital de force que vous n'avez plus qu'à dépenser comme vous l'entendez.*

«*La cause est plus qu'entendue, et ce n'est plus que l'affaire de la technologie;—j'en mettrais ma tête à couper!*»

J'ai reproduit ici ces paroles, comme je les ai publiées déjà ailleurs, telles qu'elles ont été prononcées.

Je m'y permis une simple addition: celle du nom de M. d'Amécourt, que M. Babinet avait négligé par une omission involontaire. Cette omission, qu'en ce qui dépendait de moi, je réparais immédiatement dans mon premier compte rendu[4], je devais mettre d'autant plus d'empressement à la relever, que M. Babinet, en oubliant le nom de M. d'Amécourt, l'un des auteurs légitimes, avait prononcé le mien, bien que je fusse tout à fait étranger à ces hélicoptères.

J'eus à regretter cette même omission dans la reproduction immédiate de cette séance écrite par M. Babinet pour le *Constitutionnel.* Ne sachant pas que la leçon dût être publiée, je n'avais rien pu prévenir.—M. Babinet, averti aussitôt par moi, a réparé cette omission en une foule d'occasions avec une remarquable prodigalité.

Je ne chercherai pas à dire l'enthousiasme qui m'avait du premier coup emporté pour mon illustre visiteur.

Comme un enfant imprudent, j'avais couru mettre le feu à une mine de poudre, dont je n'avais pas même soupçonné la portée d'explosion,—et, au moment où j'étais assourdi et éperdu du bruit que je venais de faire, au moment où je me demandais, sans presque oser me tâter, si j'avais bien encore tous mes membres, la main d'un sage me frappait sur l'épaule et sa voix m'affirmait que j'étais hors de danger.

On aimerait à moins son sauveur. Et il faut ajouter à ce sentiment de reconnaissance trop justifiable, le charme que j'éprouvais à entendre et à voir familièrement le savant qui avait bien voulu me prendre en amitié. Ceux qui l'ont approché savent quelle curiosité, quel intérêt provoque cette individualité si puissante et si originale.

Tout le monde sait qu'il n'est personne au monde de plus spirituel—*rarissima avis*—que le célèbre académicien.—Vous comprenez tout de suite que cela déconcerte fort certaines gens,—preneurs du fameux *Pingebat!!!* sérieux eux-mêmes jusqu'au grotesque, et pour lesquels il n'est pas de science sans pédantisme, pas de savants sans lunettes, ni de professeurs sans cravate blanche; notez que notre cher Maître porte parfois cravate blanche et lunettes,—mais on ne les voit pas. Ces braves gens-là, qui ont mis du temps à accepter la science vulgarisée du grand Arago, n'ont pas encore pardonné, et ils ne pardonneront, je le crains bien, jamais à M. Babinet d'avoir de l'esprit.—Un membre de l'Institut spirituel comme les deux Dumas! n'y a-t-il pas là de quoi faire frissonner, à côté de sa pieuse amie, une honnête «plume scientifique» que nous connaissons!

Je ne saurais dire, pour moi, et en tâchant même de ne pas tenir compte de mes sympathies personnelles, quel charme infini j'éprouve à suivre, par les caprices de ses méandres, la parole de ce maître devant qui les plus savants s'inclinent.—Parole pleine d'*humour*, de bonhomie un peu malicieuse parfois, et qui va sa route, sans fatigue et sans hâte, toujours sûre qu'elle est d'arriver au but à son heure;—s'arrêtant selon son caprice aux endroits qui lui plaisent, ramassant à gauche et à droite sur le chemin, dans son apparente distraction, le caillou ou la fleur, c'est-à-dire l'anecdote, le mot ou le chiffre, toujours au profit de l'instruction de son auditeur.

Jamais, comme pour l'aider encore à ce butin *ondoyant et divers*, jamais mémoire humaine n'ouvrit devant un seul homme pareil trésor éparpillé: prosateurs et poètes français, latins et grecs, il les sait tous par cœur, et ce n'est pas par hémistiches qu'il les cite, mais par cent et deux cents vers, poëmes Saphiques, Odyssées, tragiques, historiens, satiriques.—Pic de la Mirandole, Mezzofanti, Victor Hugo, Th. Gautier et notre ami Christol Terrien, qui parle soixante-douze langues, seraient eux-mêmes éblouis par cette vertigineuse mémoire.

Quant à l'éternelle digression de l'inépuisable causeur, elle n'a rien qui fatigue, parce qu'elle est comme l'accompagnement, toujours harmonieux et surtout bien nourri, d'une mélodie certaine.

Le sans-façon de la forme, l'insouciance, toujours correcte, des solennités du dire, le tâtonnement dans les transitions, qui semblerait par instants poussé jusqu'à l'amnésie, ont une grâce singulière et indicible.

On croirait voir le crayon entre les droits d'un glorieux doyen d'école: le papier se couvre de hachures hésitantes, l'œil cherche en vain la pensée bégayante qui échappe dans l'apparent désordre de ces lignes tremblées, éparpillées et confuses. Mais peu à peu la lumière se fait, le chaos s'explique, la pensée préconçue se dégage, et la forme apparaît enfin dans sa volonté absolue, magistrale. La création est.

Si ce don particulier n'était pas de nature, M. Babinet serait le plus habile et le plus grand des comédiens.

À cette haute science, à cet esprit charmant, joignez, pour parfaire l'ensemble, la caractéristique et suprême indifférence de certaines conventions, le mépris sidéral, mais sans malveillance aucune, de tout ce qui est nul devant la pensée, le pittoresque inouï d'un intérieur qui eût rendu fou l'auteur des *Parents pauvres,—pandæmonium* ou sanctuaire dont les yeux des princesses sollicitent l'honneur de scruter les vertigineux encombrements,—et,—pour dire le mot dernier, qui ne viendrait jamais, la passion enfantine et l'infatigable curiosité du joujou chez ce puissant vieillard pour qui la science la plus abstraite n'est elle-même qu'un jeu. Joujou pour lui, les profondes théories du savant Chevreul sur le prisme irisé, joujou la loi de gravitation des corps,—et, en passant, ce n'est pas, dit-il, une pomme qui la fit découvrir, vu qu'une pomme ne pouvait raisonnablement tomber du poirier bien constaté qui se trouvait, seul arbre, dans le jardin de Newton;—joujou, les planètes de l'observatoire, jeu de boules qu'il tient dans sa main;—et, joujou devenue, voilà que la mécanique compliquée de la turbine et de l'hélice s'appelle *stropheor* et *spiralifère.*

Je n'oserais pas affirmer que, sans le bruit que j'avais fait autour des petits joujoux hélicoptères de MM. d'Amécourt et de La Landelle, imprimés déjà de par moi à près d'un million d'exemplaires, M. Babinet se fût dérangé pour venir à nous.

N'eussent-ils servi qu'à cette rencontre, ils mériteraient d'être célébrés à deux millions de tirage en plus,—et j'en payerais encore volontiers les frais!

XI

Au ballon! — Question d'urgence. — L'enfant n'attend pas! — Une belle occasion. — Création du journal *l'Aéronaute.* — La jument de Roland. — Et l'argent? — Les vertus ennuyeuses. — Dans une maison de verre. — Un million. — Ce que coûte la pièce de cent sous que l'on n'a pas. — L'argent plat et l'argent rond. — Rue *Saint-Nadar*! — L'essuyage des plâtres. — Un dada. — C...e, B...o, B...t. — À Bade! — Un souscripteur de dix mille francs. — Échec en Allemagne. — Le marquis du Lau d'Allemans et le Jockey-Club. — MM. Paul Daru, Charles Laffitte, Mackensie, Delamarre et le duc de Galiera. — À Vincennes! — Les négociants. — Le *prix Nadar*! — L'influx magnétique. — Veine et déveine. — *Rien que la vérité!*

Il ne s'agissait plus que de me mettre à faire mon ballon bien vite.

Nous étions déjà en août:—même pour moi, trop habitué toujours à croire que la chose rêvée est faite, il était impossible que la confection de l'immense engin que j'avais projeté pût nous prendre moins d'un grand mois.

Or nous arriverions tout au plus vers la fin de septembre,—juste pour la clôture de la saison de ces sortes de spectacles,—juste pour l'équinoxe d'automne!

—Attends au moins le printemps prochain! me disait-on de tous côtés autour de moi. Tu n'arriveras pas à temps pour faire une seule ascension cette année! Tu cours à ta ruine!

Je n'entendais même pas.—Et remplir la caisse future de ma Société—qui n'existait pas encore!...

La femme a conçu:—elle a gesté, l'enfant est à terme:

—Attendez! lui dit-on; nous allons chercher le docteur!

L'enfant, lui, n'attend pas!...

Aucun obstacle ne devait m'arrêter. Je ne prévoyais aucune des mille et une difficultés que j'allais trouver à chaque pas devant moi.—Calculer, couper, assembler et coudre en un mois un ballon double, de six mille mètres cubes, dont l'étoffe première, de qualité convenable et une, ne se trouvait peut-être pas dans toute la fabrique de Lyon;—faire établir l'immense filet, la nacelle,—une vraie maison d'osier,—le cercle, la soupape, l'appendice;—distribuer dans tous les détails de chacune de ces parties toutes les proportions et dispositions, de manière à supprimer dix fois pour une toute chance d'insuccès;—combiner et harceler l'action des divers corps d'ouvriers employés à l'ensemble, de telle sorte qu'il y eût coïncidence parfaite dans les termes d'exécution à jour fixe,—tout cela n'était que la première partie du programme.

Il faudrait trouver ensuite un emplacement favorable pour les ascensions,—choisir le nombreux personnel administratif,—préparer l'énorme et diverse publicité indispensable dans une opération de cette nature.

Enfin,—et surtout!—arriver avant la neige!—Car toutes ces nombreuses et pénibles victoires de détail, si victoires il y avait, ne feraient que mieux garantir une ruine homicide, si je n'avais encore la chance de tomber juste, à point nommé, sur quatre ou cinq dimanches de beau temps:—voilà ce qui, sauf omissions, restait pour compléter ma liste sommaire de *desiderata*...

Devant tant de difficultés, dont la plupart avaient le caractère d'impossibilités réelles, je ne pouvais manquer,—le Nadar en question étant donné—à me créer un embarras de plus,—et, en conséquence, je résolus de lancer immédiatement le premier numéro de—l'AÉRONAUTE, indispensable *Moniteur* de ma prochaine *Société de Navigation Aérienne au moyen d'appareils* PLUS LOURDS *que l'air*.

Je dois ajouter que je ne comptais pas—(je parle sérieusement!)—tirer ce premier numéro à plus de cent mille exemplaires...

Et aussitôt, de réunir ma copie...

—et d'esquisser avec mon ami La Landelle, pour servir d'en-tête à mon journal, le plus déraisonnable des croquis,—où l'on voit des hélices larges comme des écus de cinq francs enlever carrément des locomotives, et des ombrelles déployées déposer galamment à terre des aéronautes trop chanceux.

On me rendra cependant la justice de reconnaître que j'avais eu la modestie d'indiquer la date au bas du dessin:—**1863!!!**—et que j'avais prudemment escamoté derrière un nuage la partie la plus délicate du mécanisme de la machine...

Et je cours demander à mon cher et inépuisable Gustave Doré—cet *Enfant du Miracle*—et qui en est le père—de me crayonner sur son buis magistral, toute affaire cessante, l'impossible croquis.

Ce fut alors que je m'avisai, pour la première fois, de penser à un petit empêchement préalable, à la façon de cet inconvénient qui entravait si fâcheusement la brave jument de Roland dans l'exercice de ses merveilleuses qualités.

—La jument était morte.

—Je n'avais pas d'argent.

Or il s'agissait d'une dépense première de quelque chose comme une cinquantaine de mille francs, selon ce que j'entrevoyais.

Et, ainsi qu'il m'arrive généralement quand je me mets à entrevoir des chiffres, ces *cinquante mille* francs devaient être CENT MILLE à un moment donné,—pour atteindre finalement la somme de DEUX CENT MILLE au total...

Bien que la première objection dispense ici des autres, comme pour la feue jument, il me paraît convenable de dire pourquoi je n'avais pas deux cent mille francs,—ni cent non plus,—ni même cinquante.

Je n'éprouve à cet aveu pas même l'ombre d'un embarras.

De même que, de toutes les vertus ennuyeuses,—l'économie, la modération, l'impartialité,—la résignation me fut toujours antipathique, en sa qualité de vertu négative et sujette à horions,—de même, je n'ai jamais pu comprendre la pudeur, ainsi qu'ils disent, avec laquelle certaines gens cachent leur situation de fortune, bonne ou mauvaise, comme fait le chat qui vient de se délester.

J'ai toujours,—et je ne fais pas ici un jeu de mots photographique,—j'ai toujours vécu dans une maison de verre, attachant trop peu d'importance à l'argent qui se garde pour prendre la peine de dissimuler le fond de ma bourse, vide ou pleine.

—Il me semble que je vaudrai toujours mieux qu'«*une différence,*» que diable!

Il en est advenu que cette sincérité m'a souvent réussi comme si c'eût été ce qu'on appelle de l'habileté,—et certaines gens autour de moi, qui savent compter, ont calculé et m'ont assuré, en me faisant de la morale, que j'avais gagné dans ma vie quelque chose comme un million et demi ou deux.

Je n'en sais rien, mais je serais fort surpris si j'avais dépensé beaucoup plus du quart de cette affirmation,—de par l'opération fatale et éternelle qui fait qu'à certains de nous la pièce de cent sous coûte toujours dans les prix de vingt francs. Mes yeux n'ont jamais pu voir l'argent plat qui s'entasse: j'ai toujours vu l'argent rond, fait pour rouler.

Or, en deux mots, pour passer le plus vite possible sur ces détails tout personnels, lorsqu'après avoir licencié les actionnaires de mon premier établissement de photographie de la rue Saint-Lazare,—*rue Saint-Nadar!* disaient les cochers de remise,—en leur payant des dividendes de quatre-vingt-sept et fraction pour cent, j'étais venu m'installer au boulevard des Capucines,—j'avais la conviction de ne pas dépenser plus de trente mille francs dans cette nouvelle installation. J'en avais pris autour de moi cinquante mille,—par excès de prudence et me réjouissant de ma circonspection!

Il se trouva qu'un peu débordé dans mes présomptions, au lieu de trente mille francs, j'en dépensai—dépenses effectives et retards d'ouverture—deux cent trente:—juste cent quatre-vingt mille francs de plus que les cinquante mille francs, mon unique avoir.

Tout autre, je pense, devant cette batterie découverte, eût immédiatement arrêté son feu.

Le procédé élémentaire en pareil cas se trouvait tout indiqué.—On réunit ses actionnaires et on leur dit: «—Nous étions fous en vérité de croire que nous ne dépenserions que trente mille francs là où il en fallait deux cent trente! Nous nous sommes trompés de compagnie et il ne serait donc pas juste de me faire supporter à moi seul le premier inconvénient de notre propriété, en somme, commune. Or versez à nouveau ou—c'est moi qui vous *verse*!»

Si cette parole bien sentie a le malheur d'être mal comprise ou peu appréciée, alors, tout simplement, on liquide, on rachète, pour son petit compte, au quart de la valeur, et—c'est ainsi que se font les bonnes maisons!

Il faut bien que les gens qui me traitent d'original aient un peu raison, puisqu'il ne me vint même pas l'idée de ce moyen primitif, indiqué dès le prologue de l'*École des Gérants*,—une pièce qui ne quitte jamais l'affiche.

C'est moi qui rassurai mes actionnaires et je marchai tout seul au feu.

Au lieu de commencer avec le fonds de roulement indispensable à toute entreprise, j'entrais en campagne avec une dette *immédiatement exigible* de cent quatre-vingt mille francs!

Ceux qui savent combien est dur dans toute création industrielle ce qui s'appelle «d'essuyage des plâtres» apprécieront l'agrément que j'ai dû avoir et la vivacité d'évolutions qui me fut nécessaire dans ces terribles combats à la hache et au sabre.—Mais heureusement j'ai la vie dure!

Au bout de trois ans, j'étais déjà arrivé à payer cent mille francs, et partant, je n'en devais plus que quatre-vingt mille, qui se nettoyaient jour par jour, beaucoup plus facilement que les premiers cent, lorsque—pour hâter l'arrangement définitif de mes petites affaires—vint à passer tout près de moi ce dada de la Navigation aérienne qui trottait depuis si longtemps dans mes alentours.

Je sautai dessus, comme de juste,—et, la bête enfourchée, me voilà parti!...

Mais—malgré les graves embarras que je venais de traverser et dont je n'étais pas encore tout à fait délivré—je déclare qu'une fois aperçue, la nécessité d'improviser le capital nécessaire à la confection de mon ballon ne m'inquiéta pas une seule seconde.

Trouver à premier mot cinquante, cent mille francs pour un objet aussi raisonnable, me paraissait plus simple que de boire un verre d'eau.

Qui pourrait ne pas s'honorer d'apporter tout concours à une entreprise si gigantesque, d'un but si grand, si noble—et basée sur une pareille certitude de théorie?

Ce qu'il y a de plus curieux,—et ce qui me semble d'une invraisemblance féerique, aujourd'hui surtout, après ces derniers mois,—c'est que les trois premiers et les seuls hommes auxquels je m'adressai me répondirent OUI dès ma première parole.

La Foi soulève les montagnes, a-t-on dit justement.—Ma conviction entraînait tout avec elle.

Ma première visite avait été pour mon cher C...e, le plus sympathique et le meilleur des hommes. Ayant tout d'abord besoin d'un imprimeur, je voulais le premier de tous.

J'exposai à C...e ma théorie du *Plus lourd que l'air*, je lui racontai l'ordre et la marche que je me proposais, et en lui disant que, sans pouvoir énoncer de chiffres, j'aurais peut-être besoin de cinq ou dix premiers mille francs d'impression,—je lui proposai de se charger de ces travaux, dont il serait payé...—en actions de notre future Société.

C...e non-seulement consentit, mais il ajouta qu'il tenait à cœur et honneur de prendre de ses deniers comptants une part de mille francs.

Je refusai noblement les mille francs de mon généreux ami:—il fallait en réserver pour tout le monde, et sa souscription en travaux me paraissait suffisante pour un imprimeur seul.

En sortant de chez C...e, je passais devant son voisin, M. B...o. C'était l'occasion d'entrer en courant.

B...o, que l'intelligence financière n'a pu dépouiller des autres, et qui avait d'ailleurs de vieilles tendresses pour les ballons, B...o me reçut à merveille et m'autorisa à compter sur lui.—Du *quantum*, je ne m'inquiétais guère.

Le soir même, je partais pour Bade.

Pourquoi Bade plutôt qu'ailleurs?—Je n'en sais rien du tout. Je ne connaissais pas, je n'avais même jamais vu l'homme que j'allais y trouver.—Pourquoi alors m'adresser à celui-ci, si éloigné, plutôt qu'à tout autre sous ma main?

—Je serais bien embarrassé pour le dire.—Mais j'étais sûr de ne pas me tromper.

Et en effet!

Sans même changer de costume de voyage, je cours en arrivant chez M. B...t.—Je lui expose le *Plus lourd que l'air* que vous savez, avec une lucidité parfaite.

M. B...t m'écoutait avec attention.—Quand j'eus fini:

—Vous devez avoir raison, me dit-il. Inscrivez-moi pour DIX MILLE FRANCS.

Dix mille francs!

Un homme qui n'est ni roi ni prince, qui n'a pas même le plus pauvre petit «*de*» devant son nom!

Je serre la main de ce galant homme.

—C'est à Bade que j'inaugurerai mon ballon! lui dis-je. Vous payez votre stalle trop largement pour que je ne vous apporte pas le spectacle à domicile.

Et je reviens sur Paris à tire-d'aile.

Je ne me couche plus ni ne m'assieds. J'ai trouvé presque du même coup les mille et mille mètres de soie, bien solide et *une*.—Un jeune géomètre, M. Tisseron, passe deux nuits et trace nos épures, sur lesquelles les deux Godard n'ont plus que la peine machinale de tailler les immenses fuseaux.—Des placards de toutes couleurs s'épanouissent de trois en quatre jours sur les murs de Paris, convoquant toutes les ouvrières en disponibilité à l'établissement du *Chalet*, dont on nous a loué aux journées la salle de danse.—La femme et la belle-sœur de Louis Godard—deux perfections comme ordre, travail, activité—embrigadent toutes celles qui se présentent et dirigent merveilleusement ce difficile ensemble,—non pas à la façon du chef d'orchestre amateur qui indique de son bâton distrait la mesure, mais le violon en main et donnant le *la* les premières.

Cependant le reste s'est mis en route et trotte bon train.

Le filet est commandé à la première maison de corderie, dont le chef, M. Yon, aéronaute passionné lui-même, apporte à la confection un intérêt d'artiste.

Un hangar de planches, dressé en une matinée, abrite déjà l'équipe de vanniers qui, sous la direction de leur habile patron, Fortuné, tressent avec le câble, le rotin et l'osier, la maison à deux étages à l'italienne qui nous emportera.

La soupape est commandée.

Le cercle est en main.

Tout va bien!

Le moment est venu, tout juste: je cours au chemin de fer de l'Est, j'écris aux chemins de fer allemands, j'écris au grand-duc de Bade.

Hélas! nous ne partirons pas de Bade!

La très-bienveillante administration du chemin de fer de l'Est a bien vite compris que cette inauguration attirera bon nombre de voyageurs sur la ligne et par l'organe de son secrétaire modèle, mon ancien confrère en journalisme Gireaud, elle m'a accordé le libre transport pour mes produits chimiques,—car il s'agit là de fabriquer notre hydrogène sur place, ce qui n'est pas une petite affaire.

Mais les chemins allemands me refusent la même franchise, et le sourd Zolwerein ne me dispensera même pas des frais de douane.

D'autre part, la maison de produits chimiques Quesneville de Paris et une autre importante maison de Strasbourg reculent devant l'exiguïté du délai.

Disons, en passant et entre mille autres détails oubliés ou négligés, que, sous la savante direction de M. Barral, j'ai été remplir à Grenelle un petit ballon d'expériences, au moyen des appareils Lemaire pour l'improvisation du gaz.—Malheureusement, ces appareils ne peuvent produire l'énorme quantité qui m'est nécessaire.

Me voilà désolé!—Je m'étais si bien promis la chère satisfaction de cette inauguration à Bade!

Mais nous n'avons pas le temps des regrets: les jours se succèdent, les heures nous dévorent, les secondes nous brûlent.

À l'année prochaine, Bade!

Et organisons bien vite notre première ascension à Paris.

Mais je ne veux faire ces ascensions que dans un emplacement libre, presque particulier. Rien d'officiel,—*Rien des bureaux!* comme dit *le Tintamarre.*—Il n'y a qu'un endroit: le terrain des courses de Longchamp.

Et le gaz, comment y viendra-t-il?—Nous verrons plus tard!

—Si on se préoccupait de tout!...

Je vole chez un ami que j'ai la chance de compter parmi les membres du Jockey-Club, et il se trouve justement que c'est le garçon le plus sympathique à tous, lettré, spirituel comme s'il n'avait pas cinquante mille livres de rentes, et, quoique jeune, d'une influence très-réelle, très-aimé qu'il est parce que très-aimable.—J'ai nommé le marquis du Lau d'Allemans.

—Ce sera difficile! me dit-il. Le Comité (—toujours les Comités!) tient à son Champ. Nous avons des spécialistes forcenés de jalousie, et il nous faut ici l'unanimité.—Courez d'abord chez Paul Daru: si vous persuadez Daru, vous avez quatre-vingt-dix-neuf chances sur cent. Voici un mot pour lui.—Voyez ensuite Charles Laffitte, le duc de Galiera, Mackensie, Delamarre.

Parfait accueil, très-bienveillant intérêt de M. Paul Daru. Il a bien vite compris qu'il y a là quelque chose à encourager.

De même chez M. Charles Laffitte, mon ancien et charmant voisin à Maisons.

De même chez M. Mackensie.

De même auprès de M. Delamarre.

Bon espoir chez le duc de Galiera.

Je vois tout le monde, et aussi le digne M. Grandhomme, agent du Cercle. Ne négligeons rien!

Le Comité s'assemble: il en est qui se dérangent et arrivent de la campagne tout exprès...

Patatras!... Tout s'écroule: un bulletin noir—signé, si je ne me trompe, de M. le baron Lupin—déclare l'aérostation indigne d'être admise sur le terrain des chevaux.

Je recours chez mon ami du Lau:

—Alors sauvez-vous bien vite vers nos rivaux des courses de Vincennes, et voyez d'abord un homme très-obligeant et agréable, le baron Finot.

Je repars, l'œil sur ma montre, et je ne trouve point M. le baron Finot,—mais je rencontre là un vieux camarade à moi, Sabine, secrétaire de la Compagnie.

Il soumet ma proposition à M. de Saint-Germain,—que cela regarde surtout, m'a-t-il dit.

ACCORDE!

À la bonne heure!

Les Messieurs d'ici ne font pas tant de façons au moins.—*Mais!...*

... *Mais* seulement ils m'imposent une petite condition:

—c'est qu'ils prendront *le quart de ma recette*, ou gracieusement, à mon choix, *dix mille francs* de ma poche,—une bagatelle!—à l'effet de créer un Prix nouveau en mon honneur!

DIX MILLE FRANCS! Mais, si je ne me trompe, c'est sur le pied de cinquante francs par chaque jour de course que la ville leur loue ce terrain....

Je refuse par acclamation la libéralité de M. de Saint-Germain.—Ces négociants-ci sont trop forts pour moi!

Et refusant, je ne puis m'empêcher de rire en pensant à la création du *Prix Nadar* pour l'amélioration de la race chevaline,—une spécialité que je n'avais point encore songé à aborder!

Mais il ne s'agit pas de rire, et pendant que je cours, perdant mon temps, à droite, à gauche, après celui-ci, après celui-là,—car les courses à Paris sont toujours doubles, quand elles ne sont pas triples,—je ne passe pas une journée sans grimper jusqu'à deux et trois fois par chaque vingt-quatre heures à mes ateliers divers dispersés dans les Batignolles,—et le ballon avance—et le ballon est fini—et...

—qu'est-ce que je vais en faire à présent?...

Autre question:

—Transporté dans le rêve par l'inscription de mon souscripteur aux dix mille francs, je me suis arrêté court sur le terrain des souscriptions.

J'ai si bien senti que ce terrain était trop mien, pour ne pas le quitter pour un instant sans hésitation, ni crainte aucune! Si je voulais—*fara da se!*—me passer de tout le monde et gagner avec mon ballon le premier capital de ma Société, je n'avais plus le temps de suivre cette piste.

Sans cela, même à cette heure et après les dures épreuves par lesquelles il m'a fallu passer, je jure qu'alors lancé, j'eusse fait jaillir des pavés, en les frappant du pied, un million, s'il l'eût fallu, au profit de l'hélice aérienne et des plans inclinés!

Une école physiologiste ne met point la force dans les muscles, mais dans le grand central et le plexus nerveux.—Or je sentais en moi une irrésistible puissance d'influx magnétique et, la certitude infinie, imperturbable du succès me faisant réussir, chaque victoire décuplait ma vaillance irrésistible comme se multiplie par elle-même à l'infini cette incalculable force qui a nom la vitesse acquise.

Le fâcheux fut pour moi de lâcher un instant prise:—le courant électrique fut brisé.

Et ici commence l'interminable et douloureuse série des revers,—car la fortune ne pardonne pas au joueur qui quitte les cartes en pleine veine...

De ces difficultés, de ces chagrins, de ces angoisses, on me permettra de ne dire ici qu'une très-faible partie,—dans l'intérêt de la Cause, comme on dit au Palais,—et aussi pour ne pas abuser de la permission d'ennuyer mon lecteur.

L'épigraphe de ce livre porte:—*Rien que la vérité!*—Pas moins, mais pas plus.

Je dirai peut-être une autre fois:—*Toute la vérité!*

Mais ce sera à mon heure,

—après le succès!

XII

Un coin du voile. — Simple bilan. — Quel mois! — Le vrai pacte. — Théorie du prêteur et de l'emprunteur. — A. Dumas fils. — En quête. — Plus royalistes que le roi. — Un épisode — L'abbé B...d. — *Je t'attends!* — Le calice en vermeil. — *Les diamants de ma femme!* — Un poulet qui aime un canard. — Théorie élémentaire de la soupape. — Un homme pratique. — Pas le temps! — *Ubinàm gentium?* — Le droit de tous. — Les termes moyens. — Prêter et donner. — Ce qui me manquera toujours. — À bas les candidats! — Adjoint au maire. — Profession de foi. — Les couteaux à terre. — Escobar. — Bourgogne! Armagnac! — Justice!

Si peu embarrassé que je sois à parler de mes propres affaires, des intérêts qui ne sont pas les miens seuls ne me permettent, ai-je dit, de soulever ici qu'un très-petit coin du voile qui cache tant de tristesses.

Le lecteur, d'après le peu que je lui dirai en courant, devinera ce que j'ai dû lui taire, et il me pardonnera l'aridité de ces rapides détails, indispensables à plusieurs points de vue. Je suis bien loin, malheureusement, d'avoir l'habileté magistrale du grand Balzac, qui se plaisait à faire intervenir au milieu de son drame le Chiffre,—cette puissance terrible, comme la Fatalité antique, dans notre société moderne,—et de ce chiffre même, aride, antipathique, savait tirer la passion palpitante et l'intérêt haletant.

Je dois établir simplement ici le bilan approximatif des ressources et des dépenses de mon entreprise.

Comme ressources, je pouvais donc compter sur un premier souscripteur, M. B...t, pour 10,000 fr.—et sur le second, M. B...o, pour X. (Cet X devait plus tard signifier 500 fr.)

Total: 10,500 fr.

Rien de plus, car mes ressources personnelles étaient nulles: sans patrimoine, d'une part, je n'avais jamais songé, d'autre part, comme je l'ai dit, à mettre de l'argent de côté. Des deux familles auxquelles j'appartiens, l'une est beaucoup trop pauvre, l'autre beaucoup trop riche pour qu'il me vienne jamais à la pensée, fût-ce en danger de mort, de leur emprunter un centime.—Enfin, je ne pouvais, ai-je dit encore, demander aucune aide à mon établissement photographique, propriété commune et encore grevée d'une partie des frais de son installation.

Or, qu'avais-je à payer?

D'abord, pour la soie, 60,000 fr.

Ensuite, à L. Godard, entrepreneur de la confection, et aux termes du devis qu'il m'avait tout d'abord remis, 9,000 fr.

Nous verrons plus tard dans quelles proportions surprenantes devait s'accroître ce devis...

Puis le filet, la nacelle, les agrès, etc., etc.

Donc, pour le début, le problème était ainsi posé:

Avec 10,500 fr. commencer par payer 69,000 fr. à premier dire.

Je me rappelle avec quel serrement de cœur et quel frisson d'épouvante je vis, le premier soir, donner le premier coup de ciseaux dans ces ballots de taffetas blanc qu'on apportait par petites charretées...

Un peu plus, j'allais crier:—N'allez pas plus loin! Comptez ce qui est taillé et qu'on remporte le reste!

Mais je ne suis pas non plus celui qui s'arrête.—Marchons toujours! me dis-je.

Et, fermant les yeux, j'avançai.....

Par quels procédés arrivai-je à renouveler le miracle de la multiplication des pains et à donner à tous les ayants droit satisfaction telle, qu'au bout d'un mois—je dis un mois!—mon ballon, ensemble et détails, était prêt à s'enlever!

Mais quel mois! et qui saura jamais, qui pourra jamais soupçonner les efforts, la tension d'esprit, les bouillonnements de cerveau, les insomnies brûlantes, la fièvre permanente de ce cruel mois, fouaillé, comme par l'urticaire, de la nécessité de faire jaillir chaque soir de mon imagination l'argent exigé par les payements du lendemain!

Car il fallait être plus qu'exact: devant les nécessités d'urgence suprême de cette besogne *in extremis*, le moindre arrêt, la moindre indécision dans l'élan des travaux eussent été mortels.

J'avais bien deux ou trois dizaines de mille francs confiés par moi dans des temps meilleurs à des amis dans l'embarras. Mais je m'honore de déclarer qu'il ne me vint même pas une seconde l'invraisemblable pensée de m'adresser à mes débiteurs, et j'ajouterai à cette déclaration que ce n'est pas seulement à mon bon sens que je rends ici cette justice.—C'est à un tout autre sentiment, et tout d'instinct, comme toujours, que j'obéissais.

De par le sans-façon avec lequel j'ai toute ma vie considéré et traité les affaires d'argent, j'ai toujours éprouvé une invincible répugnante à réclamer, fût-ce dans les plus grands accès de gêne, une restitution de prêt;—et je ne crains pas de le dire ici, sachant, bien que je n'ai pas de démenti à attendre.—Il m'a toujours semblé qu'il y a là violation du pacte secret entre le prêteur et l'emprunteur, pacte dont on me semble généralement oublier un peu trop la véritable base.

C'est cette base que j'essayais une fois entre autres de rétablir dans une conversation de chemin de fer avec A. Dumas fils.—Il me paraissait, comme tant d'autres, lui qui doit mieux valoir, confondre les choses,—et il se plaignait.

Et je lui répondais qu'à mon sens, l'ami qui vient vous demander un service se donne par ce fait seul barre sur vous, en vous créant dès l'abord son obligé par la jouissance qu'il vous apporte de lui être utile. Le service rendu n'est que la rémunération légitime de cette jouissance, et ce service rendu trouve dès lors son immédiat payement en lui-même.—S'il vient à se rencontrer ensuite qu'il soit dans les moyens de votre prétendu obligé d'ajouter à cela, comme appoint, quelque reconnaissance, vous voilà payé double.

Mais si vous ne vous contentez pas encore, s'il vous prend, insatiable, la tentation singulière de rentrer dans votre argent par-dessus le marché, je n'hésite pas à vous trouver exorbitant et même un peu usurier.

Il me semble inutile d'ajouter que je ne m'adresse ici qu'aux personnes qui parlent une même et certaine langue.—Les gens d'argent, qui se servent d'un autre dictionnaire, sont libres de sauter cette page ou de hausser les épaules.

En résumé, je trouve qu'il est beaucoup plus naturel comme aussi plus facile d'emprunter que de se faire rendre,—et je cherchai mes prêteurs.

Mais les quelques amis dévoués, non pas à mon entreprise, que tous blâmaient, mais à ma personne, étaient rares ou pauvres eux-mêmes; les quelques généreuses spontanéités qui se révélèrent, même très-inattendues, autour de moi étaient comme noyées et disparaissaient sous l'ivraie. Les autres, sur lesquels j'avais compté,—puisqu'ils avaient toujours eu le droit de compter sur moi,—me refusaient toute aide:—par amour de moi! disaient-ils.

Et vraiment le prétexte était tout trouvé et si facile!—«Ce qu'il est de plus sûr, ô mon ami! c'est que vous allez ruiner votre établissement de photographie et vous casser le cou:—n'imposez pas à ma tendresse la douleur de vous y aider!»

Que répondre à ces bonnes gens qui m'aimaient plus encore que je ne m'aime?...

Non. Nul ne pourra deviner quelles suprêmes et parfois étranges ressources a absorbées, englouties jusqu'à sa dernière heure cet aérostat insatiable!—On pourra peut-être seulement soupçonner le débordement et le désarroi où je me trouvai pour ainsi dire dès le premier jour, par ce simple fait, que,—sur le seul devis de L. Godard, s'élevant primitivement à 9,000 fr., je payai par àcompte successifs, au fur et à mesure des exigences et sans mémoires fournis, jusqu'à 22,000 fr., dont reçus,—pour arriver à un mémoire définitif de 41,000 fr...

Sans compter tant d'autres gouffres ouverts autour de ce principal devis...

Mais le pauvre curé de campagne s'est dit qu'il remplacerait sa misérable chapelle, qui tombe en ruines, par une vraie église, grande et belle comme une Cathédrale.

Il n'a rien, ni fortune, ni crédit, ni assistance,—et le Roi est trop loin et le Conseil municipal trop près.

Mais il a mieux que fortune, crédit, rois, et conseillers municipaux:—il a la Foi, et il Veut.

Alors il commence par appeler le maçon et lui dit:—Voici les trois francs que je possède. Mettez à cette place une pierre de trois francs...

—...et bientôt, en haut de la falaise, le clocher de Notre-Dame de Boulogne perce la nue...

Je voulais passer sous silence jusqu'au dernier tous les détails, toutes les péripéties de ce drame agité.—Il est un épisode pourtant que je n'ai pas le courage de garder pour moi seul, tant il m'est bon au cœur de m'en souvenir.

À l'émotion encore que j'éprouve en me le rappelant se mêle peut-être un peu d'orgueil. «—Les peuples ont les gouvernements qu'ils méritent, disait de Maistre.»—Qu'on me pardonne de dire aussi, comme je le pense, qu'un homme vaut peut-être par les amis qu'il a.

Tous les matins donc, j'armais en course. Un de ces cruels matins,—un des plus cruels, c'était un des derniers,—je saute à bas de mon lit sans sommeil,—et me voilà parti.

Où allais-je? chez qui? je n'en savais rien: j'avais épuisé la liste des dévouements auxquels je pouvais m'adresser.—Or il fallait trouver n'importe quoi, n'importe où:—c'était la paye des couturières! m'avait-on dit la veille.

(—Combien de fois déjà avais-je donné de l'argent pour ces dévorantes couturières!...)

Je pense tout à coup à un jeune abbé de mes amis, vicaire d'une des plus pauvres paroisses de Paris.

Un hasard me l'avait autrefois fait rencontrer, et j'avais été aussitôt vers lui par une irrésistible attraction.

Dès que je le connus, j'eus affection et respect pour ce caractère élevé, humblement soumis, de par un serment aimé, aux sévérités de sa foi. Partant l'un et l'autre des deux pôles les plus lointains, nous nous étions presque tout de suite rencontrés sur le terrain commun où doivent se retrouver les hommes de bonne volonté. Sévère pour lui-même et indulgent aux autres, il ne s'était pas détourné de moi,—et il m'avait donné son amitié, malgré l'éternelle petite guerre de nos dissentiments, qui ne le découragea jamais.—«Je t'attends!» me dit-il toujours et encore, dans sa douce et fraternelle obstination.

Pleine de trésors d'indulgence, pure et calme comme celle d'un nouveau-né, mais regardant face à face les austères devoirs de son ministère, cette âme tendre, d'autant plus sympathique d'ailleurs, semble vouloir se faire pardonner sa vertu, et, comme pour qu'on s'en accommode plus doucement, son esprit enjoué, pittoresque, incisif, qui eût fait la fortune d'un homme du monde, tempère la gravité professionnelle, s'humanise et charme tout chemin par les saillies d'une grâce méridionale.

Je me dirigeais donc vers la maison de celui qui était toujours venu vers la mienne aux heures mauvaises, aux heures du chagrin et de la douleur.

À la porte, je m'arrêtai:—Que vais-je faire, et à quoi bon venir troubler la paix de cette demeure? Ne savais-je pas que celui-ci qui donne ses jours et ses nuits à consoler les malades et les mourants de ce quartier pauvre, ne porte pas seulement aux misérables les consolations de la parole? Ne m'avait-il pas une fois fait la confidence des désespoirs de la lutte inégale de sa pauvreté contre tant de détresses?—Quelle cruauté inutile à lui apporter une douleur de plus!—Et de quel droit, s'il lui reste quelque chose ce matin, venir porter la main sur ce qui appartient plus légitimement à d'autres?

Mais—plus malade peut-être moi-même que tous de l'Idée Fixe, autrement féroce et implacable que la dévorante passion du joueur—il était écrit que je frapperais à cette porte!

Je vois encore s'offrir à moi cette figure ouverte, bienveillante, reposée, que n'a jamais troublée la passion qui veille, tout illuminée encore du plaisir que lui apportait ma visite,—la seconde en tout, un miracle!—puis s'attristant et se désolant à ma parole: «—J'ai mes ouvrières à payer ce matin; je ne sais où trouver l'argent, puisque je viens te le demander!»

Les larmes lui étaient venues aux yeux.

—Je m'étais plusieurs fois reproché la dépense de mon voyage de cet été dans ma famille, déplorait-il, le pauvre!—(il n'avait pas vu les siens depuis je ne sais combien d'années);—maintenant ce sera un remords!—Que faire?—Et combien tu es bon d'avoir pensé à moi!—Et dire que je n'ai rien,—rien!!!...

Tout à coup il se lève, disparaît—et revient, apportant un écrin noir carré, qu'il remet en mes mains.—C'était l'unique bien qu'il possédât au monde:—son calice en vermeil.

—Pardonne-moi du peu, voilà tout! me dit-il

Et ses larmes disparaissant dans son sourire:

—Ce sont *les diamants de ma femme!*

Pauvre chère âme!

Il venait me consoler à mon lit de douleur au retour de Hanovre,—puisqu'il est dit que je ne suis bon qu'à le troubler,—et il me plaignait, et il me grondait:

—Quelles transes tu me causes! me disait-il.—*Je suis comme un poulet qui aime un canard!*

Mais le temps nous presse. Détournons nos regards de ces souvenirs de la route et avançons.

Je n'avais pas que des tracas d'argent.

Il existait entre mon entrepreneur, L. Godard, et moi des dissentiments très-sérieux sur certaines parties importantes de notre construction.

Je ne pouvais parvenir à lui faire comprendre la nécessité première de conformer les dimensions de la soupape surtout—à celles générales de l'aérostat.

Que le lecteur ne s'épouvante pas. Il ne saurait, à aucun point de vue, s'agir ici de problèmes scientifiques, et un enfant de dix ans comprendra au premier mot ce que je vais dire.

Donc, pour éviter qu'un ballon, quand il touche terre pour s'arrêter, ne fasse voile sous le vent et ne soit traîné, comme nous l'avons été en Hanovre, par exemple, tout le monde admettra, et le bon sens le plus élémentaire indique la nécessité première de se débarrasser—au plus vite et dans les plus larges proportions—du gaz qui gonfle ledit ballon.

De cette nécessité, j'avais toujours vu se préoccuper vivement Eugène, l'aîné, l'instructeur et le plus intelligent de la tribu des Godard.

En second lieu, pour qu'un ballon se débarrasse au plus vite de son gaz, le même bon sens commande, n'est-ce pas?—que l'issue réservée à ce gaz—soit la soupape—soit diamétralement proportionnée à la capacité du ballon.

Il n'est pas besoin d'avoir fait une seule ascension pour admettre ces deux principes absolus.

Il ne m'avait jamais été possible pourtant de les faire entrer dans la cervelle de L. Godard et de vaincre son obstination sur ce point.

Jamais je n'avais pu lui faire reconnaître que notre ballon de 6,000 mètres—c'est-à-dire douze fois plus grand qu'un ballon ordinaire de 500 mètres—devait comporter une soupape douze fois plus grande.

—Une soupape est toujours trop grande, monsieur Nadar! ne cessait-il de me répéter, confondant toujours le jeu de manœuvre pendant l'ascension et celui d'atterrage proprement dit.—Moi, je suis un homme pratique!

—Eh bien! vous verrez, homme pratique, le terrible gâchis que nous aurons à notre première descente par le plus petit vent!

Tout ce que je pus obtenir, ce fut qu'il me promît une soupape double de l'ordinaire, soit d'un mètre,—pour m'en livrer une de 80 centimètres...

La soupape n'était pas ma seule préoccupation avec cet aéronaute trop uniquement habitué à la routinière manœuvre de ses ballons forains ordinaires.—Mais je reviendrai à son heure sur un autre détail qui me coûta encore bien cher...

—Mais, me dira-t-on, pourquoi, convaincu comme vous l'étiez d'une nécessité aussi flagrante,—pourquoi, prévoyant aussi justement les conséquences désastreuses qui devaient résulter de l'absurde disproportion de votre soupape,—pourquoi, vous qui étiez celui qui commande et qui paye, n'exigiez-vous pas rigoureusement que votre volonté fût faite?...

—Parce que rien ne me déconcerte et ne me fatigue comme une lutte contre la routine entêtée. Quand je me suis heurté dix fois contre une absurdité, à la onzième fois je cède la place.—Et puis, au milieu des préoccupations de toutes sortes, des tribulations et des tracas qui ne me faisaient trêve ni jour ni nuit, il y avait pour moi nécessité première, question de vie presque, à ne rien prendre de haute lutte avec l'homme que j'avais chargé de la conduite de tout le matériel.—Où la chèvre est attachée... dit le proverbe.—Une intervention virtuelle de ma part eût pu déterminer le mauvais vouloir avoué, l'abandon de mon chef d'équipe la veille de ma première ascension une fois annoncée. *Je n'avais pas le temps!*

Et enfin, au bout du compte, il ne s'agissait que de notre peau!

Après la première descente difficile, si nous en revenions,—on verrait!

Que me demandiez-vous de m'occuper davantage de cette soupape, quand je ne savais pas seulement où j'allais exécuter ma première ascension?

Car, tout en faisant face, Dieu sait avec quelle peine! aux nécessités des payements quotidiens, en surveillant et activant la confection du matériel, j'en étais encore à chercher la place où je m'enlèverais.

Le terrain de Longchamp et celui des courses de Vincennes me faisant défaut, je n'avais plus à Paris qu'une place possible,—le Champ de Mars.

Dans ma pensée, en effet, l'ordre du spectacle que j'avais entrepris ne pouvait admettre le Pré-Catelan, où encore je retrouvais cette nécessité première de fabriquer le gaz sur place,—qui avait déjà fait échouer mon projet de première ascension à Bade,—et encore moins l'Hippodrome, dont j'avais très-nettement et à plusieurs reprises repoussé les propositions.

Restait donc le Champ de Mars.

Mais le Champ de Mars, il faut le demander,—et c'est là que je me heurtais contre une certaine difficulté...

Quelques mots d'explication sur ce point délicat sont nécessaires.

Bien que respirant assez mal en ces temps-ci pour avoir besoin, par certaines matinées surtout, d'aller chercher plus loin l'air libre qui me manque et que j'aime, je reconnais pourtant au moins que nous vivons à une époque où tout honnête homme a, en somme, le droit de conserver les souvenirs qu'il regrette et la pensée qui lui est chère, et qui, éternelle, ne saurait désespérer jamais.

Mais je considère aussi que ce respect de soi-même ne peut commander le respect aux autres qu'à la condition première d'un désintéressement qui n'admet ni transaction ni compromis.

Celui-là est mal venu auprès de moi, qui trouve le terme moyen entre sa conscience et son intérêt, et j'apprécie qu'il est honteux de tendre la main devant celui qu'on n'aime pas.

De même et pour tout dire, puisque j'y suis,—dussé-je encore ici m'attirer quelques rancunes de mes plus proches,—je ne saurais en aucun cas avoir tant seulement l'air de jurer ce que je ne voudrais point tenir, et il est des formules que je dédaigne fort, étant de ceux qui pourraient tout au plus donner un serment, mais qui n'en *prêtent* pas.

J'ai la fierté de croire qu'il n'existe pas au monde une puissance qui puisse sur moi quelque chose, parce qu'au monde je ne vois pas un homme plus indépendant, défiant à l'impossible toute persécution, puisque je puis transporter partout ma tente et gagner partout le pain des miens.—Écrasé même, je serais plus fort encore que celui qui m'écraserait, car je le défierais de me mépriser.

Liberté parfaite, je suis tout disposé à accorder à mon voisin d'être lâche et bête autant qu'il veut, à la condition qu'il me laisse libre de penser ce que je veux, selon ma guise. Cette indépendance chère et supérieure à tout, je la dois au désintéressement inné qui ne me laisse pas mémoire d'avoir de ma vie envié ce qui me manquait,—et en première ligne de ce qui me manque et qui me manquera toujours, je vois l'extrême luxe, et, surtout, toutes fonctions publiques et distinctions honorifiques, quelles qu'elles soient. Je n'aurai jamais la prétention de conduire les autres, ayant tout juste celle de me conduire moi-même,—et j'en arrive ici jusqu'à éprouver une défiance et presque une aversion instinctive devant tout candidat. Il m'inquiète, dès lors que je vois celui-ci donner du coude de droite et de gauche dans l'estomac de ses voisins pour passer devant et dire aux imbéciles,—c'est la foule: «—Voyez combien je suis plus habile, plus éloquent, plus fort, plus beau et joli que ceux-là: prenez-moi!»—Je déclare que je ne serai jamais tant seulement adjoint au maire de mon village, si jamais le repos dans un village m'est donné.

Je ne sais pas croire ni aimer à demi, mais on voit de reste que je n'ai jamais été, que je ne serai jamais ce qu'on appelle un homme politique,—trop absolu dans ce que je pense pour conformer jamais ma pensée à un mot d'ordre, d'où qu'il vienne, trop éloigné des majorités pour même faire partie des minorités que chaque lendemain fait majeures, ayant toujours été ma petite église à moi seul,—et fuyant avec grand soin tout troupeau pour ne point attraper de puces et n'être pas mordu par le chien.

—Ah! jeune homme! voulait bien me dire un jour M. Guizot,—vous ne savez pas ce que c'est que la Raison d'État!

—Ah! certes, Monsieur,—et dussé-je vivre cent ans, qu'à cent ans je mourrai dans la peau d'un jeune homme qui ne l'aura jamais su!...

Mais cette aversion même que j'ai pour la technologie politique proprement dite a l'avantage de me laisser entière, absolue et sans distraction, la réserve des appréciations de ma conscience. Je suis sur le grand Rail tout droit d'où l'on ne peut jamais dérailler, et je m'y trouve en vérité trop bien pour ne pas m'y tenir, étant certain, là, de ne me contredire ni me tromper jamais. Je n'ai de ma vie mis les pieds dans un club, je ne sais pas ce que c'est qu'une société secrète; mais plus je vieillis, plus j'aime et admire ce que j'admirais et aimais étant jeune, et, ni pour ma vie ni pour la vie même des miens je ne me laisserais arracher seulement l'ombre d'une concession sur ce qui est à jamais ma foi.—*Æternus quia impatiens!*

Pour en finir au plus tôt avec cette profession de foi qui me pesait, devant ceux qui ne me connaissent pas,—j'ai, avant tout, l'amour fervent et l'éternel respect du Droit. De même qu'il est à terre des couteaux que l'homme loyal ne ramassera jamais, fût-ce contre son plus mortel ennemi, ainsi je pense, contre mes adversaires et même, s'il est besoin, contre mes amis, que rien ne justifie ni n'excuse ce crime, le plus grand de tous:—l'atteinte portée au Droit.—Une seule chose pourrait aggraver ce crime: son succès.—Dès lors que vous appréciez que la fin justifie les moyens, vous vous appelez Escobar et vous êtes l'ennemi. Je n'admets pas ces distinctions à l'usage de certains raffinés, entre l'honnêteté politique et la probité privée:—coquin de ci, coquin de là,—je ne connais rien autre chose. La morale est une et éternelle, et un croc en jambe ne me convaincra jamais.

Je ris à les voir se chamailler avec des mots et chercher à raccommoder ensemble des vocables: Autorité!—Liberté!

«—*Bourgogne!—Armagnac!*—Dites donc *France!*» s'écriait une belle parole perdue dans je ne sais quel mélodrame.

—Autorité!—Liberté!—Dites donc le seul mot vrai, ce mot doux aux bons, aux mauvais terrible, le mot divin qui embrasse tout:—JUSTICE!

Donc, appréciant qu'il est déloyal et honteux à qui ne donne rien de demander quelque chose, et vivant à l'écart de tout, je ne me sentais aucune espèce de disposition à m'approcher pour solliciter... même ce qui m'appartenait.

XIII

Un bilan. — Les cuistres et les niais. — Le monsieur de Seine-et-Oise. — Style lapidaire. — Les âmes sœurs. — *Le patron!* — Mon ami Cham, mon ami Clairville et mon ami Dornay. — Galvanisme. — Question *ubi.* — Le Champ de Mars. — Temps perdu. — La Bérésina! — Victorien Sardou, propriétaire. — Deux voisins de campagne. — Le maréchal Magnan. — Un billet. — Justice rendue. — L'ingratitude. — Trois collèges peu électoraux. — Au gaz! — Mon condisciple Forqueray. — Le talisman. — *Plus lourd que l'air!* — Ce n'est qu'impossible! — Devant le conseil. — Un magistrat. — *Un dimanche!* — Le *Pont cassé* du sieur Séraphin. — *Plus lourd que l'air, plus fort que tout.*

On voudra bien reconnaître pourtant que ce que je souhaitais avec tant d'ardeur n'était pas,—pour moi personnellement,—d'un intérêt fort précieux.

Car le bilan,—non pas probable, mais certain,—en ce qui me concernait, n'était que trop facile à établir d'avance.

1° Je proclamais une idée nouvelle pour l'infiniment grand nombre:—logiquement donc et historiquement, je devais m'attendre à tous les désagréments qui assaillent tout homme dans mon cas: attaques, injures de tous cuistres, lâches et gredins ténébreux;—morsures au talon de par tous les niais,—je vous raconterai, à sa place, le joli discours d'un monsieur de Seine-et-Oise,—sans parler de la raillerie supra-française à la portée de tous ceux qui, pour s'excuser de ne rien comprendre à ce que je voulais faire, naturellement devaient en rire supérieurement.

Rien n'y a manqué:—lettres de goujats anonymes, insultes des compères Moigno et Meunier, traduites jusqu'en style lapidaire par une autre digne sœur de ces deux âmes.

Je ne parle pas des inconvénients physiques: ils furent appréciables et durent faire jubiler le cœur de quelques honnêtes gens.

2° S'agissait-il donc d'argent?—Mais, tout convaincu que je fusse sur ce point d'un succès—qui ne devait pas me revenir (—je dirai tout à l'heure de combien je m'étais trompé), je n'étais pas assez aveugle pour ne pas apprécier tout d'abord que je commençais par m'engager, moi, la plus proverbiale incapacité financière, dans une entreprise énorme et pleine d'aléas;—que j'affrontais d'abord, moi-même et seul, un premier déboursé formidable et trop certain d'une part,—et que d'autre part j'allais porter quelque préjudice à mon établissement photographique—Dans les conditions que j'ai dites surtout, cet établissement n'allait pas impunément se passer de la présence de son chef. Le public, même quand il achète des chemises, aime avoir affaire au *Maître de la maison.*

Sans parler des concurrents, qui ne négligeraient rien pour profiter de l'excellente occasion, ni des ennemis au guet, le plus bienveillant des hommes, mon cher et bon camarade Cham, ne taillait-il pas déjà, sans penser à mal, le digne garçon! le crayon qui allait tracer dans le *Charivari*,—mon ancienne maison!—ce dessin que j'eusse trouvé plus comique encore s'il s'était agi d'un autre:—

Un monsieur à un photographe:

—Monsieur, je désirerais avoir mon portrait?

—Rien de plus facile, monsieur! Prenez donc la peine de monter!

Et au fond, en l'air, un ballon...

Mon vieil ami Clairville et son collaborateur Dornay sans aucune malveillance, tout au contraire, ne jetaient-ils pas déjà sur le papier *le scenario* de cette pièce qui montra pendant cent soirées consécutives au public du théâtre Déjazet,—*Monsieur Nanar*—courant en vareuse blanche après son hélice, et poursuivi par un client obstiné qui s'acharne, mais en vain, à obtenir de lui son portrait?

Dépense certaine d'un côté, perte assurée de l'autre, voilà donc le point de départ; et, s'il y avait succès d'argent, avec les frais écrasants de cette entreprise en dehors des proportions ordinaires, les quelques mille francs que je glanerais après la vraie moisson faite au bénéfice de mes mécaniciens et inventeurs,—dont je ne satisferais peut-être aucun!—ces quelques billets de mille francs arriveraient-ils à compenser le dommage?—Quelle folie donc à moi de quitter mon bon et brave gagne-pain photographique!

Rien encore n'a manqué à cette partie du programme,—si ce n'est les quelques mille francs glanés en question.—Jusqu'ici, découvert énorme, mon établissement tué,—que j'ai galvanisé six mois durant au sortir de mon lit de blessé,—et que je vais tuer de nouveau tout à l'heure en repartant...

3° Enfin s'agissait-il de vanité à satisfaire, d'un besoin de bruit, d'une réputation à faire ou à augmenter?—Mais j'ai travaillé beaucoup déjà, et, bon ou mauvais, j'ai beaucoup produit. Mes journaux, mes livres, mes caricatures, ma photographie, et surtout la cordiale camaraderie de mes confrères en journalisme et la bienveillance du public, m'avaient donné toute la notoriété que j'eusse pu souhaiter jamais.

En vérité, il me semble que je n'avais pas besoin de monter en ballon pour m'appeler Nadar!

Hélas! mes bénéfices personnels n'avaient pas besoin de la triste démonstration des faits pour être évalués à beaucoup moins que 0.

Puisqu'il ne s'agissait donc pas d'un intérêt privé (—c'eût été idiot!)—il y en avait donc là un autre, incontestable,—immense, si j'avais raison,—touchant, même si j'avais tort, et devant lequel toutes considérations privées, tous autres scrupules, toutes répugnances devaient céder.

Que faire, en effet? Fallait-il aller demander à l'Angleterre, toute prête, la place que j'avais, de droit, chez nous?

Si peu *Chauvin* que je fusse, pouvais-je seulement offrir à des yeux rivaux le premier spectacle de la plus grande tentative aérostatique (pour ne parler en ce moment que d'aérostation) qui eût été faite encore, et ne devais-je pas la réserver à notre pays, qui a vu s'élever le premier ballon des Montgolfier?

Le Champ de Mars ne m'appartenait-il pas *de droit*, comme le lieu consacré, traditionnel,—le berceau presque de notre «toute française» aérostation?

Ne savais-je donc pas moi-même, pour me rassurer tout à fait,—et qui eût pu mieux le savoir?—quel désintéressement, quelle abnégation j'apportais dans cette grande entreprise?

Je ne trouvais rien à répondre à tout cela, qu'on me répétait constamment autour de moi,—et pourtant, par une distinction puérile que quelques-uns comprendront peut-être, je souhaitais avoir la disposition libre du Champ de Mars,...—mais je ne me serais jamais décidé à le demander...

Et comme il n'était guère probable qu'on vînt me l'offrir sur un plat d'argent, je l'attendrais peut-être encore, sans quelques bons amis qui se mirent en campagne.

Ne demandant rien à personne, n'ayant jamais crainte de sentir le terrain manquer sous mon pied, c'est-à-dire n'ayant jamais convoité, gêné ni envahi la part d'autrui,—étant toujours enfin, j'ose le croire, autant qu'il est en moi à la disposition de mon prochain, je peux dire que j'ai toujours eu le bonheur d'avoir des amis—et de bons amis même—partout.

De bonnes âmes donc, qui ont nom Saint-Albin, Jubinal, Choler, de Pages, de Beaufort, Piétri, s'étaient inquiétées de la détresse d'un citoyen fort empiergé d'un gros ballon dont il ne savait que faire, et une fois fait, chacun d'eux s'était mis à l'œuvre, qui de droite, qui de gauche.—Et pendant que ces braves gens trottaient, je n'aidais rien, restant lâchement dans la coulisse et venant seulement aux nouvelles...

Mais que de temps perdu là encore! Que de pas et démarches inutiles! Que de courses sur fausses pistes!

—M. le préfet Haussmann est fort bien disposé pour cette idée, me disait-on; mais le Champ de Mars ne le concerne point.—Je vais au ministère de l'Intérieur.

—Le ministère de l'Intérieur voit d'un bon œil le projet de ces curieuses ascensions; mais le Champ de Mars dépend uniquement du ministre de la Guerre.

Or il m'apparaissait que généralement on avait quelque peur du ministre de la Guerre...

J'allais de l'un à l'autre, impatient, enfiévré, énervé,—découragé parfois à mettre le feu à mon ballon,—moi dessous!—Je voyais les jours s'écouler, les dernières feuilles des arbres tourbillonner sous le vent d'automne,—et l'hiver accourant!

—L'hiver! Pour moi Moscou et la Bérésina!

Enfin Malherbe vint! dit Boileau.—Ce n'était pas Malherbe, ce fut Victorien Sardou. Il était réservé à Sardou d'enlever la position.

Il faut savoir que Sardou, par une rencontre de fortune, s'était trouvé, un très-beau matin, acquéreur du château des princes de Béthune sur le coteau de Marly, tout justement au-dessous de la propriété du maréchal Magnan.

On avait voisiné, et comme notre Sardou n'est pas charmant seulement au Gymnase, le maréchal, qui chaque soir, au retour de Paris, montait à pied la côte derrière ses chevaux, entrait presque quotidiennement chez son aimable voisin, et se délassait des travaux de la journée en faisant quelques tours de bonne causerie sous les grands arbres du jeune auteur.

Sardou, toujours vaillant, toujours prêt, eût attaqué la place dès le jour même; mais le maréchal n'était ni à Marly ni à Paris. Il accomplissait je ne sais quelle besogne militaire dans quelque place forte,—Strasbourg, je crois,—que je donnai de bon cœur à tous les diables à ce moment-là.

Il fallait attendre.

Je n'attendis pas longtemps.

Deux jours après, je recevais de mon ami le mot que voici.—Je n'ai pas besoin de souligner toute l'indulgence, toute la délicatesse de ce billet:

«Marly-le-Roi, jeudi 17.

«Mon cher ami,

«*Enlevé, le ballon!*... J'ai vu hier au soir le maréchal, qui te donne tout le champ de Mars. C'est solennellement promis, mais il désire te voir pour te remettre la permission écrite en mains propres. Va donc le voir aujourd'hui à la Place, de midi à deux heures: il t'attend. *Je ne saurais d'ailleurs assez te répéter que tu n'as rien à demander,* que la chose est accordée...........

«Et là-dessus, bonne poignée de main, courage, en avant!

«Ton dévoué de cœur,
«VICT. SARDOU.»

«P. S. Si tu as encore besoin de moi?...»

Je me présentai donc chez le maréchal Magnan, et en complétant les détails que Sardou lui avait indiqués sur le but de mon entreprise, je le remerciai d'aider au grand œuvre de la future Navigation Aérienne.

Mais je tiens à dire—et je tiens à dire tout de suite—que j'eus bientôt à remercier le maréchal pour quelque chose de plus.

S'il avait paru s'intéresser d'abord à ma théorie du *Plus lourd que l'air*, s'il aida puissamment l'entreprise de mes ascensions, il ne me fut pas possible plus tard de ne pas voir qu'il portait un intérêt autre et au moins aussi réel à ma situation personnelle, si périculeusement engagée d'abord, si gravement compromise ensuite.

Quelque peu surpris, me parut-il un instant, que notre religion ne fût point précisément la même,—ce qu'honorablement je n'aurais pu ne pas lui témoigner,—il n'en fut ni moins bienveillant ni moins cordial, et j'eus surtout lieu d'être plus d'une fois touché de la préoccupation de père avec laquelle il s'inquiétait toujours du sort des chers miens... Il est des paroles qu'on n'oublie pas, et d'autant qu'on les attendait moins.

Pour moi plus qu'un autre, je regarde comme un devoir de dire que j'ai trouvé le maréchal Magnan essentiellement bon et humain.

Je crois pouvoir ajouter que, si j'ai un vice, ce ne sera jamais le plus abominable de tous:

—L'ingratitude.

Contre le soupçon de flatterie, je ne pense même pas à me défendre.

Tout fut bientôt réglé avec le ministère de la guerre, où je trouvai aussi bon accueil de MM. le général De Jean et du colonel de La Pisse, que je l'avais reçu des généraux Soumain et de Villiers, et du colonel Sautereau.

On eût dit qu'il y avait un mot d'ordre de bienveillance, d'encouragement et d'affabilité.—*Plus lourd que l'air* ne comptait plus ses conquêtes!

Je n'avais plus qu'à m'occuper des préparatifs matériels de ma première ascension. Je dis *première*, car, bien que je n'eusse d'abord songé qu'à obtenir une fois le Champ de Mars,—ce qui eût été une ruine plus que complète,—le maréchal, qui y voyait d'un peu plus loin que moi, me l'avait libéralement et spontanément donné pour quatre.

Il fallait d'abord s'occuper du gaz.—De par le privilége de l'indiscipline qui dut me faire essayer jadis de trois collèges, qui furent pour moi moins qu'électoraux,—Versailles, Lyon et Bourbon, à Paris,—il n'est pas un coin de rue où je ne me cogne du nez contre un ancien condisciple.—J'allai donc trouver le soir même mon vieux camarade Forqueray, ingénieur de la Compagnie Parisienne du gaz.

Je fus étourdi, renversé de ce qu'il m'apprit:

—La grosse prise se trouvait derrière l'École Militaire.

—Pour amener le gaz au centre du Champ de Mars avec des tuyaux de cinquante centimètres,—(en avait-on suffisamment dans les magasins?)—il s'agissait de creuser une tranchée de douze cents mètres, à un mètre cinquante de profondeur.

—Pour préparer et exécuter cette besogne, il fallait un travail de je ne sais combien d'hommes pendant je ne sais combien de jours et de nuits.

—La Compagnie Parisienne, appréciant les pertes et autres dérangements réels que lui causait tout gonflement de ballon, ne donnait dans ces cas le gaz qu'à 40 centimes le mètre cube, 10 centimes de plus qu'au prix ordinaire:

Donc, 6,000 mètres,—total: 2,400 fr.

Mais ce chiffre n'était rien vis-à-vis de l'effroyable dépense des tranchées.

Et il y avait encore une autre question vers laquelle je n'osais même pas me retourner:—l'argent pour tout cela!...

Ces détails me furent confirmés par M. Lepeudry, ingénieur en chef du service extérieur.

C'était grave;—mais j'avais une telle foi dans mon talisman,—le *Plus lourd que l'air!*—Au bout du compte, tout cela n'était guère qu'impossible!

Il fallait d'abord m'adresser au Conseil d'administration même de la Compagnie du Gaz.

Le lendemain matin,—*Plus lourd que l'air!*—je me présentais au Conseil d'administration même.

Je connaissais quelques visages dans le conseil, visages qui dès longtemps s'étaient montrés bienveillants à mon endroit, bienveillance dont j'avais toujours tâché de ne point démériter.

Il y avait, d'abord pour moi, MM. Émile, Isaac et Eugène Pereire,—mes trois premiers actionnaires de la rue Saint-Lazare, auxquels j'avais donné jadis jusqu'à 87 fr. 56 c. pour 100.—Nadar aux Pereire! Quelle gloire!—et auxquels j'ai donné beaucoup moins depuis...

Mais je patiente,—et eux aussi, j'espère!

Il y avait encore mon ancien voisin de Maisons-Laffitte, l'honorable M. Dubochet,—et M. Bixio, un ancien aéronaute!—et M. de Gayffier, directeur de la Compagnie, et M. Rhoné, et qui encore?...

Le conseil était nombreux: une imposante vingtaine de notabilités...

Grâce à la présentation de M. Émile Pereire, je suis introduit aussitôt,—et je commence par établir avec autant d'aplomb que si je n'avais parlé devant des gens qui en savent sur tous points cent fois plus que moi,—ma théorie du *Plus lourd que l'air*...

Quelques objections,—légères.—Passons! Mais non sans constater, tout en passant, le bon vouloir général que je trouve là encore.

J'arrive au but,—et je demande simplement à la Compagnie de me faire exécuter immédiatement les travaux nécessaires.

Accordé!

Parbleu!—*Plus lourd que l'air!*

Je remonte au bureau de l'ingénieur, mon ami

—Ton devis de tranchée, location de tuyaux, pose et dépose est formidable, me dit-il. Sais-tu que nous allons dépasser 20,000 francs?...

—Bigre! c'est roide!—Et le gaz à part?

—Et le gaz à part.

—Marchons toujours!—*Plus lourd que l'air!* vaut bien ça!

—Ensuite, nous ne pouvons rien commencer sans l'autorisation civile pour l'ouverture de la tranchée sur la voie publique, et l'autorisation militaire pour l'ouverture sur le Champ lui-même.

—Je cours les chercher.

—Mais c'est impossible! tu n'as plus qu'un jour, malheureux! et il faudrait ces autorisations non pas aujourd'hui, mais immédiatement, *avant-hier*,—et encore!

—Nous les aurons!

—Il est fâcheux qu'on ne puisse même pas parler d'un moyen qui économiserait une partie des frais énormes de fouilles: ce serait de déposer nos tuyaux sur le sol, le long de l'École Militaire et de l'avenue Suffren, en les enfouissant seulement sous les voies traversées.—Mais malheureusement cela est absolument contraire à tous les règlements, et tout notre Conseil d'administration réuni, ses président et vice-présidents en tête, n'obtiendrait pas la dépose sur la voie publique d'un bout de cinquante centimètres pendant cinq minutes.

—Moi, je l'obtiendrai!

—Tu es fou.

—Comment, fou? Qui pourrait dire non quand il s'agit d'une chose comme celle que je tente!—*Plus lourd que l'air!!*—À qui faut-il s'adresser pour ces machines-là?

Je note ma série d'adresses sur mon calepin, je me précipite dans mon fiacre, je cours chez un digne magistrat, très-considérable et très-considéré, un de ces hommes devant lesquels toutes les portes s'ouvrent d'elles-mêmes.

À point nommé je le trouve, et je lui dis, à cet homme dont les précieuses secondes sont comptées:

—Au nom de l'incontestable—*Plus lourd que l'air!*—que je me trouve, faute d'un autre, avoir l'honneur de représenter,—je vous somme de venir avec moi pendant deux heures!

L'excellent homme met son chapeau.—*Plus lourd que l'air!*

Dans la journée, j'ai vu M. le secrétaire général de la Seine, et M. Alphand, et M. Hombert, et M. Grégoire, et M. Nouton, etc., etc., etc.

Tous acquiescent,—*Plus lourd que l'air!*—l'un par l'autre.—J'ai toutes les paroles, pas une signature: il n'y avait *littéralement* pas le temps de signer...

—Et rendez-vous général est pris pour le lendemain matin,—un dimanche!!!—à huit heures précises, au Champ de Mars,—entre les ingénieurs et les inspecteurs de la Ville,—les ingénieurs et inspecteurs de la Compagnie du Gaz,—et mon brave ingénieur ami,—et ses contre-maîtres,—et ses terrassiers.

Plus lourd que l'air!

Je rentre moulu, et je me couche.

Mais je ne dors pas!

À huit heures, j'arrive au Champ de Mars.—Je suis le dernier! Tout le monde—*Plus lourd que l'air!*—est à son poste; les ingénieurs et inspecteurs de la Ville prennent mot premier et dernier avec les ingénieurs et inspecteurs de la Compagnie du Gaz,—les toiseurs mesurent,—les contre-maîtres tracent,—et enfin les terrassiers attendent, échelonnés sur lignes, chacun à sa place, la pioche en l'air!...

—Eh! que c'est long! Qu'attendent-ils donc? dis-je à Forqueray.

—Ton signal! me répond-il en souriant.

—*Plus lourd que l'air!!!* Partez! criai-je.

Et toc! toc! toc! toc!—Les voilà tous partis, comme au *Pont cassé* du sieur Séraphin.

Tout le monde s'est entre-salué. Les ingénieurs remontent dans les quatre ou cinq voitures respectives qui les remportent.

Je les contemple, et j'ai un instant d'ahurissement, de quasi-hébétement comme somnambulesque.

Puis je prends le bras de mon ami,—et avec un éclat de rire:

—Quand je pense à tout ce gros monde que j'ai remué depuis quinze jours, quand je vois tous ces gens très-sérieux que vous êtes ici, arrivés tous, comme au doigt et à l'œil, pour que ma volonté soit faite,—ma volonté à moi, sans science, sans influence, sans prestige aucun,—il y a des moments où je me demande si je ne suis pas fou,—ou à défaut de moi si ce n'est pas eux?

«Ni eux, ni moi, ô mon ami!—C'est PLUS LOURD QUE L'AIR! qui commence à avoir raison!

XIV

Le *Quand même!* et le *Géant*. — Le *Titan*. — Détails. — Quatre cent mille entrées! — Hélas! — M. Nusse. — Créons l'épave! — M. le préfet Boittelle. — *Une faveur personnelle!* — Méprise. — Le grand siècle... scientifique. — *Circenses!* — Simple bilan. — Explication nette. — L'entente. — Une queue de chien! — Au Pré-Catelan. — Robespierre Ouistiti. — Un secrétaire de l'*Aéronaute*. — Feray ou l'Homme électrique! — Louis Blanc historien. — L'ange de la calvitie. — Léonidas. — *C'est Nadar!* — Merci!

Les journaux annonçaient déjà à l'envi la première ascension du *Quand même!*

J'avais d'abord eu l'idée, en effet, de prendre simplement ma devise pour baptiser mon aérostat.

Mais, en approchant du moment décisif, j'avais éprouvé une certaine répugnance—d'abord vague, très-nette ensuite—à soumettre à la publicité et aux aléas divers ma devise, qui me semblait à ce moment être une partie de moi-même.—Conseil fut tenu: *Géant* fut proposé par mon ami Daniel Kreuscher, mis aux voix et adopté.

Le lendemain, on me proposait le mot *Titan*, qui m'eût convenu mieux. Mais il était trop tard.—Si j'ai le malheur de faire un autre ballon, il s'appellera le *Titan*.

Il nous restait quelques jours à peine jusqu'à celui fixé pour la première ascension, le 4 octobre.—Ces derniers jours et les nuits dernières se passèrent dans une exaspération d'activité dont mes agitations précédentes ne m'avaient même pas donné l'idée.

Il s'agissait d'être prêt à l'heure dite et de ne faillir à aucune des promesses faites par moi dans les journaux. Plus encore, et dans certaines limites, j'avais à me préoccuper de celles faites en mon nom.—Je l'ai bien vu!

Tout nouveau au métier de directeur de spectacle, je n'étais pas sans émotion vive en pensant à cette responsabilité,—qu'il m'eût été singulièrement plus commode et plus profitable, à tous les points de vue, de laisser assumer par quelque autre.—Malheureusement, personne autour de moi n'eut cette simple idée, ni moi non plus.

J'eus donc à disposer tout:

Dessin des affiches,—découverte et achat des pierres lithographiques dans les dimensions extravoulues,—compositions et tirages lithographique et typographique,— visa, autorisations,—timbre,—affichage,—envois aux foyers des théâtres.—Composition, correction, tirage, publicité et mise en vente du premier numéro de l'*Aéronaute*.

Composition, tirage double, découpage, tirage et numération des billets d'entrée, et distribution à l'avance dans les établissements publics.

Après discussion, je m'étais, comme toujours, rangé à mon opinion,—et j'avais fait tirer le modeste chiffre de 400,000 billets,—je dis *quatre cent mille*.—Et encore n'étais-je pas bien sûr de ne pas manquer!...

Il me paraissait plus qu'impossible que la population tout entière, riches et pauvres,—les trop pauvres pourraient voir encore par-dessus les treillages d'enceinte à hauteur d'appui,—n'accourût pas à ce beau spectacle et ne s'empressât d'apporter cinq ou six cent mille francs, du premier coup, à ma Société du *Plus lourd que l'air*...

J'apportais tant, à moi tout seul!...

Hélas!...

Pour découper, timbrer et compter ces 400,000 billets, les intimes se présentèrent. Un service de permanence fut installé, qui ne s'arrêta plus ni jour ni nuit.—Et en voyant ces bons amis, les manches retroussées, et ces belles dames qui se disputaient les places et se relayaient autour de la grande table, dans ma salle à manger transformée en atelier,—un vieillard de nos visiteurs se rappelait ses souvenirs de l'émigration...

J'avais encore à me présenter aux administrations de chacun de nos chemins de fer et à organiser à temps utile des trains de plaisir sur toutes les voies jusqu'à dix et vingt lieues de distance.

Puis, à choisir mon personnel administratif, celui des bureaux de perception, etc.

Et encore tracer les cercles des enceintes, combiner les entrées et issues, piétons, cavaliers, voitures;—traiter pour les treillages, les banquettes, les bureaux, etc.

L'administratif aggravait tout cela. L'administratif est terrible chez nous: vous ne faites pas un pas sans vous y heurter. Pour insérer votre chien jusqu'à Asnières dans le tiroir grillé du wagon,—où il est si mal,—il vous faut passer par à peu près autant de formalités que pour acheter une propriété de cent hectares.—J'omets assez d'autres détails plus gros pour passer sur toutes mes courses et démarches administratives.

Il en est cependant une trop importante pour être oubliée, car je pus presque croire un instant qu'elle allait mettre à vau-l'eau tout mon ensemble de combinaisons.

Quatre jours avant l'ascension, je me rendis à la préfecture de police, auprès du chef de la police municipale, M. Nusse.

Je trouvai un homme plein de politesse et de bon vouloir:

—En mettant à ma disposition le Champ de Mars, Monsieur,—dis-je à M. Nusse,—j'apprécie que l'on m'a donné en main une arme de premier choix: longue portée, précision, rien ne me manque pour atteindre mon but.—Mais ce très-bel et très-bon outil, c'est justement lui qui me fera d'autant mieux sauter la cervelle, à moi-même, si vous ne m'assurez la jouissance certaine de ma possession.—Vous savez ce qu'est la populace parisienne à certains jours, et je n'ai pas besoin de vous rappeler les précédents de l'histoire aérostatique, Miolan et Janinet, Deghen, de Lennox, etc., etc.—Les masses sont hostiles aux nouveautés: les ballons, comme les chemins de fer, sont restés une chose nouvelle et d'une excitation particulière. Il y a toujours des gens pour jeter du haut d'un pont des solives ou des pierres sur les rails avant le passage du train; il y a toujours des gredins dévorant mal leur envie de porter préjudice à tout aérostat; il y a toujours surtout des mains démangées du besoin de créer la première épave...—Si je n'avais pas, dix fois pour une, certitude d'être bien couvert par vous, je...

Le chef de la police municipale me rassura, me promettant de me donner tout le personnel nécessaire: le service des agents se combinerait avec celui de la troupe, très-obligeamment mise à ma disposition par le maréchal Magnan.

Il m'engagea, pour me rassurer mieux encore, à faire une visite au préfet de police lui-même, M. Boittelle.

—Je pense que cette visite est inutile, répondis-je, du moment que j'ai votre promesse, que je prends comme très-bonne.—M. Boittelle a ses petites affaires, j'ai mes grosses. À quoi bon nous déranger tous les deux et nous faire perdre du temps?...

M. Nusse insista: je n'avais plus à refuser et je me rendis auprès du préfet, qui, à ma satisfaction, voulut bien me faire introduire aussitôt que je lui fus annoncé.

M. Boittelle, avec lequel je n'avais pas encore eu l'avantage de me rencontrer, me parut un homme de nette et franche allure, le regard bleu (?) bien clair et toujours de face: je me sens à mon aise à croiser ces regards-là.—Il m'était impossible d'ailleurs de ne pas reconnaître que son administration n'avait jamais fait grand bruit: «—Heureux les peuples qui n'ont pas d'histoire!» a-t-on dit: il faut savoir gré aux polices honnêtes femmes qui ne font pas parler d'elles.—Je savais enfin que M. Boittelle aimait les tableaux, et j'en voyais quelques-uns fort bons autour de nous:—tout s'annonçait bien.

—Ah! monsieur Nadar! je suis bien aise de vous voir! J'avais à vous parler; prenez la peine de vous asseoir.

—Ce n'est pas la peine, monsieur: je ne veux pas abuser de vos instants.

—Veuillez vous asseoir.

Je m'assieds.

—Monsieur Nadar, l'administration supérieure a pour vous une bienveillance tellement inouïe,—inexplicable, que je ne puis que m'incliner et obéir.—Mais ce ne sera certainement pas sans vous avoir dit—ce que j'ai à vous dire!

Ce préambule commandait l'attention: j'attendis.

—Monsieur...

Mais je me trouve ici un peu embarrassé, la matière traitée devenant délicate et les mots propres s'étant trouvés articulés sans aucune recherche de périphrase. Je sens qu'il peut y avoir là une question préliminaire de simples convenances vis-à-vis de mon interlocuteur, dont je reconnais être resté l'administré obligé,—De plus, en répétant dans sa forme remarquablement précise le gros reproche que M. Boittelle avait, me parut-il, singulièrement à cœur de m'adresser, je ne voudrais pas du tout avoir l'air de me livrer à une bravade inutile—ce que je dédaigne le plus—et qui n'aurait même pas l'excuse d'être périlleuse.—D'autre part, cependant, comme on va le voir, il m'était impossible d'omettre cette entrevue dans les *Mémoires du Géant*...

Qu'il suffise donc d'indiquer que M. le préfet, parfaitement au courant des choses d'après ses fonctions, appréciait que je manquais un peu trop d'enthousiasme pour le gouvernement actuel. Il trouvait encore à redire à mon éloquence trop vive, trop pittoresque et insuffisamment intermittente...

Je dois reconnaître de moi-même qu'en réalité je ne m'étais guère essayé dans le genre Cantate...

—... Vos opinions vous appartiennent, Monsieur, continua M. Boittelle. Mais ce que je ne saurais comprendre ni admettre, c'est qu'un homme dans ces dispositions d'esprit s'adresse au gouvernement pour en obtenir une—FAVEUR PERSONNELLE...

Je me redressai comme un ressort de montre: pour moi c'était l'offense, et la plus grave!

—...et si quelqu'un, dans votre cas, s'adressait à moi pour obtenir une faveur, voilà le cas que je ferais de la demande!

Et le préfet froissait un papier.

Je ne saurais dire de quelle couleur j'étais...

—Vous n'avez sans doute pas cru, Monsieur, répliquai-je, que je me retirerais sans vous avoir répondu à mon tour ce que j'ai à vous répondre! Vous devez connaître l'homme qui est devant vous, vous qui tenez nos cœurs dans votre main,—et vous devez bien savoir dès lors que, s'il s'agissait ici d'une—*faveur personnelle*,—comme il vous plaît de dire,—vous ne verriez pas cet homme ici, pas plus que personne ne le verrait ailleurs! Vous faites une confusion complète, Monsieur: je ne viens rien *chercher* chez vous, j'APPORTE,—et si à votre siècle, qui a déjà trouvé la vapeur, l'électricité et la photographie, je suis, —moi, artiste, moi, homme d'imagination, moi, ignorant,—la cause déterminante d'un mouvement, d'une agitation, d'où sortira la Navigation aérienne,—eh bien! Monsieur, on pourra saluer chapeau bas ce grand siècle...—scientifique!

«Quant à mon profit particulier, je vais vous le dire, et il est vraiment trop clair:—c'est que, père de famille, j'engage là le pain de mon enfant et ma peau.—Voilà ce que je revendique et ce qui me revient comme—*faveur personnelle...*

«Reste un côté intéressant et bon encore à examiner, le côté *circenses*, qui ne saurait être ici indifférent. Je vous donne, Monsieur, le plus beau, le plus grandiose, le plus émouvant spectacle qu'il aura été jamais donné à un homme de contempler.—Or, qui suis-je? Un homme sans fortune aucune.—Combien me coûte à moi ce spectacle? Cent mille francs! (—ce devait être le double!).—Et à vous, gouvernement, si intéressé à cette grande chose, que coûte-t-il?—L'abandon pendant une demi-journée d'une parcelle de la voie publique inoccupée et sur laquelle, de tradition, tout aérostat a son droit.

«Voyez-vous bien maintenant, Monsieur, que, comme j'avais l'honneur de vous le dire, je ne viens rien *chercher* chez vous, mais que j'y *apporte*.(—Je me répétais, *ne varietur*.)—Et trouvez-vous encore, Monsieur, qu'il s'agisse ici de—*faveur personnelle?*

L'évidence était telle qu'elle ne laissait pas un doute possible.

Mais cette explication était nécessaire pour que la lumière se fît,—et je crois qu'elle se fit complète. On mu connaît vite, parce que, jouant franc jeu, je n'hésite jamais à abattre mes cartes. La netteté de mes paroles ne pouvait qu'être appréciée par un homme qui me semblait aussi net lui-même et qui, pensais-je, avait assez à cœur sa propre conviction pour respecter toute réserve d'une autre conscience.

De ce moment, et le premier nuage franchement dissipé, je trouvai dans M. Boittelle une bienveillance qui ne s'est plus démentie un instant.—Les quelques désordres de la première ascension, explicables par la confusion d'un début, furent sévèrement prévenus pour la seconde, où, de ce côté, tout fut au mieux.

Il y avait nombre de points sur lesquels j'avais besoin de facilités.

Exemple. Il était une fois advenu qu'un équilibriste de l'Hippodrome s'était tué, la corde pourrie s'étant rompue sous lui.

Aussitôt, et en conséquence logique, l'administration avait décrété—qu'à l'avenir les aéronautes et leurs aides seraient seuls admis à monter dans les ballons.

En dépit de mes ascensions antérieures et de mes brevets d'aérostier photographe, j'avais moi-même été victime une fois de ce règlement prohibitif.

M. le préfet comprit bien vite qu'avec les dimensions extraordinaires du *Géant* et vu le nombre très-limité des aéronautes de profession, il me fallait compléter ailleurs l'équipage indispensable.

Il m'autorisa donc à emporter avec moi autant de personnes que je voudrais,—et même, en considération du but, je pense, à accepter des passagers payants.

Concession qui, par le fait, se trouva d'ailleurs de peu d'importance réelle.—Car, il faut que je le dise, pour répondre à un «*savant*,» que rien n'empêchait de venir avec nous et qui m'a amèrement reproché sur ce point mon *mercantilisme préjudiciable à la science*,—sur les vingt-trois passagers de mes deux ascensions, deux seulement passèrent, comme on dit, par la caisse. Il ne m'est plus permis de ne pas les nommer: madame la princesse de la Tour d'Auvergne et M. Lucien Thirion.—Les autres voyageurs, étrangers ou amis, acceptèrent l'hospitalité cordiale.

Il y avait encore une autre préoccupation administrative, très-légitime en ce qu'elle intéressait le repos des familles: l'âge des futurs passagers.—M. Boittelle me demandait la liste à l'avance, chose impossible, vu les éventualités à prévoir: les uns se décideront au dernier moment à partir, d'autres peut-être à rester.—Je priai M. Boittelle de me laisser toute latitude sur ce point, promettant qu'il n'y aurait pas abus.

Il voulut bien accepter ma parole, et il n'a pas dépendu de moi qu'elle ne fût scrupuleusement tenue.

Ainsi de toutes les autres difficultés,—et cette bienveillance du préfet me fut d'autant plus précieuse qu'il savait bien qui elle aidait.

Aussi, à peine de retour de Hanovre, j'écrivis de bon cœur à M. Boittelle que, ne devant plus, selon les probabilités, avoir affaire avec la préfecture pour d'autres ascensions, je ne prendrais certainement pas congé de lui sans lui exprimer l'excellent souvenir que,—notre petit choc de début oublié,—je gardais de mes rapports avec son administration et lui-même.

Il me fit l'honneur et le plaisir de sa visite;—et comme il était assis auprès de mon lit:

—Une chose dont je n'aurais eu garde de vous parler *avant*, lui dis-je, mais que je savais bien et vous aussi, et dont je puis causer à mon aise avec vous *après*:—quelle jolie queue de chien d'Alcibiade je vous ai, sans le vouloir autrement, coupée là!—Pendant huit jours, pas même un mot du Mexique!...

C'est ici que je dois encore mes remercîments aux excellents amis qui m'assistèrent de leur concours si utile dans ces derniers et multiples préparatifs,—Daniel Kreuscher, G. Arosa, Pau, L. Delair, Piallat, St. Godefroy, A. Courbe, Baulant, Engel, etc.

Deux alliés inattendus vinrent se joindre à ces dévoués.

Je regardais, un jour, gonfler au Pré-Catelan un de ces ballons primitifs qu'on appela ballons à feu, puis Montgolfières,—et que l'aîné des Godard avait cru pouvoir surbaptiser en les nommant *Montgodarfières*.....(!!!)

Rien de plus beau au monde,—y compris même et certainement l'ascension d'un aérostat à gaz,—rien de plus émouvant que le spectacle de cette masse s'enlevant avec majesté et emportant, à côté de ses voyageurs, une fournaise qui vomit la flamme et les étincelles.

(—Quand elle s'enlève!....)

C'était fort terrible à voir gonfler, un peu plus encore, je crois, à monter,—et descendre, donc!—Les bottes de paille disparaissaient, lancées coup sur coup dans un brasier d'où la flamme s'élançait à courte échappée par un tuyau d'un mètre de large, flamboyante avec des milliers de crépitements, sous l'enveloppe de toile...

Un petit monsieur vient à moi, tout petit, méridional en diable, le front le plus renversé que j'aie vu de ma vie, les cheveux retroussés et retombant en arrière comme des baguettes:—un Robespierre Ouistiti.

Il se présente en se nommant. C'était Saint-Félix (Théobald!)—le désespoir de l'excellent Jules de Saint-Félix qu'un journal, abusé cette fois de plus—et ce ne sera pas la dernière!—faisait monter encore l'autre jour en ballon avec nous au lieu de celui-ci:—Saint-Félix, la préoccupation de Périchot, qui, littérateur lui-même, m'a demandé l'autre jour, les yeux dans les yeux,—si Saint-Félix était un bon auteur...

—Vous avez fait plusieurs ascensions, monsieur Nadar: vous êtes mon ancien et je viens vous saluer. Celle-ci va être ma première.

Je regarde mon petit homme. Il parlait de tenir compagnie à cette fournaise, à mille mètres en l'air, comme s'il se fût agi de boire un verre d'eau.

—Vous montez là-dedans, monsieur! lui dis-je.—Et, sans indiscrétion,—y avez-vous affaire?

—Pas le moins du monde!

—Alors vous êtes un imbécile...—Permettez, permettez!!! mais si vous n'y montez pas, je prends la place!

De là, comme dit H. Monnier, data notre liaison, très-passagère.—Saint-Félix venait donc nous offrir son concours—absolument désintéressé! m'assura-t-il.

J'acceptai de bon cœur cet auxiliaire, et pour reconnaître le bon vouloir qu'il témoignait, je lui dédiai, en attendant nos ascensions, les fonctions purement honorifiques de secrétaire de la rédaction de l'Aéronaute,—paraissant au moins douze fois par an! disait le titre,—en attendant qu'il dirigeât la comptabilité de nos futures recettes.

Il confectionna donc avec moi le premier numéro; mais il m'aida surtout, d'une manière générale et comme il put, à me débrouiller, tant bien que mal, des difficultés administratives et de l'innombrable, effroyable correspondance qui nous pleuvait matin et soir de tous les mondes habités.

Il prit sa place dans les deux ascensions du *Géant*,—la seconde fois, malgré un pressentiment obstiné qui ne l'arrêta point,—et il supporta ses graves blessures avec courage et résignation.

Notre second auxiliaire imprévu s'offrit dans la personne étrange d'un brave garçon que tout Paris connaît.

Feray, barbe blonde en toute venue, chauve comme dix académiciens,—(analogie passionnelle: la Souris, «*ce petit animal vorace et inquiet*,» a dit Buffon; mais Feray fait défaut comme voracité, manquant même du simple appétit),—Feray fait miroiter dans toutes les rues de la ville, au soleil Parisien et à la pluie, depuis tout à l'heure vingt ans, son crâne toujours nu et blanc comme l'ivoire. Ce crâne provoquant, en mouvement toujours, semble appeler les alouettes. Feray affirme que l'usage du chapeau lui donne mal à la tête.—Des théories! Passons.

Feray est un excellent homme, qui possède une vertu que j'estime fort: l'indignation, cet enthousiasme retourné. Feray a soif de justice: il se met en avant dès qu'il voit ou croit voir une iniquité. Un mauvais plaisant, à la suite d'une querelle de bal masqué, l'avait jadis baptisé: «—*L'homme—qui—m'a—arrêté—quand—j'ai—battu—le—Turc.*»—C'était un peu long. Feray a protesté, d'autant plus justement que les profanes allaient chercher midi à quatorze heures à propos de cette inoffensive plaisanterie. Feray est d'ailleurs connu de tous les honnêtes gens et il est même passé à l'état de figure historique: en 1848, il fut élu vice-président de la Commission du Travail, installée au Luxembourg,—et Louis Blanc, dans son *Histoire de la Révolution de 1848*, le remercie de l'avoir débarrassé au 15 mai, non sans danger personnel, des gardes nationaux qui s'apprêtaient à lui faire un mauvais parti.

Ce personnage bizarre, légendaire, éternel, éburnéen, que vous avez rencontré, dans tous les lieux publics, toujours nu-tête, toujours courant et remuant,—section des Agités,—cet «Homme Électrique,» comme l'a si éloquemment dénommé le journal *le Hanneton*; cet Ange de la calvitie, ce genou exaspéré exerce une profession honorable en même temps qu'inouïe:—de plus en plus invraisemblable, l'honnête et chauve Feray vend de l'eau—*pour conserver les cheveux!*

J'ai tiré l'échelle.—Feray, donc, que toute agitation irrésistiblement attire, vint nous offrir ses services,—et c'est lui, ce Crâne des crânes, qu'on vit à la fois en vingt endroits, dans son privilège d'ubiquiste, comme une comète échappée, courant à pied, à cheval et en mylord par les foules: «—C'EST NADAR!» disaient sur ses pas les personnes incompétentes ou ordinairement mal informées;—et Feray ne m'en a pas voulu!—Il fut terrible comme Léonidas au seuil de l'enceinte de manœuvre, et on m'assura même qu'il m'avait un peu brouillé avec quelques journalistes.

Le regret que j'en ai ne m'empêchera pas de remercier ici ce bon et énergique garçon de son excellente volonté et de son assistance très-efficace dans les fonctions générales, délicates et difficiles qu'il avait spontanément assumées.

Quant à son *Eau* merveilleuse, je jurerais qu'elle est héroïque—même contre les migraines et les névralgies...

—du moment qu'il le dit?...

XV

L'hospitalité de M. Leturc. — La maison Godillot. — Un faux M. de Morny. — Eugène Delessert! — Une photographie qui n'a pas besoin de retouches. — Le Robinson des Airs. — Le Canard à Collier vert. — Des vitriers! — Je restitue le gigot. — L'échelle de cordes! — *Règlement de bord.* — Ne pas se détester quand même! — Une omission réparée. — Autocrate, quoique... — Motifs à l'appui. — *La parole d'honneur!...* — Trop d'hospitalité. — Je me corrigerai peut-être... — Avis! — Les enveloppes polyglottes. — L'homme à la feuille de vigne. — L'attente. — Les trois nuits... — Un télégramme à cheval. — L'interprète de Rethem. — Si!... — Le venin ne raisonne pas. — Calomnions! — La leçon Chinoise. — Une porte doit être ouverte! — Les timbres de l'avenir.

Le jour de l'ascension approchait.

De l'immense atelier, alors vide, où M. Leturc lui avait donné la plus large hospitalité et où il avait reçu les derniers sacrements, le GEANT avait été transporté à la maison Godillot, de l'avenue Dauphine, et exposé là à la curiosité des visiteurs invités par cartes et même non invités.

Car tout le monde était accueilli, et j'avais voulu, malgré conseils autres, que cette exhibition fût gratuite. Le GEANT me semblait un aérostat trop bien né pour agir autrement.—Le résultat des futures ascensions, dix fois certain pour moi, ne me permettait-il pas, au reste, de dédaigner ce misérable appoint?...

Une foule considérable se portait chaque jour à l'avenue Dauphine, où les voitures faisaient queue. Les plus gros personnages venaient examiner l'énorme ballon gonflé à un septième seulement, faute d'élévation sous ces voûtes pourtant si hautes; les dames envahissaient la nacelle, les plus hardies grimpaient par l'échelle intérieure sur la plate-forme.

Je fus assez surpris de voir entrer un jour,—à cheval,—un personnage qu'on m'assura être M. de Morny.

Il est probable qu'on se sera trompé, puisqu'il y avait là des femmes et que ce cavalier, sans mettre pied à terre, garda tout le temps son chapeau sur la tête.

Mon ami Delessert, alors directeur de la maison Godillot, allait, venait, se démenait. Cette ballonnerie l'avait jeté dans une surexcitation extraordinaire. On m'a assuré qu'il n'en dormait plus, et je le croirais volontiers.

Eugène Delessert est de cette brave et loyale famille protestante dont tout Français sait le nom, neveu, si je ne me trompe, de feu Benjamin Delessert, qui fut, par excellence, non pas seulement un honnête homme, mais l'honnête homme. Il a fait souche.

Eugène est le Delessert terrible de la tribu des Delessert. Il a fait dix ou douze fois le tour du monde, a visité cinq fois la Californie seulement et six fois l'Australie.—Il faudra que je lui demande de nous amuser à compter un jour ensemble les tonnes d'or qu'il doit en avoir rapportées...—Il parle toutes les langues connues et peut-être encore le *Javanais*. Il a chassé le bison des savanes avec les Delawares et les O Jib Be Was, l'ours blanc en Norvège, le renard bleu au Groënland, et il a allumé son cigare à la dernière lave incandescente des cratères éteints de l'Himalaya. Vice-président du Comité de Vigilance à San Francisco, il a fait pendre ou a pendu lui-même dix ou douze coquins, dont il a, je crois bien, gardé la corde, et, mêlant l'utile à l'agréable, il a fondé le premier hôpital Français en Californie. Il fait des armes, monte à cheval, plonge, frète des navires, rédige des actes commerciaux et peint l'aquarelle. Il a tout vu, tout connu, j't'embrouille.—Maigre et sec comme don Quichotte, solennel comme Chinga-Kock, sobre comme Caleb, brave comme Garibaldi, imprudent comme... moi,—infatigable, ingénieux, inépuisable en ressources, cet homme universel qu'on ne saurait rêver sans une gibecière de voyage au côté et un *rifle* sur l'épaule, eût improvisé un dîner à trois services aux derniers jours du siége de Mayence, comme il vous inventerait une salade de romaine au milieu des sables du Sahara:—un type accompli des Robinson Crusoé passés, présents et futurs.

D'autre part, chaste et vertueux comme le Canard à Collier vert,—la seule espèce en ornithologie, dit-on, dont le mâle couve.

Une anecdote.—À Londres, un jour de fête, il se promenait, taciturne à son ordinaire, dans les salons publics de Cremorne.—Tout à coup il s'élance à grands coups de canne et les glaces volent en éclats... L'assistance, d'abord stupéfaite, s'indigne; un cercle, de plus en plus menaçant, se resserre autour du Français insolent qui ose attenter aussi brutalement à la propriété Anglaise: des cris sont poussés qui vont être suivis d'effets...

Delessert se croise les bras, défiant la foule, et d'une voix ferme et en excellent anglais:

«—Je suis Français, j'ai vu là des caricatures injurieuses contre mon Souverain, je les ai détruites et je suis prêt à recommencer. Celui de vous qui n'en ferait pas autant s'il voyait sa Reine ainsi insultée dans notre jardin Mabille, celui-là serait le dernier des lâches!

Et les Anglais d'applaudir.—Delessert passe au comptoir, paye la casse et s'en va.

(—Il me vient là tout à point, en racontant cette histoire, un joli souvenir de Chodruc-Duclos, tuant en 1830 deux Suisses uniquement pour donner leçon à un maladroit...

Mais je garde mon souvenir pour moi, ne voulant désobliger personne...)

Delessert est le plus grave des enfants fous que j'aie jamais rencontrés de ma vie, et il me fut permis de le mesurer et apprécier au complet. On dit qu'on ne connaît bien que les gens avec lesquels on a voyagé:—quelle pierre de touche vaut alors une nacelle d'aérostat!

Ce Delessertissime devait donc partir avec nous. Après tous les modes de locomotion humaine, c'était la première fois qu'il allait essayer de celui-là.—Aussi quelles agitations sous ce masque impassible!

Le chargement d'un quinze cents tonneaux en partance pour deux ans ne l'eût pas autrement absorbé. Cette immensité d'ateliers qui s'appelle la maison Godillot ne vivait plus, n'agissait plus, ne respirait plus que pour le GEANT, dont Delessert s'était constitué l'armateur. Les forgerons forgeaient, les cordiers tressaient, les tapissiers tapissaient, les peintres peignaient,—et surtout, hélas! les fournisseurs fournissaient!—Chaque matin, en arrivant, je trouvais une nouvelle amélioration qu'Eugène m'exhibait triomphalement; chaque jour, chaque heure amenait sa surprise. On déballait des paniers de vaisselle, ou bien c'était de la verrerie:—verres à bordeaux, verres à champagne, verres à liqueur!—plus, des conserves de légumes, des viandes fumées, des fourneaux à l'alcool,—que sais-je?

J'avais beau tâcher de me mettre en travers,—lui représenter qu'il ne s'agissait pas de passer six mois entre terre et ciel,—que nous débarquerions, selon toute vraisemblance, chez des peuplades assez civilisées pour nous fournir des écuelles et quelque chose dedans. Pour toute réponse, et avec sa gravité de Janséniste, il me tendait une page calligraphiée et tirée par lui-même, comme essai de notre presse Ragueneau,—et, imperturbable, rappelait le garçon pour le tancer d'avoir oublié l'assortiment des sauces anglaises. Il jouait au ballon GEANT avec le sérieux de l'enfant qui joue à la petite guerre, sans se dérider une seconde de son flegme américain. Si je m'avisais de lui faire observer que les atterrages d'aérostats ne sont pas respectueux envers les assiettes, je trouvais une heure après le vitrier en train de poser des vitres à nos petites fenêtres (textuel).

—Des vitres à une nacelle de ballon, bon Dieu!

Je vis bien, à ce dernier coup, que je n'avais plus rien à dire, et je me résignai à contempler—et à me taire.

Le moment est enfin venu de déclarer, à la face du ciel et des hommes, que c'est à Delessert que nous fûmes redevable des gigots, homards, poulets et radis triomphalement arborés à nos parois extérieures, lors de la première ascension.—J'ai joui trop longtemps dans l'opinion publique du bénéfice de cette exhibition pour ne pas regarder comme un devoir d'en restituer aujourd'hui à Delessert la gloire, qui revient à lui seul.

Mais, à côté des enfantillages, il faut reconnaître que le voyageur expérimenté se retrouvait pour nous dans de sages et précieuses précautions.

Si, entre autres, l'échelle de cordes que nous apporta Delessert avait été à sa place, c'est-à-dire pendue au cercle, au lieu d'être repliée à fond de cale,—où L. Godard s'obstina, aux deux départs, à la reléguer comme nouveauté inutile,—notre traînage en Hanovre eût été moins long, et ledit Godard n'aurait pas eu besoin d'exposer son jeune frère à se rompre le cou pour aller chercher à la force du poignet, par ces chocs terribles et pressés comme grêle, la corde de soupape échappée qui fouettait l'air...

Je dois encore rapporter que j'obtins une fois toute l'attention de Delessert et qu'il m'honora même d'un demi-sourire de satisfaction:—ce fut quand je lui présentai mon libellé du REGLEMENT DE BORD et les enveloppes en plusieurs langues destinées à renfermer les lettres que nous devions expédier de là-haut.

Delessert se préoccupa vivement de ce Règlement.—Je constate fidèlement ici sa collaboration à ce document,—qui fut admirablement tiré par les presses de Claye, et dont je n'ai pu me défendre d'envoyer bien loin des exemplaires à quelques collectionneurs excentriques.

Voici l'œuvre commune:

RÈGLEMENT DE BORD DE L'AÉROSTAT *LE GÉANT*

ART. 1er. Tout voyageur, à quelque titre que ce soit, à bord du GÉANT, prend, avant la montée, connaissance du présent règlement et s'engage sur l'honneur à le respecter et à le faire respecter, dans sa lettre et dans son esprit.—Il accepte et conserve cette obligation jusqu'au retour inclusivement, à moins de congé acquis.

ART. 2. Il n'y a, depuis le départ jusqu'au retour effectué, qu'un commandement; celui du capitaine. Ce commandement est absolu.

ART. 3. À défaut de pénalité légale, le capitaine ayant la responsabilité de la vie des voyageurs, décide seul et sans appel, en toutes circonstances, des moyens d'assurer l'exécution de ses ordres, et le concours de tout voyageur lui est acquis.—Le capitaine peut, dans certains cas, prendre l'avis de l'équipage, mais son autorité décide souverainement même contre l'unanimité.

ART. 4. Tout voyageur affirme en montant à bord qu'il n'emporte avec lui aucune matière inflammable,

ART. 5. Tout voyageur accepte, par le fait seul de sa présence à bord, sa part d'entière et parfaite coopération à toutes les manœuvres, et se soumet à toutes les nécessités du service, sur toute et première réquisition du capitaine.—Il ne peut à terre s'écarter de l'aérostat sans autorisation, ni se retirer définitivement sans congé dûment acquis.

ART. 6. Le silence doit être absolu au commandement du capitaine. Ce silence est de rigueur pendant toute manœuvre.

ART. 7. Les vivres ou boissons quelconques qui pourraient être apportés par l'un des voyageurs sont déposés à la cantine commune. Le capitaine a la clef de la cantine et détermine les distributions.—Les vivres ne sont dus aux passagers qu'à bord seulement.

ART. 8. La durée des voyages n'est jamais limitée. L'appréciation seule du capitaine décide de la limite. Cette même et unique appréciation décide sans appel de la mise à terre d'un ou de plusieurs voyageurs dans le courant du voyage.

ART. 9. Tous jeux sont interdits à bord.

ART. 10. Il est rigoureusement interdit à tout voyageur de délester de quoi que ce soit le bord sous aucun prétexte.

ART. 11. Le bagage total de chaque voyageur ne peut excéder en poids 15 kilog., et en volume celui d'un très-petit sac de nuit.

ART. 12. Sauf de très-rares exceptions, dont le capitaine seul a l'appréciation, il est absolument interdit de fumer à bord et à terre en dedans de l'enceinte qui entoure le ballon.

Aucune de ces dispositions n'étant indifférente, et la moindre infraction, si puérile qu'elle paraisse, pouvant compromettre la vie de l'équipage, il est ici rappelé de nouveau que c'est *à la conscience et à l'honneur* de chaque voyageur qu'est confié le respect du présent règlement.

Paris, 3 octobre 1863 (veille du premier départ du GÉANT).

Un article important avait été omis. Je ne l'oubliai,—j'en ai les nombreux témoignages,—vis-à-vis d'aucun des voyageurs de mes deux ascensions.

J'ai trop peu de goût pour les dictatures pour ne pas aller au-devant d'un soupçon d'autocratie; mais les ascensions comme celles que je voulais entreprendre sont de véritables campagnes. Le but de ces ascensions était tel d'ailleurs que le succès ne devait dépendre d'aucune faute de précaution.

Je ne pouvais donc, sous aucun prétexte, permettre à ceux que j'admettrais à y prendre part,—généralement inexpérimentés en cette locomotion,—la possibilité de compromettre même innocemment le succès de ma grande entreprise par des appréciations fausses, des inexactitudes de nature à inquiéter ou même égarer l'opinion.

À un point de vue plus personnel, j'entendais bien me réserver d'ailleurs en tout droit, et sans conteste possible, la faculté de raconter moi-même mes expéditions.—Je payais seul,—et assez cher, avais-je pensé,—ce mince privilége pour espérer que tous ceux auxquels j'offrais l'hospitalité auraient au moins la délicatesse de le respecter.

Enfin, je comptais, après chaque ascension, en soumettre le compte rendu à l'assentiment de chaque passager.—Ce devait être un véritable *Livre de Bord*, unanimement contre-signé et donnant dès lors au public toutes garanties non-seulement de véracité, mais d'absolue exactitude.

Cet article omis, je n'oubliai pas de l'exposer ni de l'imposer, je le répète, à tous les passagers que j'acceptai dans mes deux premières ascensions! J'exigeai de chacun, et avec une même formule,—la PAROLE D'HONNEUR—que, *quoi qu'il arrivât*, pas une ligne, pas un mot, même télégraphique, ne seraient expédiés sans m'avoir été préalablement communiqués...

C'est la seule réponse que j'aie encore aujourd'hui à faire aux nombreux amis qui m'ont reproché de n'avoir pas devancé certaines publications, lorsque,—condamné à l'immobilité sur mon lit de blessé, en pays étranger,—dévoré par tous les parasitismes de tous les genres,—j'ignorais même ce qui se passait à côté de moi, et si quelque main éhontée et avide n'arrachait pas quelque lambeau du drapeau commun.

Quant à l'autre reproche,—celui d'avoir accepté à côté de moi des inconnus dans une partie sérieuse où il faut être dix fois sûr de ses partners,—je n'ai rien à dire,—qu'à confesser encore ma trop grande facilité d'accueil.

Je me corrigerai peut-être...

Mais j'ai ressenti un trop vif chagrin,—au milieu de tant d'autres,—de ces étranges publications dont les inexactitudes et les contradictions flagrantes ont déconcerté l'opinion publique et m'ont même été attribuées;—qui encore, dans certains journaux d'Angleterre, ont provoqué de sanglantes railleries contre le caractère Français,—pour n'avoir pas gardé à cœur le besoin de la protestation publique et très-explicite d'aujourd'hui.

Si une imprudence que je ne suppose pas nécessitait une déclaration plus circonstanciée, ma réponse serait alors autrement complète.

Je ne crois pas devoir oublier non plus, dans ces archives, le modèle de ces fameuses enveloppes en plusieurs langues qui ont fait pousser des cris affreux à un honnête feuilletoniste scientifique,—avec lequel je n'ai pas fini.

Cet homme à feuille de vigne avait une telle hâte de s'indigner après l'accident encore inexpliqué,—il le sera enfin tout à l'heure!—qui interrompit si inopinément à Meaux notre premier voyage, qu'il n'eut même pas la patience d'attendre le second; tant il était pressé de m'injurier!—Il n'avait pourtant que bien peu de jours à laisser passer pour savoir si le GEANT avait quelques chances de se servir de ces enveloppes de lettres!

On m'a raconté pourtant qu'après notre seconde ascension il y avait eu dans le public une certaine émotion à attendre de nos nouvelles que l'on demanda vainement, trois jours de suite, aux journaux muets. Si l'honnête feuilletoniste en question conteste, je ne dirais certainement pas, devant lui, cette sympathie, mais cette curiosité que j'ai pu seulement connaître d'après rapports,—j'ai au moins su pertinemment que, ces nuits-là, un frère et un groupe d'amis dévoués veillèrent dans ma maison, attendant le message qui devait leur annoncer le sort de celui qu'ils aiment—par cette bonne et simple raison qu'ils en sont aimés.

J'ai su encore qu'en la dernière de ces nuits, ces veilleurs à l'oreille ouverte se levaient tous à chaque coup de la sonnette...—Mais,—toutes les hypothèses ayant été épuisées vingt fois,—ce frère et ces amis ne se parlaient plus entre eux,—même comme on parle dans la chambre d'un malade, à voix basse: ils attendaient toujours,—mais ils n'espéraient plus...

Or, voici la simple explication de l'inexplicable retard de ces nouvelles.

Pas un des neuf passagers de notre voyage de Hanovre ne savait un mot d'allemand.—Une dépêche en français, envoyée dès le lundi matin, deux ou trois heures après notre chute, par un cavalier à la station la moins éloignée, nous était revenue le lendemain matin, faute d'avoir pu être traduite. Il fallut dépister un interprète allemand-français, rare trouvaille à Rethem, et réexpédier le messager à cheval.—La dépêche n'arriva à Paris que le mercredi dans la nuit.

Si, dès l'aube du lundi, ou même dans la nuit de notre départ, nous avions eu la précaution de semer au-dessus des petits centres de populations Belge, Hollandaise et Allemande, que nous laissions sous nous, quelques-unes de nos enveloppes tant reprochées et vilipendées,—il y eût eu sans doute quelques heures d'angoisses de moins pour ceux qui attendaient; et la précaution polyglotte se trouvait peut-être justifiée.

Elle l'était encore davantage si notre descente, au lieu de s'exécuter dans le pays où l'on parle allemand, avait eu lieu seulement trois ou quatre heures plus tard, puisque, avec le même vent, nous tombions alors en plein territoire Russe.—Or, à notre descente désastreuse—et dont le public n'a jamais su les véritables et misérables causes, que je dirai, enfin! à leur place, tout à l'heure,—nous avions encore en réserve une vingtaine de sacs de lest de 25 kilogr. chacun, c'est-à-dire de quoi rester encore quelques quarante-huit heures en l'air,—ce qui, avec le vent que nous avions, pouvait nous mener loin...

La moindre notion aérostatique et le plus mince sentiment des probabilités suffisaient là pour se passer du fait et laisser aux petits journaux les plaisanteries, chez eux inoffensives, à propos de nos enveloppes en plusieurs langues.

Mais le venin ne raisonne pas, et c'est dans un article dit scientifique qu'une simple précaution utile, élémentaire, était dénoncée à l'indignation de tous comme une manœuvre dolosive, frauduleuse, impudente, destinée à tromper la crédulité publique. L'insulteur n'avait pas reculé jusque devant la calomnie, sans même examiner si elle n'était pas exagérée jusqu'à l'invraisemblable et au ridicule:—dans un journal grave, dans une rédaction spéciale dont chaque terme doit être pris au sérieux par le lecteur, il n'hésitait pas à affirmer qu'il avait vu, parmi nos différents textes,—une leçon *Chinoise*!...

Implacable contre ce qui est le mal, je dirai tout à l'heure ce que vaut,—et comme savant, et comme homme,—celui qui m'a offensé de la façon la plus odieuse,—en laissant derrière lui prudemment ouverte, après chaque injure, chaque insinuation perfide, la porte par laquelle on se dérobe au châtiment.

Mais j'oubliais:—voici le modèle promis d'une de ces abominables enveloppes, dans toute l'horreur de leur supercherie,—et qui n'ont pas craint d'employer même une langue mère, le latin,—pour mieux exploiter la naïveté publique!...

PRIÈRE de porter immédiatement au plus prochain journal ces nouvelles impatiemment attendues par les familles des voyageurs du ballon LE GÉANT, parti de Paris le dimanche 4 octobre, à cinq heures du soir.

Placeat ad proximam hujas loci Publicam Cartolam has nuntias afferre, quæ viatorum in GEANTE familiis valde desiderantur.

You are kindly requested to address to the nearest Newspaper office these news desired with the utmost impatience by the families of the travellers in the balloon LE GÉANT.

Bitte diese Nachrichten sogleich an das nächste Zeitungs-Büreau zu tragen, da dieselben ungeduldig von den Familien der Reisenden des Luftballons GÉANT erwartet werden.

Proszę te nowiny, niecierpliwie oczekiane przez familie podróżających balonem GÉANT, jak najprędzej zanieść do bliższej gazetnej kantory.

Прошу немедленно отнести въ ближайшую Редакцію мѣстныхъ Вѣдомостей, эти извѣстія о путешествующихъ на воздушномъ шарѣ Жеантъ, съ нетерпѣніемъ ожиданныя ихъ семействами.

Preghiamo di portare immediatemente queste notizie, con somma impazienza aspellate dalle famiglie dei viaggiatori del ballone GÉANT, alla più vicina reddazione di giornale.

Ruego à vd. de llevar aquellas noticias con impaciencia esperadas por las familias de los viageros del ballon el GÉANT á la redaccion del mas vecino diario.

Notre savant de bas de page verra aux prochains voyages du GEANT,—Hanovre ne compte pas!—si celles que j'enverrai seront timbrées de Meaux...

XVI

Les journaux. — Remercîments. — Dissonances. — *Les victuailles!* — Juge et partie. — Le mépris! — L'abbé Fracasse. — Une citation. — *Le Nain jaune.* — A. Scholl et son sous-Scholl. — *Le Hanneton.* — Le Guillois, Commerson de l'avenir. — *Sans bretelles!* — Une affiche. — Les directeurs de ballons. — La formule! — Le couvre-oreilles. — Le paletot insubmersible. — Richard, Breguet, Devisme, Ragueneau. — Le Champagne Folliet. — Une lettre chargée. — Le souscripteur anonyme. — Le 3 octobre. — M. Levesque. — La pluie! — L'explosion! — Pourquoi? — L'ivrognerie. — Le maréchal Regnauld de Saint-Jean d'Angély. — Le général Gault, le colonel Robinet. — Agitation. — Les crieurs. — Un homme public! — Pourvu que!... — Les fumeurs. — Un asphyxié. — C'est bien fait! — L'enceinte de manœuvre. — *Un petit banc.* — Un coup de canne. — Les drapeaux de Delessert. — M. Babinet. — Pas de compensateur! — Madame A. D. — La princesse de la Tour-d'Auvergne. — Discussion. — Je cède! — De Villemessant. — Je ne cède pas! — Le chiffre 13! LÂCHEZ TOUT!!!

Cependant journaux de Paris et de province faisaient, à propos de la prochaine ascension du GEANT, un terrible remue-ménage.

Il serait difficile de trouver plus de bienveillance que je n'en trouvai chez mes confrères de la presse. Je ne sais si tous appréciaient bien au juste ce que je voulais faire et ce que j'avais tant de fois répété;

—*Gagner* AVEC MON BALLON *le premier capital d'essais nécessaire à une Société de Navigation Aérienne* SANS BALLONS.

Les mêmes choses ne sauraient jamais être assez de fois redites, et je rencontre encore aujourd'hui des personnes du meilleur monde qui me disent d'un air fin: «—Croyez-vous que vous arriverez réellement à *diriger votre ballon?...*» Ce qui me fait sauter haut, vous pensez!

Si le but, si désintéressé, que je me proposais échappa,—s'il échappe encore, même aujourd'hui, à quelques-uns, j'en ai la démonstration,—je n'en suis que plus obligé personnellement à ceux-là mêmes qui mirent à ma disposition toute leur publicité de la façon la plus obligeante et la plus large, depuis le grave *Moniteur* et les sérieux *Débats* jusqu'à la moindre feuille hebdomadaire.

Un ou deux petits journaux industriels firent désaccord dans l'ensemble.

Dans l'un, je fus assailli de deux ou trois articles consécutifs d'un brave homme qui, ne comprenant pas un mot à ce qui se passait, me tançait vigoureusement pour avoir—«abandonné, trahi mon drapeau,»—en faisant un ballon, moi partisan du *Plus lourd que l'air.*—Dieu sait toutes les belles choses que ce rédacteur indigné tirait de là! Il m'écrasait à chaque ligne:—«Faiblesse déplorable qui fait déserter la lutte! Honteuse versatilité, pour ne rien dire de plus!» s'écriait-il.—«Pour ne rien dire de plus» me semblait bien.

Mais ce qui paraissait l'animer surtout, c'était d'avoir appris que nous nous proposions d'emporter avec nous de quoi souper là-haut. Cela, il ne pouvait le digérer:—«Des victuailles!» s'écriait-il à chaque pas, dans son étonnement mêlé de convoitise, comme ce comique de Labiche qui s'extasie sur «—les girandoles!» À voir l'espèce d'inquiétude douloureuse et obstinée avec laquelle il revenait sans cesse à—«Chevet, aux comestibles, aux provisions, poulets, chapons, perdreaux,»—à nos «gosiers bien nourris,»—on sentait que ce brave homme avait l'eau à la bouche, et l'envie m'eût pris de l'inviter à dîner pour avoir le plaisir de le regarder manger.

Une autre feuille du même genre m'attaqua; mais, malgré la médiocrité et l'obscurité de l'agresseur, je fus plus que de raison sensible à cette attaque inattendue.

Avec la promptitude de nature que j'ai à m'enflammer pour ce que je trouve bon et à m'indigner contre ce que je tiens pour mauvais, je ne fais pas assez compte encore que, ne ménageant jamais ma parole devant ma pensée, je dois choquer souvent ceux qui ont parfaitement le droit de n'avoir pas les mêmes appréciations que moi.

Je puis me tromper du tout au tout, me jugeant moi-même, mais il me semble que je suis plutôt bon que méchant, et je crois pouvoir affirmer en toute certitude que je suis bienveillant de nature. Si mon prochain fait un pas vers moi, j'en fais volontiers deux vers lui, et le plus souvent je ne l'ai pas attendu. Je ne crois pas avoir dans ma vie refusé beaucoup de services,—je commence à me guérir!—lorsque j'étais requis et lors même que ces services étaient impossibles, et je me suis donné plus d'une fois le bonheur d'obliger celui-là qui ne me demandait rien.

Les relations que j'ai autour de moi sont assez nombreuses pour que ce que je ne crains pas de dire haut ici puisse être accepté comme vérité.

Il résulte de ceci que, lorsqu'il m'arrive de rencontrer chez autrui un sentiment de malveillance à mon endroit, le premier mouvement que j'éprouve est la surprise, le second la tristesse, le troisième et définitif l'indignation et la colère véhémente.—«Il faut que celui-là soit donc bien mauvais, puisqu'il m'est hostile!...»

Je connaissais donc la colère, la haine et l'horreur.

J'ai dans ces derniers mois appris un sentiment que je ne savais pas encore: le mépris.

Mais il ne trouble en rien les autres!

Il se trouva alors que celle feuille qui s'en prenait à moi sans provocation, et qui depuis n'a pas laissé passer une seule occasion de me témoigner sa pieuse rancune était rédigée par un abbé au moins aussi connu dans les corridors de l'Institut qu'à sa sacristie. Cet abbé-là assistait à la première séance où je lus le *Manifeste* et d'où naquit noire Agitation. À cette séance avaient publiquement fonctionné, ai-je dit, les petits hélicoptères de MM. d'Amécourt et de La Landelle.

Si telle était son opinion, notre adversaire fort inattendu pouvait assurément apprécier que nos hélicoptères ne prouvaient pas assez;—que, s'ils s'enlevaient, ce n'était en somme, qu'à l'aide d'une force préalablement emmagasinée;—que la question du moteur, question qu'il pouvait enfler à son gré, restait tout entière, etc. etc.—Il n'en fit rien et choisit un procédé beaucoup plus simple: ce fut de nier, tout carrément, que nos hélicoptères se fussent envolés, sans s'inquiéter autrement des cinq cents assistants qui, avec lui, les avaient vus partir en l'air et évoluer;—et pour faire bonne mesure, il termina en donnant à entendre que nous étions des intrigants, ou tout au moins des farceurs qui ne croyaient pas un mot de ce qu'ils disaient.

Je me trouvais à ce moment-là un peu gâté par tout le monde,—j'en ai rabattu!—et je n'avais pas encore l'épiderme endurci aux piqûres. Je m'indignai fort du procédé et je répondis de ma meilleure encre dans le feuilleton du premier numéro de *l'Aéronaute* à ce bizarre ecclésiastique, toujours plus pourvu qu'il ne faut de querelles et de procès qui n'ont rien du tout d'apostolique,—avec toutes réserves d'ailleurs,—mais sévères,—sur sa qualité sacerdotale, qu'il serait peut-être préférable de ne pas engager dans cette vie de polémiques et d'algarades scientifico-industrielles. Il s'était certainement débarrassé de sa soutane pour me porter plus solidement son coup: je ne la lui laissai pas remettre pour lui rendre le mien,—Un trait suffirait pour peindre notre homme: je terminais mon article en espérant qu'à défaut de modération et de charité, la dureté de ma riposte lui inspirerait désormais tout au moins *le souci de sa conservation.*—Il fit semblant de s'y méprendre et s'écria que je menaçais de le battre!...

Je n'avais qu'une réponse à faire à ce personnage militant, tumultueux et ardélionesque:—cette simple citation que voici, dudit abbé en personne criant aux passants, sans y être forcé, dans son propre journal, ces étranges confidences de ménage, à propos de je ne sais quelle nouvelle bisbille qu'il s'était faite avec un de ses amis:

«À bout d'arguments, notre ami frappe un grand coup. Ce passage de sa lettre est *très-instructif, on nous pardonnera*(!) de le reproduire: «—Et maintenant, *puisque l'occasion s'en présente*, laissez-moi vous féliciter de la fondation des *Mondes*! À quelque chose malheur est bon. *Je regrette seulement que vous soyez toujours aux gages de quelqu'un*, et que votre puissante intelligence soit *forcée de compter* avec des gens qui l'exploitent *au profit* de leur cause. À quoi bon, etc. Est-ce de la science? etc.»—Voilà le grand mot lâché! *Je suis aux gages* de quelqu'un... mon intelligence est *forcée de compter* avec des gens qui l'exploitent!... Grâce à *Dieu*(!!!), cher ami, il n'en est rien. Dans le *Cosmos, j'étais aux gages* de M. Seguin; mon intelligence avait à *compter* avec M. Tramblay; dans *les Mondes*, je suis à *mes propres gages*, et mon intelligence n'a à compter qu'avec elle-même. *On ne voudra pas le croire*, etc., etc.[5].»

Cela suffisait et au delà, et je n'avais rien à ajouter.

On me reprocha d'avoir frappé un peu trop fort et surtout, ce qui était plus grave, d'avoir perdu mon temps,—pour n'apprendre rien à personne.

Je suis de cet avis aujourd'hui, surtout en relisant trois curieuses lettres,—trop autographes,—dont on m'a fait présent—et que je résiste à la démangeaison de publier.....

Mais je ne sais pas me contenir quand je crois voir une méchante action; et ce qui m'irritait encore un peu plus en cette affaire, c'est que ce terrible abbé Fracasse, chez qui je n'étais jamais allé, était, lui, venu plusieurs fois chez moi plein d'une apparente mansuétude et y avait été fort bien reçu, avec la même onction,—excepté une seule fois où je m'étais montré peut-être un peu plus froid, l'abbé étant venu sans dire gare, accompagné...

—(Eh bien! non, je n'irai pas plus loin, puisque, pour obtenir celle grâce, une si belle lettre et si chrétienne m'est écrite par une main à laquelle je ne saurais rien refuser.

Mais quel sacrifice!...)

Je ne parle pas après cela des plaisanteries inoffensives d'un ou deux petits journaux, bien qu'à ce moment je m'y sois trouvé assez sensible. J'aime assez me moquer des autres, mais je n'aime pas du tout que les autres se moquent de moi,—c'est-à-dire que je suis absolument comme tout le monde, avec cette petite différence peut-être que je me vois et m'avoue tel que je suis.

Et puis je prenais tellement au sérieux l'entreprise que j'avais conçue, je voyais mon but si grand, je payais là si bien et incontestablement de ma personne en tous points, que la moindre irrévérence prenait pour moi le caractère de l'odieux et presque les proportions d'une impiété.—Aussi gardai-je un trop bon bout de temps quelque rancune à mon ami Scholl et à son sous-Scholl, M. Francisque Sarcey, qui me plaisanteront dans *le Nain Jaune*. Ledit Sarcey, foudre de guerre connu sur la place, trouva même depuis du dernier comique que je me fusse cassé la jambe droite en Hanovre, et il eut la délicatesse de choisir ce moment pour paraphraser avec la légèreté qu'on lui sait la fameuse romance: «—*Ah! zut alors, si Nadar est malade!*»—Mais comme il se serait moqué de moi davantage si j'avais défié ses oreilles de lièvre d'aller seulement se montrer là où j'avais été chercher mon mal!

Je trouvais tout cela très-énorme alors: c'est de moi-même que je m'étonne aujourd'hui.

Et je ne trouverais pas dans ce livre une meilleure place, je pense, à propos de ces misères, pour m'excuser auprès de mon lecteur si je le fais passer par tant de détails insignifiants et tout personnels.

Je comprends la fatigue et aussi à la fin l'impatience que doivent assurément déterminer l'interminable énumération de toutes ces petites et grosses douleurs d'un indifférent et surtout cet haïssable JE, toujours en scène.

Mais ce livre s'appelle MÉMOIRES, et la seule étiquette prévenait contre le contenu.

Que le lecteur auquel cette première excuse ne suffirait pas veuille bien considérer encore qu'il ne s'agit pas ici d'un individu proprement dit, mais d'un être de raison,—de la *persona* synthétique qui, avec toutes ses imperfections humaines, se débat, froissée, meurtrie à tous heurts, tantôt contre la méchanceté, tantôt contre la sottise, pour arriver à faire prévaloir une Vérité nouvelle qu'elle sait et en qui elle croit.

Et cette fois, cette Vérité nouvelle n'est-elle pas autrement précieuse et belle que la statue qui va sortir de la fournaise de Benvenuto?...

J'ajouterai, pour en finir, que spontanément un autre journal vint se jeter dans mes vitres. Ce journal invraisemblable, le *Hanneton*, était rédigé au gros sel et au gros poivre par un Commerson de l'avenir, homme cocasse, habitué déjà à envisager d'un œil calme les coquesigrues les plus fantastiques et à aborder les farces les plus saugrenues.

Mais ici, pas la moindre malveillance, et je ne pus m'empêcher de rire de bon cœur,—l'occasion pour moi en était rare alors,—avec les passants arrêtés court devant ces extravagantes affiches dont je consigne ici le souvenir arraché des murs:

ASCENSION
D'UN HOMME
SANS BALLON, SANS AILES, SANS HÉLICE
sans Mécanisme, sans Corde, sans Balancier et même sans Bretelles

Le jour où M. NADAR s'enlèvera dans les airs à l'aide de *sa seule Hélice Aérienne*, M. LE GUILLOIS s'engage à le suivre immédiatement, à la distance de 100 mètres au moins, partout où il ira, sans le moindre appareil ascensionnel, aussi nu que la décence le permettra.

Du reste, ce ne sera pas la première fois que le *Célèbre Marquis* se livrera à des excentricités de cette nature.

Le Samedi 26 septembre, il se promenait sur le Boulevard Montmartre avec quelques amis, lorsque tout à coup, prenant son élan, il alla s'asseoir, avec la rapidité d'une flèche, sur la plus haute cheminée du quartier; puis, aux acclamations de la foule, il redescendit majestueusement et reprit sa promenade, comme un simple mortel.

Un autre jour, le Mercredi 30 septembre, à l'aide d'une longue-vue, il admirait le Panorama de Paris, du haut des Tours de Notre-Dame. Tout à coup, il aperçoit deux gamins qui se battaient avec fureur, au pied de l'Arc-de-Triomphe. Il n'hésite pas, s'élance dans les airs et tombe, trois minutes après, entre les deux combattants, qu'il sépare.

Ces traits lui sont familiers; aussi, depuis longtemps, il aurait entrepris un *Voyage Aérien au Long Cours*, s'il n'avait été retenu à Paris par la Direction de son Journal:

LE HANNETON
JOURNAL DES TOQUÉS
Paraissant le Dimanche

Je ne pus m'empêcher d'écrire à ce M. Le Guillois,—moi qui ne trouve jamais le temps d'écrire à personne,—pour lui témoigner de mon admiration devant la façon, incontestablement supérieure au procédé Sarcey, dont il travaillait à se rendre impossible comme président du Corps législatif.

Mais le jour de l'Ascension approche. Avançons.

On s'imaginerait difficilement la grêle de besognes diverses qui m'assaillait davantage encore à mesure que nous arrivions au terme.

On pourra s'en rendre compte par ce seul fait que, sur demandes verbales ou écrites, je délivrai à divers quelque chose, je crois, comme deux mille six cents entrées de faveur.

D'autre part, pleuvaient les lettres et mémoires des inventeurs qui devançaient l'heure de la convocation. Je n'avais ni ne voulais prendre qualité pour décider du mérite de ces communications, réservées au Comité d'examen de notre Société,—quand elle serait constituée;—et, sans avoir le temps même de les parcourir, nous les entassions dans les cartons en attendant l'heure.—Je n'étonnerai sans doute pas mon lecteur en disant que, malgré mes déclarations antiballonesques et ma profession de foi si rudement exclusive, tirées par moi ou reproduites à quelque cent mille exemplaires,—quatre-vingt-dix sur cent de ces correspondants n'avaient pas compris un mot de plus que le journaliste aux «victuailles!» et me demandaient de l'argent pour leur permettre de réaliser chacun son système *infaillible*—toujours!—de *direction des ballons, sans perte de lest ni de gaz*, etc., *forme allongée, enveloppe imperméable*, etc. (Systèmes Carmien, V. Meunier, etc. La formule, qui n'est pas du tout usée depuis quatre-vingts ans qu'elle sert, la formule ne change jamais.—Le résultat non plus.)

Dans cette correspondance infinie, où se noyait Saint-Félix, je retrouve, non sans émotion à quelques-unes de ces lettres, toute une liasse d'encouragements, de conseils, etc., signés et non signés.

Nous recevions même plus que des lettres. Un inventeur m'adressait de Londres un envoi qui m'intrigua fort tout d'abord,—une provision d'*oreilles en caoutchouc*. Le prospectus m'expliqua comment ces petits engins, une fois adaptés, étaient un excellent préservatif contre le froid aux oreilles. Ayant passé ma vie nu-tête et nu-cou à chercher les courants d'air pour me sécher quand j'étais en transpiration, je ne pus que remercier l'auteur de cet envoi, pour moi plus qu'inutile.

Un tailleur du Havre, M. Selingue, m'expédiait un paletot qui rendait son porteur insubmersible. L'invention, cette fois, me parut bonne, et je ne négligeai pas d'embarquer avec moi ledit paletot.

Il y avait encore—des baromètres anéroïdes envoyés de deux côtés par mon excellent ami Richard et par M. Baudet-Bréguet;—des lorgnettes, par Richebourg;—des armes merveilleuses, par Devisme;—une presse à copier par Ragueneau;—un équipement de voyage, par le *Dock du Campement*;—une caisse de champagne-Folliet, etc.

Mais, de tous ces envois, je ne saurais oublier celui qui me toucha le plus.

Dans une enveloppe timbrée de province, cinq timbres-poste de vingt centimes,—et ces quatre lignes:

«Vous tentez une grande chose, monsieur. Ne pouvant vous aider, puisque je suis éloigné et très-pauvre, je vous envoie la souscription que je vous dois, un franc en timbres-poste pour le prix de mon entrée aux dernières places. Vous donnerez mon billet à quelqu'un qui ne pourrait pas payer...»

Pas de signature.

Si ce livre arrive sous les yeux du souscripteur inconnu auquel je n'ai pu répondre, il saura que je garde pieusement les cinq timbres-poste...

Qu'aurait dit cet homme de cœur, s'il avait pu apercevoir à mes deux ascensions le quai d'Iéna et le Trocadero littéralement encombrés de riches équipages, dont les propriétaires grimpaient à la place de leurs cochers pour voler plus à l'aise leur place à mon spectacle—qui me coûtait si cher!

Mais nous sommes arrivés au 3 octobre.—C'est demain le grand jour!

Tout est prêt.

Les douze cents mètres de tuyaux de cinquante centimètres, ponctuellement installés sur et sous le Champ de Mars,—et, au milieu de la vaste place, la valve qui nous doit vomir trois mille mètres cubes à l'heure, sont gardés par les sentinelles de jour et de nuit.

Les rapides ouvriers de Levesque ont planté ce soir les premiers piquets des immenses treillages des enceintes: ils auront terminé leur travail à l'aube.

Le ballon tout ployé, le filet, les agrès et la nacelle attendent les chevaux commandés à la poste, qui les amèneront demain matin sur place.

Je passe cette dernière nuit à aller et revenir à mon baromètre,—que j'ai dû user à force de le regarder tous ces derniers jours!

À cette fin de saison d'automne, le temps est pluvieux, les beaux jours sont rares.—Si je n'ai pas cette fois encore ma chance éternelle, si je ne tombe pas sur trois à quatre beaux dimanches de suite...

—Je frissonne et détourne ma pensée...

Le baromètre hésite entre *pluie* et *variable*...—Allons toujours, les dés sont jetés!

Mais le ballon n'éclatera-t-il pas?

Dans ce Champ de Mars, si terrible à celui qui ne sait pas réussir au premier coup, ne vais-je pas retrouver le martyre des Miolan et Janinet, des Deghen, des Lennox?

Ce n'est pas le poids énorme à soulever avec cette immense quantité de gaz qui m'inquiète. Il y a là une conséquence physique absolue, bien que ce soit la première fois, dans l'histoire aérostatique, que des forces aussi considérables se trouvent en présence.

Ma préoccupation la plus grave n'est pas là.

L'appendice, pas plus que la soupape, n'est en proportion avec la capacité du ballon:—et il y a là le plus grand des dangers, comme on va trop aisément le comprendre.

L'appendice est cette manière de manchon qui termine inférieurement le ballon piriforme. Il doit rester constamment ouvert pendant l'ascension pour donner issue à l'excédant de gaz produit par la dilatation,—que cette dilatation provienne de l'action calorifique du soleil sur l'aérostat sortant des nuages, ou simplement de l'altitude croissante.—On voit que c'est là une véritable soupape de sûreté contre l'explosion.

Le simple bon sens indique dès lors combien il est indispensable que l'ouverture de cet appendice soit calculée en raison de la capacité de l'aérostat, car il est évident que six mille mètres de gaz ont une tout autre expansion que cinq cents.

Or, l'appendice de notre aérostat de six mille mètres est à peu de chose près de même diamètre que celui d'un ballon de cinq cents, ainsi qu'en témoignent les photographies faites au Champ de Mars.

C'est ce qui fera tout à l'heure tirer un si terrible pronostic par M. Babinet...

De plus, et pour comble, l'habitude des Godard est de gonfler entièrement leurs aérostats, au contraire de la précaution prudente de tous les aéronautes compétents: le moindre coup de soleil inattendu peut dilater tout à coup mon gaz au moment du départ,—et ce gaz, n'ayant pas d'issue de dégagement suffisante, peut faire éclater le ballon...

Et dire que c'est—MON HONNEUR—qui est engagé là!

Fermons les yeux encore de ce côté!...

Le jour s'est enfin levé!

—Le temps est couvert!

Je pars pour le Champ de Mars.—Mon excellent frère ne me quitte plus.

Mauvais début:—un marchand d'eau-de-vie s'est installé dans mon enceinte de manœuvre et m'a déjà troublé une partie des tapissiers qui disposent les banquettes des premières places.

Je suis assez sévère pour mes défauts quand je les rencontre chez les autres, mais je suis impitoyable quand je trouve chez les autres le défaut que je n'ai pas. L'ivrognerie est pour moi le plus répugnant des vices, et devant un homme ivre j'éprouve à la fois le dégoût, une affreuse tristesse et la colère.

Je vais avoir affaire dans cette grosse journée à des équipiers de plus d'un genre, et je vois bien vite qu'il faut me précautionner de ce côté...

Je cours à l'École Militaire. Je ne connais pas le maréchal Regnault de Saint-Jean d'Angély qui commande, mais je connais deux officiers supérieurs, le général Gault, le colonel Robinet.

J'ai le bonheur de trouver ces messieurs, auxquels j'expose ma situation, et qui avec la meilleure obligeance me présentent au maréchal.

Excellent accueil du maréchal. Il m'accorde le secours de soixante soldats d'artillerie avec sous-officiers. Plus tard, je devrai recourir de nouveau à sa bienveillance pour compléter le nombre cent.

Me voilà—paré à bâbord!—comme dit mon coadjuteur La Landelle,—et je retourne bien vite à mon poste.

Les enceintes de treillages ne sont pas encore achevées: Levesque me rassure; mais, comme je ne le connais pas encore, je ne croirai que quand je verrai,—et jusque-là je ne serai pas tranquille.

D'autre part, les guérites des contrôles n'arrivent pas.—Les voici!—Mais il manque des boîtes pour les billets d'entrée et l'argent.

Les contrôleurs sont-ils là?—À la bonne heure.—De ce côté, j'ai l'esprit bien en repos:—je me suis adressé au contrôle des hospices lui-même, et je sais qu'à celui-là rien n'échappe...

(—Ne viens-je pas de sentir une goutte de pluie?...)

Du milieu de cette agitation où je me démène, des contrôleurs aux employés du gaz, des chefs de musique aux officiers de paix, des aides de Godard, qui étalent et préparent l'aérostat, aux amis qui m'ont apporté leur concours d'aides de camp,—je vois déjà peu à peu quelques spectateurs prendre leurs places dans les trois enceintes.

Malheureusement, l'enceinte qui se garnit le plus est celle dite de Manœuvre. Avec mon éternelle et niaise facilité, je n'ai pu refuser de billets à personne,—et nous voici déjà entourés, envahis de figures parmi lesquelles je serais bien embarrassé d'en trouver une de connaissance sur vingt.

Ces curieux sont partout dans les jambes. Ils entourent et questionnent les gaziers de la valve, ils encombrent les équipiers du ballon.

Des uns aux autres je vais, priant de faire recul. Ils se retirent un instant sans mot dire, puis ils reviennent—comme ces vilaines mouches que vous savez.—Je retourne sur eux, et, pendant ce temps-là, je suis envahi d'un autre côté.

Plus que fatigué,—excédé, énervé par les mille et une besognes contradictoires, les préoccupations et les insomnies des derniers jours et nuits passés,—je sens se décupler l'irritation que j'éprouve, à entendre les cris des marchands divers auxquels j'ai pourtant expressément défendu l'entrée.

Je n'ai permis de pénétrer qu'aux seuls vendeurs de *l'Aéronaute,*—et à gauche, à droite, devant, derrière, je n'entends qu'appels glapissants à chacun desquels, pour comble de mesure, mon nom se mêle invariablement. On vend *Nadar-Ballon*, chanson de l'Alcazar et d'autres romances Nadar, et je ne sais quoi de Nadar encore. Les crieurs de *l'Aéronaute* eux-mêmes se mettent de la partie et s'époumonent avec «*le journal de monsieur Nadar!*»—J'entends même un animal (—si je l'avais tenu!) hurler—les *cannes Nadar!*

(—Si les conduites du gaz allaient éclater,—par hasard!..)

Je vais sans doute ici un peu surprendre les gens qui ne me connaissent que de loin;—de ceux qui ne me croiraient pas, je suis tout consolé.—La vérité est que j'ai la plus profonde répugnance à attirer l'attention sur ma personne, et sans que je sois timide, malgré le bruit que j'ai pu quelquefois faire, plusieurs regards concentrés sur moi m'embarrassent extrêmement d'abord, m'irritent bientôt. En première raison de ceci,—et sans parler de plusieurs considérations d'autres ordres,—je ne serais jamais, pour tout au monde, monté sur un théâtre.

Or je me suis engagé, à mon ordinaire, dans cette entreprise sans plus réfléchir à ce côté de la question qu'aux autres, et depuis que je m'agite dans notre enceinte de manœuvre, j'ai eu trop de choses à faire pour y songer. Les cris de ces affreux marchands me forcent à courber le nez sur cette trop évidente et très-désagréable probabilité—que je dois servir en ce moment de point de mire à quelque lorgnette, et que me voici passé du coup homme public, dans un des sens les plus désobligeants de cette dénomination qui m'est si antipathique.

J'ai beau prier les sergents de ville d'empêcher ces cris si cruels à mon tympan: ils auraient trop à faire, car la meute des crieurs est maintenant lâchée,—et d'ailleurs la besogne ne leur manque pas de toutes autres parts...

(—Pourvu que le ballon ne crève pas, au moins!...)

En effet, les services divers, mal organisés à ce début, fonctionnent mal.—À chaque instant on vient m'annoncer que les billets d'entrée manquent sur un point, et les agents de surveillance sur un autre.—Tel bureau a trop de personnel, tel autre ne peut suffire.—Il faut doubler, tripler le contrôle à telle entrée.—Les suppléments ne sont pas installés.—À plusieurs reprises, et sur plusieurs points, la foule envahit et force les barrières.—Un monsieur, d'une politesse exquise, choisit cet instant pour venir me demander, la bouche en cœur:—«*à quel endroit du ballon je place mon hélice?...*»

Je réponds à l'un, à l'autre,—l'œil tantôt sur le ciel toujours nuageux, tantôt vers le GEANT, qui commence à se gonfler...

Et je vais, je viens, fiévreux. Pendant que je tourne et retourne autour de l'énorme circonférence du filet, indiquant à mes artilleurs, aérostiers-néophytes, comment ils ont à s'y prendre pour descendre graduellement les sacs de lest pendus aux mailles, j'envoie prier un ou deux de mes messieurs de l'enceinte de vouloir bien éteindre leurs cigares, s'ils ne tiennent pas absolument à nous faire sauter en l'air avec eux.

Sur la droite, j'entends une forte rumeur; on se presse vers les gaziers:—c'est un monsieur âgé qui s'est penché sur l'orifice de la valve, malgré avertissements, et qui a été renversé par l'asphyxie.

On l'emporte: il en a au moins pour deux jours de lit.

C'est bien fait,—mais ce n'est pas assez!!!

Mais, de tous ces épisodes irritants, de tous ces avis inutiles, de toutes ces questions niaises, de tous ces tiraillements, de tous ces ahurissements,—le plus insupportable supplice je le dois à ceux que j'ai eu l'imprudence, l'imbécillité d'admettre dans l'enceinte de manœuvre.

Amis ou inconnus, les voilà chez eux, et de la place ils font les honneurs aux autres.—Celui-ci, que de ma vie je n'ai seulement aperçu, me demande la faveur de faire entrer deux personnes qui lui ont fait signe;—cet autre plus modeste,—comment diable est-il entré ici?—m'apporte un crayon et des billets de secondes qu'on l'a prié de faire changer en premières;—tous s'empressent de me transmettre des cartes plus ou moins cornées.—D'autres scélérats, dans le lointain, ne trouvent pas ma torture suffisante et invoquent tous les droits possibles pour être admis à augmenter le nombre de mes bourreaux de l'enceinte réservée.—J'ai eu la lâcheté de répondre oui aux premiers; mais ceci commence à prendre de telles proportions, que je me décide violemment à dire non et à tourner le dos avant qu'on ait même ouvert la bouche.

Que de bonnes petites et âcres rancunes je me mets à la Caisse d'épargnes!

Le plus violent vient d'accourir, le sourire aux lèvres, me demander de la part d'une dame des premières, «—qui ne me connaît pas, mais qui sait toute mon amabilité,»—UN PETIT BANC!...

Les nuages se sont un peu dissipés.—Décidément il ne pleuvra pas!

Reste toujours la question d'explosion?...

Je bous en dedans...

Qu'est-ce que je vois?—À côté, juste à côté du ballon, un beau monsieur, un cigare neuf au bec, qui frotte sur une boîte d'allumettes...

Je me précipite et d'un revers de canne, j'enlève doigts et allumettes. Il jette un cri de douleur et fourre sa main dans son gilet.—Je l'ai pris à la cravate:

—Jetez-moi ce gredin-là dehors!...

Ouf!!!...

Et mon ballon crèvera-t-il?...

J'ai essayé une fois ou deux, dans mon inspection d'ensemble, de pénétrer dans la nacelle.—Impossible! Delessert en défend l'entrée.—Avec cinq ou six tapissiers, il travaille pieusement à l'intérieur.—Que diable peut-il y trouver encore à faire?...—

Tout à coup:

—Regarde!... me dit mon frère.

Je m'élance, bouscule les tapissiers du rez-de-chaussée, grimpe d'un bond à la plate-forme et arrache des mains de ce pauvre Delessert, ébahi, un drapeau tout historié par-dessus les trois couleurs,—le premier des quatre dont il s'apprêtait à nous orner...

Je suis bien en colère, car, suffoquant, je viens de dire *vous* à Delessert!

Cependant derrière moi, à mon oreille se penche, sérieux, menaçant, le digne M. Babinet—qui me prie, me supplie de ne pas monter, et m'explique par A + B la certitude absolue de l'explosion imminente...

Je ne le sais, parbleu! que trop,—et toute la question n'est plus pour moi que dans le moment précis de l'explosion.

Si le ballon s'enlève à cent mètres seulement, qu'il crève alors s'il veut et moi avec!

L'honneur au moins sera sauvé!

—Avance,—avance donc, l'Heure!—l'Heure si ardemment, si avidement aspirée qui doit mettre fin à cet énervement trop prolongé!

Le ballon est gonflé, mais Godard n'a pas encore disposé le Compensateur.

Je lui en fais l'observation.

—Monsieur Nadar, il est six heures: vous avez annoncé le départ pour cinq. Le Compensateur va nous prendre une bonne demi-heure—au moins!—et il va faire nuit!

Une contrariété de plus! Je n'ai pas le courage d'être trop sévère avec Godard: ce qu'il me répond doit être sincère; il n'aura sans doute pu faire mieux....

Nos passagers se pressent autour de moi.

J'ai résolu que nous partirions Treize—ni plus ni moins,—appréciant qu'il n'est jamais bon de perdre une occasion de donner du pied dans une bêtise.

Indépendamment de mon premier noyau d'élus, je me suis réservé le droit de choisir au dernier moment entre deux ou trois postulants.

Une dame,—on me nomme une très-belle personne,—madame A. D.—me fait demander de prendre part à l'ascension. Elle a joint à sa demande les mille francs, prix du passage.

Il s'agit bien de femmes en ce moment!

—Non!

—Qu'est-ce encore?

Une autre dame, madame la princesse de la Tour d'Auvergne demande à être du voyage.

—Non!!

—Mais c'est ton seul passager payant que tu perds, puisque les autres...

—Non!!!..

Et je tourne le dos.

On revient encore.

—Non, non, non!!!...

Mais j'avais affaire à plus obstiné que moi,—et en me retournant, je me trouve en face d'une femme en demi-tenue de ville, qui me paraît, sans que je la regarde, petite, maigre, blonde et assez impérieuse:—tout ce que je déteste!

—Je désire monter, monsieur.

—C'est impossible, madame.

—Je veux monter, monsieur.

—Vous ne monterez pas, madame.

—Je monterai, monsieur,—parce que vous avez annoncé que l'on serait admis en payant le passage et parce que vous ne vous êtes réservé aucun droit d'exclusion. Le prix du passage, le voici; de plus, bien que rien ne m'y oblige, et comme je comprends que vous désiriez savoir qui vous emmenez... (se tournant vers le cavalier à son bras):—Marquis de Larnage, présentez-moi.

—J'ai l'honneur de savoir à qui je parle, madame; mais je ne veux pas exposer une femme dans cette première ascension.

—Il fallait avertir, monsieur!

J'ai examiné mon interlocutrice. Je n'ai pas affaire au coup de tête d'une petite pensionnaire, et rien de sérieux, d'absolu, de déterminé comme les lignes délicates de ce frêle visage. Toutes les raisons qu'on m'oppose peuvent être excellentes, mais elles doivent tomber devant ma volonté, puisque en somme je suis le maître en cette affaire. Les mille francs, c'est presque une impertinence de plus: ce n'est pas ici une demande, c'est une injonction...—et je n'en saurais supporter de personne au monde, même de la femme qui a ses droits sur moi.

Je dois ajouter encore que cette injonction est articulée de l'accent le plus sec, le plus...—je cherche un mot pour ne pas dire: désagréable,—et n'en trouvant pas qui rende mieux la vérité à ce moment-là, je fais toutes mes humbles excuses....

Comment se fait-il que devant cette décision si nettement articulée et qui devrait m'obstiner d'autant mieux, je sente s'évanouir toute mon irritation,—et que j'éprouve comme du plaisir à faire céder ma force devant cette volonté féminine?...

—Entrez donc, puisque vous l'avez voulu, madame!

Et donnant la main à la princesse je pénètre moi-même sur notre plate-forme.

Je m'y heurte contre le ventre de Villemessant.

—Tiens!!!—fais-je, n'ayant pas du tout été prévenu,—est-ce que tu viens avec nous?

(Je suis, de par mon habitude un peu trop générale, le seul être de la création qui tutoie Villemessant,—lequel me dit vous.)

—Oui.

—Très-bien!—mais seulement laisse-moi faire mon appel.

Je fais l'appel.—Nous sommes quatorze, c'est un de trop: je me le suis promis!—Villemessant est le dernier venu: c'est lui qui va descendre.

Mais je me garderai bien de lui dire que c'est en sa qualité de *quatorzième!* ce qu'il n'admettrait pas du tout. Or—je ne me soucie pas d'une lutte pour le moment et je ne veux pas recommencer l'affaire de Blanchard, blessé à la main d'un coup d'épée au moment du *Lâchez tout!* par un jeune gentilhomme enragé,—qui n'était pas du tout l'officier Bonaparte, comme on s'entête encore à le dire de temps en temps, mais un jeune élève de l'École Militaire, nommé Dumont.

Justement Godard tâte son pesage. Il y a un ou deux faux départs,—comme toujours.

—Tu vois que nous sommes trop nombreux? dis-je à Villemessant eu lui indiquant l'écoutille par laquelle on prend congé.

Villemessant promène son œil rond auteur de lui. Il prie et invoque: il donnerait son Chambon et assurerait pour un an la chronique du *Figaro* à celui qui lui céderait sa place.—Mais chacun tient à la sienne!

—Et sortir d'ici après y être entré! gémit-il. Il va se trouver quelques animaux pour dire que j'ai eu peur...

Je le console,—mais en même temps j'insiste vers l'écoutille.

Il s'y engloutit—et, de là, avant d'enjamber la porte, il me lance encore un dernier regard, si suppliant que je suis prêt à lui dire:—Allons, monte!

Mais mon chiffre Treize!!!...

Je me détourne bien vite,—et je crie à pleine voix:

—LÂCHEZ TOUT!!!

XVII

L'ASCENSION. — Je cherche... — Si on est ému en montant en ballon? — La pince à sucre. — Le Diable d'Orgueil. — La médecine de l'avenir. — *Le divin Inconnu.* — Jamais de vertige. — Pourquoi? — Pas de *mal de mer.* — Le planisphère. — La boîte à joujoux. — Les bruits. — La jumelle. — Ce que vous éprouverez tous. — Le physicien Charles. — *Regarde, malheureux!...* — La cuvette d'horizons. — Les éléphants sauvages de la plaine d'Asnières. — L'oiseau Roc dans la forêt de Saint-Germain. — Et pas l'ombre de danger! — À preuves. — Les bateleurs aérostiers. — Défi à la foudre! — Une nouveauté de quatre-vingts ans. — Une prédiction d'un ignorant réalisée par un savant. — Les ondes sonores de M. Lissajoux. — Mon professeur M. Couder, de l'Institut. — Le rêve d'un homme bien éveillé. — *Autrefois!...* — C'était si peu de chose!

—LÂCHEZ TOUT!!!

Les chefs d'équipe et les artilleurs de la garde lâchèrent tout,—comme un seul homme.

Le GEANT ressentit comme une légère secousse, si légère qu'elle fut à peine perceptible.

Et il commença à monter...

Mais lentement, lentement, avec gravité, comme avec précaution, semblant tâter sa route...

Un immense hurrah, des milliers d'applaudissements retentirent...

Nous montions, majestueux... On eût dit que le GEANT soulevait avec peine, de son énorme crâne, la voûte immense...

L'assourdissante clameur des deux cent mille voix paraissait augmenter.

Elle augmentait en effet d'un formidable appoint, du «—Ah!!!...» de toute l'infinie population, refoulée, tassée, les pieds meurtris depuis le matin, autour de l'enceinte et dans les voies adjacentes, et que notre ascension graduée délivrait.

Tous les cris sauvages, exaspérations particulières au larynx de la gaminerie parisienne,—et dont on ne retrouve tout au plus le *la* qu'au bassin des oiseaux aquatiques au Jardin des Plantes,—jaillissaient au-dessus de l'infernal ensemble; des glapissements suraigus, d'aigres coups de sifflet perçaient l'octave et surgissaient vers nous comme les hautes fusées du bouquet...

Nous montions...

Le bruit effroyable, soutenu, semblait nous suivre et monter avec nous.

Nous regardions, penchés sur le bordage, ces milliers de visages, tous braqués des mille points du plateau en mille angles aigus dont nous étions l'unique sommet.

Nous montions...

La cime des arbres qui bordent d'un double rang le Champ de Mars dans sa longueur était déjà au-dessous de nous... Nous atteignions le niveau de la coupole de l'École Militaire.

L'exécrable tapage montait toujours avec nous...

D'une main, je ne cessais de saluer, en prolongeant l'adieu, mes bons amis, qui se perdaient déjà pour moi dans les infinies confusions de la multitude, mais qui, eux, me voyaient encore,—comme fait le voyageur qui agite derrière lui le mouchoir par la portière du wagon emporté...

De l'autre main je tenais ma jumelle, et je cherchais,—je cherchais dans notre grande enceinte de manœuvre, qui se faisait de plus en plus petite et qu'avait aussitôt envahie comme digues rompues une foule irritante de visages renversés,—je cherchais avidement le plus voulu, le plus aspiré, le *seul*...—avec l'*Autre*...

—mon petit enfant, mon Paul!...

Je ne le pus retrouver, ni la mère,—qui avait pleuré en voyant pleurer l'enfant, et était restée...

Le pauvre petit! Si vaillant, si brave pour son petit compte, quand il fond sur le charretier qui bat le cheval, quand, sur un signe, il se jette, d'un coup, du bateau dans les grandes vagues pour me rejoindre, plein de foi dans le père,—mais si bon, si doux, si tendre, si aimant, et dont je sentais le petit cœur si gonflé, si gros tout à l'heure en l'embrassant, quand je lui disais: «—Allons! sois—*comme un homme*!»

Et l'*Autre*, cette consolation des mauvaises heures, cette indulgence éternelle, cette timidité si résolue...

Pauvres chères créatures!

—Ah! la bête méchante que je suis! C'est moi qui les fais pleurer!...

Vous me demandiez si on éprouvait quelque émotion à s'enlever dans une nacelle d'aérostat?.........

—Allons, bon!!!...—s'écria à côté de moi une voix terrible.

Nous fîmes tous un soubresaut,—sauf la dame, qui rêvait aux horizons, accoudée des deux mains sur le bord.

Si absorbée qu'elle fût, je l'aurais cependant défiée de ne pas se retourner à ce cri.

C'était le cri d'Eugène Delessert.

Parbleu!

—Qu'est-ce qu'il y a? lui demandai-je.

—Comment! ce qu'il y a?—Il y a que j'ai oublié LA PINCE À SUCRE!!!

Il y eut une salve de fou rire.

Il ne riait pas, lui, et, sans se fâcher, sans même daigner paraître surpris, il nous regardait avec l'éternel sérieux qu'il apporte à toutes choses, ne pensant qu'à la pince à sucre oubliée...

Cette pince à sucre, c'était le remords, le ver dans le fruit. Ce Robinson des Airs impeccable avait oublié un point:—le départ de Delessert était gâté!

Mes compagnons de voyage ne connaissaient Delessert que depuis très-peu de jours, pour l'avoir vu s'occuper et se préoccuper de l'armement et de l'approvisionnement de notre nacelle avec cette conscience singulière et plus qu'irréprochable qu'il apporte à ces sortes de choses.

J'avais bien surpris par-ci par-là quelques regards tout ronds devant certains départs au repos de ce brave garçon; mais c'était ici seulement qu'il devait nous être donné de le mesurer et de l'apprécier au complet.

Nous allons le retrouver tout à l'heure....

Nous glissions à quelque six cents mètres de hauteur sur Paris, dans la direction de l'Est.

Jules Godard était déjà descendu du cercle, où il grimpe à chaque départ pour dénouer et disposer les cordes de l'appendice et de la soupape.

Chacun s'était installé de son mieux sur les six légers tabourets de canne et sur la caisse longue à deux fins, et contemplait ce merveilleux panorama, dont on ne se lasse jamais de là-haut et qui jette surtout les débutants dans l'extase.

Je ne sache pas en effet de volupté plus intense, douce et âcre à la fois, que celle d'une ascension aérostatique.

Rien ne peut rendre cette plénitude du sentiment de soi-même, cette conviction de sa propre liberté, ce dégagement absolu et immédiat de toutes les choses de ce monde.—Comme tout est loin, préoccupations, soucis, amertumes, dégoûts! Comme le mépris tombe bien de là haut!

Je ne dis pas que le diable d'Orgueil y perde quelque chose, mais où trouverait-il mieux?—

«—La plupart des péchés,—a dit Jean-Paul, qui est toujours bon à citer,—demandent une occasion, une certaine condition première, depuis le troisième jusqu'au dixième commandement inclusivement.

«Il est certain qu'on ne peut violer à chaque instant la sainteté du mariage, ni le dimanche, ni sa parole.

«Il est aussi impossible de calomnier en soliloque que de se battre en duel tout seul.»

Mais s'exalter mentalement dans la louange de soi-même, quoi de plus facile à faire, le jour, la nuit, l'été, l'hiver, partout et jusque dans «—l'humble retraite pleine de bénédictions—» d'un certain saint homme que je connais?

Et je ne serais pas content de moi là haut! Je ne me sentirais pas tout fier de me dire:—Personne, avant moi, n'a passé ici!—Je chante exécrablement faux, d'accord,—c'est vrai, veux-je dire!—mais la voix de Tamberlick a-t-elle jamais monté aussi haut?

Cela ne fait de mal à personne...

Quel air on respire! Quelle faculté, quelle ampleur dans le jeu des poumons!—Je serais bien surpris si la thérapeutique de l'avenir ne trouve rien à faire par ici, quand l'homme aura pris la complète habitude des chemins aériens.

Et puis cette ignorance charmante, cette indifférence du point d'arrivée, ce vague,—ce *divin Inconnu*,—comme aurait dit Beyle.

Et pas de vertige!

Jamais de vertige en ballon.

J'apprécie—les savants rectifieront—que le vertige n'est que par les points de comparaison.

Ainsi, vous montez, je suppose, sur les tours Notre-Dame.

Vous ne montez pas sur les deux à la fois, bien entendu, faute d'envergure suffisante.

Vous regardez au loin l'arc de triomphe de l'Étoile:—pas de vertige.

Mais jetez le regard sur la tour voisine,—et, en voyant plonger dans les profondeurs ces grandes lignes de pierre qui semblent vous attirer avec elles,—en pénétrant de l'œil dans ces baies sombres, dans ces noirs soupiraux,—en laissant tomber vos yeux sur cette plate-forme inférieure où les dalles semblent vous faire place nette,—le vague malaise vous envahit, et la tête va vous tourner...

Dans le ballon, vous êtes, s'il en fut, le point unique, isolé dans l'espace.—Pas de point de comparaison,—partant, de vertige point.

Un aéronaute qui compte derrière lui quelques centaines d'ascensions, me disait qu'il n'avait jamais vu un seul cas de vertige parmi tous ses voyageurs divers.

—Et pas de *Mal de mer*?

—Comment éprouverait-on rien qui y ressemble, emporté que l'on est comme le brin de duvet, la bulle de savon, par le courant dont l'aérostat fait, pour ainsi dire, partie intrinsèque. Par les vents les plus violents, le ballon que vous avez vu avant le départ fouettant l'air avec fracas de son taffetas encore flasque, luttant contre les cordages qui le retiennent à terre, tantôt soulevant les hommes de manœuvre cramponnés à la nacelle et aux cordes d'équateur, tantôt repoussé contre le sol avec une telle violence qu'il semble vouloir s'y écraser,—ce ballon, une fois libre, part et file dans l'air sous l'ouragan, sans contre-heurt, sans secousse, sans oscillation, sans vibration.

C'est l'athlète qu'on voulait lier: il était indomptable, dans l'indignation de sa force contre tout joug. Le voici libre: il est tranquille.

Donc charme encore de ce côté, de par l'inexprimable douceur du repos absolu.—Dans les petits ballons, il est vrai, le moindre mouvement de l'aérostier, votre inévitable partner, suffit pour se répercuter désagréablement dans l'ensemble de la nacelle,—et l'aérostier professionnel n'est guère capable généralement de tenir compte de ces délicatesses.

Mais je me suis tout de suite aperçu, avec une satisfaction que je ne saurais dire, que l'énorme lest de ma maison-nacelle du GEANT a supprimé tout à fait ce réel inconvénient.

Décidément, je serai trop bien là-dedans!

Rien ne doit déranger en effet ni troubler cette rêverie, cette absorption, cette extase du voyage aérien.

Et quelle extase!

J'ai retrouvé sous les ballons ce vague de l'âme et des yeux qu'on éprouve au renouveau, quand on se laisse marcher machinalement par les bois ou les prairies: l'air est chaud, le soleil lutine les ombres transparentes des feuillées et fait miroiter les mousses sous vos pas. Des senteurs enivrantes s'exhalent de partout. L'ouïe n'est pas oubliée dans ce bercement général, et les craquements de la sève, la voix de toutes les plantes se confondent dans le susurrement des milliers d'insectes. Vous vous sentez comme engourdi et presque ensommeillé...

Un peu plus ce serait ce que la langue médicale, si pittoresque, appelle «d'*effet stupéfiant*...»

Mêmes impressions dans la nacelle du ballon.

La terre se déroule sous vos yeux en une nappe immense de couleurs variées, où la dominante est le vert dans tous ses tons et dans tous ses mariages.—Les champs en damiers irréguliers ont l'air de ces *couvertes*, faites de pièces diverses rapportées par l'aiguille de la ménagère. Une immense boîte à joujoux est répandue sous vos yeux. Joujoux ces petites maisons, expédiées par le fabricant de Carlsruhe: joujoux cette église, cette citadelle.—Joujou bien plus encore ce petit chemin de fer microscopique qui nous envoie de si bas son tout petit coup de sifflet, comme pour forcer sur lui notre attention, et qui file tout mignon et si lentement—il fait pourtant ses quinze lieues à l'heure!—sur son rail imperceptible, panaché de sa petite aigrette de fumée...

Quelle netteté dans tout ce microcosme et surtout quelle impression de merveilleuse, ravissante propreté!—Qu'est-ce que ce flocon blanchâtre que j'aperçois là-bas? la fumée d'un cigare?—Non, c'est un nuage.

C'est bien le planisphère, car nulle perception des différences d'altitudes:—la rivière coule en haut de la montagne comme au bas.—Pas de différence entre les haies de ronces et les hautes futaies des chênes centenaires.

Je parlais du coup de sifflet tout à l'heure. C'est un des étonnements du *nouveau* dans une nacelle d'aérostat, que de percevoir les sons terrestres à de si grandes hauteurs.—J'ai entendu à quinze cents mètres le claquement du fouet d'un voiturier que je ne pouvais distinguer qu'avec ma jumelle.

Et puisque arrive là ce mot: jumelle, disons bien vite que c'est à peu près la seule assistance à demander à l'optique, l'usage de la longue-vue étant difficile de par tous les mouvements de la nacelle.

Quelles voluptés au monde vaudraient celle-ci!

Libre, calme, silencieux, transporté dans l'immensité, sans limites de cet espace hospitalier et bienfaisant où nulle force humaine ne peut m'atteindre, où je défie et méprise toute puissance de mal, je me sens vivre enfin pour la première fois, car je jouis comme jamais, dans sa plénitude de toute ma santé d'âme et de corps.

Je ne daigne même pas laisser tomber un regard de pitié sur cette humanité si misérable que j'apercevrais à peine, si petite qu'elle est au-dessous de moi dans ses plus grandes œuvres,—travaux de géant, labeurs de fourmis,—dans les luttes et les déchirements meurtriers de son antagonisme imbécile!

Comme le laps des temps écoulés, l'altitude qui m'éloigne réduit aux proportions de la vérité toutes choses: ma vue embrasse les ensembles et sous ma pensée s'unifient les effets et les causes.—Dans cette tranquillité surhumaine, dans ce spasme divin, l'ineffable transport dégage, élève, épure l'âme: comme s'il se volatilisait en essences plus pures, le corps s'oublie;—il n'existe plus...

Ces impressions, je devais les retrouver dans les émouvantes paroles, si éloquentes dans leur naïveté, du savant physicien Charles, le premier, avec Robert, son compagnon, que le gaz hydrogène transporta par les airs.

«Jamais rien n'égalera ce moment d'hilarité (*sic*) qui s'empara de mon existence. Lorsque je sentis que je fuyais la terre, ce n'était pas du plaisir, c'était du bonheur. Échappé aux affreux tourments de la persécution et de la calomnie, je sentis que je répondais à tout en m'élevant au-dessus de tout. À ce sentiment moral succéda bientôt une sensation plus vive encore: au-dessus de nous un ciel sans nuages; dans le lointain, l'aspect le plus délicieux.—Oh! mon ami, disais-je à M. Robert, quel est notre bonheur!... Que ne puis-je tenir ici le dernier de nos détracteurs et lui dire:—Regarde, malheureux!!!...»

Je devrais avoir déjà dit une des premières impressions,—je parle toujours pour le *nouveau*,—quand l'aérostat s'élève à de grandes hauteurs dans une atmosphère sans nuages.—L'horizon est toujours au niveau de l'œil.

On n'a pas trouvé, et je chercherais en vain pour la terre, vue sous cet aspect, une comparaison plus exacte, sinon plus poétique, que celle d'une immense cuvette, dont le centre semble fuir sous vous, et dont les bords immenses montent, montent toujours en même temps que vous montez.

Mais descendons un peu maintenant.—Rasons la terre.

Voyez ces milliers d'animaux, d'oiseaux surtout, qui s'enfuient à notre approche avec des cris d'épouvante.—Quel batteur d'estrade et de taillis, le ballon!—Des profondeurs des forêts, des sillons des prairies, ils nous ont tout d'abord aperçus, car ils savent que l'ennemi doit leur venir d'en haut,—et qui pourrait les effrayer si ce n'est l'immensité de cet Inconnu?

Les perdrix éperdues claquent des ailes, les lièvres courent essoufflés,—tandis que le cheval tire, se cabre, fou de peur, et rompt la longe qui le retenait au pieu fixé.

Nous passons au-dessus des fermes:—la volaille s'insurge de terreur, s'élance contre les murailles qu'elle ne peut franchir, avec plus de tintamarre que s'il s'agissait de décimer le poulailler.

Un vieil aéronaute m'assurait un jour que, la nuit même, quand le ballon passe au-dessus des villages, les animaux renfermés le devinent, le sentent à travers les épaisseurs du chaume des bergeries, des étables et les toits à porcs, et s'agitent et font vacarme.—Un sens mystérieux et ignoré de nous leur apporte la grande nouvelle.

Je n'en sais rien encore par moi-même, mais je ne saurais dire assez l'impression d'étonnement que je retrouve toujours en rasant terre, avec une vitesse de dix à quinze lieues à l'heure, depuis cinq jusqu'à cinquante mètres de hauteur,—(la vraie hauteur de train de plaisir!)—à voir l'innombrable, insupposable quantité de bêtes que recèlent les environs de Paris les plus battus.

Et de fort grosses bêtes, parfois, s'il vous plaît! Si je ne craignais d'être pris tout à fait au pied de la lettre, et sur ce point discuté par certains hommes graves que je sais bien, j'avouerais presque que j'ai vu des chevreuils,—j'allais dire des éléphants sauvages,—dans la plaine d'Asnières, et l'oiseau Roc partant un jour sous nous à tire-d'aile de la forêt de Saint-Germain.

Était-ce bien lui?—Je n'en mettrais pas votre main au feu,—mais quel énorme oiseau j'ai vu ce jour-là! Quelle envergure!—Qui était-il, et d'où pouvait-il bien venir?...

—Et pas l'ombre du danger!

Sans aucun doute, et dès à présent, avec la précaution presque toujours surabondante du parachute.

La liste des aérostiers dans les deux mondes, depuis 1783, comprend bientôt deux mille noms.—Si vous considérez encore que parmi ces aérostiers plusieurs, comme Green, ont compté leurs ascensions par quelques centaines, vous trouvez au total un chiffre déjà assez respectable.

Or, sur ces quelques milliers d'ascensions, on compte seulement une douzaine d'accidents ayant occasionné la mort.

Comparez ce chiffre à celui des victimes qu'a faites la marine avant d'arriver au point de perfectibilité (non encore de perfection) où elle est aujourd'hui.

Et depuis les préaffirmations de Tibère Cavallo et du savant Faujas de Saint-Fond, tous les hommes sérieux qui se sont occupés de l'aérographie nautique, Marey-Monge, Sanson, le docteur Turgan, Dupuis-Delcourt, Mangin, Bescherelle, Barral, etc., tous sont remarquablement unanimes dans leur formule quand ils affirment que—les accidents aérostatiques ont tous été dus—tous sans exception—*«à l'imprudence, à l'incurie, à l'ivrognerie surtout!»*

Dès ses premiers jours, l'aérostation s'est trouvée réglée, asservie comme le plus sûr des moyens de transport.—Ne dites pas non: l'examen rationnel vous fera immédiatement dire oui, lors même que l'historique statistique et comparatif ne vous le démontrerait pas.

Ne semble-t-il même pas que l'avenir de l'Automotion aérienne soit indiqué, affirmé, jusque par ce privilége spécial,—prédestination providentielle!—qui la défend même contre les phénomènes naturels les plus inexorables pour le voyageur de terre et de mer.

Le navigateur aérien, dans la condition exceptionnelle où il se meut, traverse impunément les orages et—*isolé* qu'il est—défie la foudre!...

Mais, de même qu'il s'en trouve encore à l'heure qu'il est parmi nous qui ne s'aventureraient pas dans un wagon de chemin de fer, de même l'imagination de l'homme recule encore devant cette nouveauté de quatre-vingts ans.—Il lui faut plus de gages encore, plus de garanties.

Ces garanties viendront.—«L'aérostation, dit Sanson, abandonnée jusqu'à ce jour, sauf quelques très-rares exceptions, aux bateleurs les plus vulgaires, sans la moindre connaissance, sans même le moindre soupçon des sciences analogues ou participantes, se fondera un jour en science définitive, et l'homme comprendra alors qu'avec toutes les autres supériorités, ce mode de transport lui assurera de plus encore la sécurité la plus absolue.»

Plurima jam fient, fleri quæ posse negabam!

dit Ovide.—Quel homme de bon sens pourrait dire non à demain?

Je m'amusais, dormant éveillé il y a quelque quinze ans, à écrire dans un coin ignoré qu'il ne fallait défier l'homme de rien et qu'il se trouverait un de ces matins quelqu'un pour nous apporter le Daguerréotype du son:—le *phonographe*,—quelque chose comme une boîte dans laquelle se fixeraient et se retiendraient les mélodies, ainsi que la chambre noire surprend et fixe les images.

—Si bien qu'une famille, je suppose, se trouvant dans l'impossibilité d'assister à la première représentation d'une *Forza del Destino* ou d'une *Africaine* quelconque, n'aurait qu'à députer l'un de ses membres, muni du phonographe en question.

Et au retour:—Comment a marché l'ouverture?—Voici!—C'est fort bien.—Et le final du premier acte, dont on parlait tant d'avance?—Voilà!—Et le quintette?—Vous êtes servi.—À merveille. Ne trouvez-vous pas que le ténor crie un peu trop?...

Ne riez pas si vite! Ce que je rêvais, moi, ignorant, homme d'imagination, un homme de science le trouvait cinq ou six ans après,—non tout à fait du premier coup, il est vrai, et dans ces proportions de perfection fantastique.

Mais je vois encore entrant chez moi, tout bouleversé, le digne académicien M. Couder,—qui m'a donné la seule leçon de dessin que j'aie reçue de ma vie,—et, s'écriant: «—Notre Institut est sans dessus dessous! On vient de nous faire *voir* le *bruit*!!!...»

C'étaient les ondes sonores, notées (graphiées par le savant M. Lissajoux)—l'Harmonie, démontrée science aussi rigoureusement exacte que la Géométrie!...

Si je rêve, laissez-moi rêver encore,—mais, je vous défierais de me réveiller!—Laissez-moi contempler l'air sillonné de nefs,—rapides à humilier dix fois l'Océan et toutes vos machines Crampton!...

De tous les points du monde l'homme s'élance, prompt comme l'électricité, et plane et descend comme l'oiseau à la place voulue.

Les livres racontent qu'autrefois on voyageait sur des voies de fer dans d'horribles boîtes d'une insupportable lenteur, au prix de mille supplices insupportables.—Un affreux mouvement d'allez-venez, dit *mouvement de lacet*, secouait horriblement le voyageur depuis le départ jusqu'à l'arrivée;—un bruit infernal de chaînes, de bois et de vitres heurtés servait de musique funèbre à ces pénibles convois. La poussière soulevée tout le long du trajet entrait à flots épais par les soupiraux de ces cruelles boîtes et couvrait de son linceul étouffant le voyageur infortuné.—Un voyage, dans ce temps-là, était une redoutable épreuve qu'on n'affrontait pas de gaieté de cœur.—Qui croirait aujourd'hui que ces routes de l'air qui nous sont si charmantes, l'homme n'avait qu'à les vouloir pour les mériter et qu'il a préféré souffrir pendant tant de siècles de pareils supplices!

Ces pauvres gens croyaient avoir fait un grand progrès parce qu'ils allaient un peu plus vite sur leurs voies de fer qu'avec les voitures attelées qui furent le principe de toute locomotion. Ils tâchaient de se consoler avec des statistiques qui leur assuraient que le chiffre des accidents de l'aviation était un peu diminué.—Notez en passant qu'ils n'avaient même pas su trouver l'équivalent de nos parachutes!

Leur statistique avait peut-être un peu raison, mais aussi,—quand accident il y avait, quels désastres.—Des centaines d'hommes broyés, brûlés, disparus, pour un simple fétu déposé sur ces pitoyables voies!

Et on frissonne quand on pense ce qu'était le sinistre, quand il avait lieu sous une de ces longues caves glaciales appelées tunnels, barrées par le feu et les décombres à tout secours humain,—hors même du regard du Dieu de pitié et de miséricorde!

Quelle différence avec nos voyages aériens sans heurts, ni secousses, ni bruit, ni poussière, ni fatigue, ni danger!

Et comment a-t-il pu se faire que l'homme ait attendu si longtemps cette délivrance, quand il n'avait, pour se racheter de ces affreux supplices, qu'à appliquer les premiers éléments de statique et de dynamique!......

XVIII

De bonnes larmes! — L'appel. — Mon frère Adrien. — Un souhait exaucé. — Lucien Thirion. — Le prince Eug. de Sayn Wittgenstein. — Robert Mittchell. — Piallat. — Yon. — À table! — Delessert, grand maître des cérémonies. — Nos pigeons. — Glaces vanille et fraises à 1,500 mètres au-dessus du sol! — Vive Siraudin! — Prudence!... — Delessert chef d'orchestre. — Autre hannetonnerie. — Il fait nuit! — Les brouillards. — La question *Ubi*, encore. — La Mer! — La gamme du noir. — Dante avait bien vu! — Un sorbet d'encre. — L'apothéose. — Une transfiguration polaire. — Les mers de nacre. — L'Apocalypse. — Deux barres de fer rouge. — Les poulpes! — Le serpent qui n'a pas d'yeux. — Gare là-dessous! — L'abordage. — *Tenez-vous bien!* — Les *nouveaux*. — Deux ancres et un peuplier cassés. — La princesse de la Tour-d'Auvergue. — Le traînage. — La guillotine. — Cloches et lanternes. — À MEAUX!!! — Je veux me consoler. — Delessert a encore raison! — Delessert a toujours raison! — Vive Delessert!...

Déjà le soleil avait gagné derrière nous l'horizon empourpré.

Autour et au-dessus du GEANT, le ciel était clair encore, mais au-dessous la brume s'était épaissie,—et, à terre, quelques lumières commençaient à scintiller ça et là.

Nous étions assez haut pour ne plus percevoir qu'à peine les clameurs des villages que nous laissions derrière nous, et commencer à jouir du calme pénétrant et de ce silence particulier aux ascensions aérostatiques.

Dans un des angles de la plate-forme, à l'arrière, se tenait accoudée et muette notre voyageuse.

Je me penchai sur le bord, près d'elle, pour lui demander si elle se trouvait bien.

Mais, dès que je l'eus regardée, je ne lui demandai rien...

Elle tenait son regard fixé sur l'immense horizon où s'éteignaient dans les nuages gris les derniers feux du jour,—et ses joues étaient inondées de larmes...

Elle admirait sans doute.—Peut-être priait-elle?

Je me retirai discrètement.

—À la bonne heure! Ces larmes-là m'ont tout à fait réconcilié...

Mais je m'aperçois que j'ai oublié de vous présenter nos autres passagers. Il n'est que temps de faire l'appel.

1. La princesse de la Tour d'Auvergne.

2. (—Ici je me permets de prendre ma place hiérarchique.)

3. Mon frère Adrien, peintre, aquafortiste et photographe.—Je n'avais jamais fait une ascension sans penser à lui: nous avions depuis notre enfance le souvenir partagé de tant d'impressions communes! Celle-là manquait, la meilleure:—mon souhait le plus cher est enfin réalisé!

4. Eugène Delessert.—Voir ci-dessus—et même ci-dessous.—(Je me venge!)

5. Saint-Félix,—déjà nommé.

6. Lucien Thirion, grand garçon mélancolique, froid d'aspect, cœur chaud, magnificence de proconsul, doux comme un enfant et brave comme l'acier. Je l'ai éprouvé.

7. Le prince Eugène de Sayn Wittgenstein, jeune officier russe, attaché à l'ambassade de Munich.—Représentant de la Navigation aérienne en Russie, il a fait de grandes expériences sous les auspices de son gouvernement et publié d'intéressantes études sur la question.—Son projet, qui n'est pas du tout le nôtre, mais qui marcherait fort bien à côté, consiste, comme celui du général Meunier, et de Victor Hugo aussi, je crois,—à s'élever par l'aérostation et à profiter des courants indiqués.—Très-instruit, ferré sur l'X, sagace, spirituel, fort glaçon et roidissime. À l'antipode de tout ce que je pense:—a blasphémé devant moi l'Oncle Tom!...

8. Robert Mitchell,—une des meilleures plumes du *Constitutionnel*, qu'il s'agisse d'économie politique, de littérature pure ou de critique d'art: un journaliste pour de vrai.—Signe particulier: beau-frère de Jacques Offenbach.

9. Piallat, cravate blanche et lunettes d'or, comme M. Polydore Millaud; chimiste et photographe.—Le seul défaut qu'on lui sache est de n'avoir jamais pu faire accorder sa voix; avoue ingénument d'ailleurs, qu'il a été chassé de tous les orphéons.—*Piallat*,—d'où vient *piailler*.—c'est clair!

10. Yon, maître cordier, fournisseur des théâtres, etc., homme sérieux et modeste. Fou d'aérostation; est toujours prêt à lâcher pour une ascension l'établissement considérable qu'il dirige de père en fils, et qui fait au reste d'assez belles affaires pour se passer quelquefois de lui.—N'a pas craint de monter sur la machine à vapeur avec laquelle M. Giffard tenta son terrible et fol essai de direction des ballons.

Personnages muets:

11. M. de S.

12 et 13. Les deux frères Godard, aéronautes de l'Hippodrome.

Mais ne perdons plus de temps, car il s'agit de dîner ou plutôt de souper—bien vite, vu l'approche imminente de la nuit.

Déjà Saint-Félix a l'obligeance de s'occuper phalanstériennement, à fond de cale, de ce soin,—mais, bien entendu, sous la haute direction de Delessert, qui, penché sur l'écoutille de notre plancher d'osier, reçoit les innombrables nourritures et autres vaisselles que lui transmet au haut de l'échelle la main providentielle de Saint-Félix.

Il faut attendre que tout soit bien correct et selon le rite.—Delessert n'accorderait pas, avant le moment fixé par lui, une bouchée de pain à un naufragé de *la Méduse!*

Enfin tout est prêt: assiettes, couverts, serviettes, rien ne manque. Delessert radieux,—mais en dedans, toujours!...—donne le signal et préside à la distribution.

Chacun mange du meilleur appétit. Le jambon, la volaille, le dessert paraissent et disparaissent. Les vins de Bordeaux et de Champagne remplissent les verres.

(—Ah! si l'homme aux «victuailles» était là!...)

Le pont de notre nacelle, silencieux tout à l'heure, s'est animé.—Chacun communique ses impressions à ses voisins.

Je pense à nos compagnons les pigeons, appendus dans leur cage longue en dehors du bordage.—Ils doivent dîner aussi.

J'ouvre la cage, sachant bien qu'il n'y a pas de danger qu'ils s'envolent.

Transporté artificiellement à quelques centaines de mètres de hauteur, l'oiseau, comme je l'ai dit, n'a garde de s'élancer, sentant bien que l'air manque de la densité nécessaire pour le soutenir.—Si vous jetez un oiseau hors de la nacelle équilibrée, c'est-à-dire lorsqu'elle ne monte ni ne descend, l'oiseau effaré précipite son battement d'ailes pour regagner le bord:—si c'est pendant l'ascension proprement dite, l'oiseau tombe comme plomb ou tourbillonne—jusqu'à ce qu'il ait atteint, dans sa chute, la couche plus dense où il peut se mouvoir.

En effet, les deux ou trois pauvres bêles que j'ai prises au hasard et que j'ai déposées sur le bord de la nacelle, semblent frappées d'une sorte de terreur vertigineuse et elles se jettent en voletant gauchement vers le centre de notre groupe, par les verres et les assiettes, jusque sous nos pieds.

Il n'y a pas d'appétit de ce côté-là assurément, et j'aurais dû réfléchir d'ailleurs que l'heure de leur dîner est passée.

Je remets les petites bêtes en cage,—et, devant ces pauvres oiseaux qui ne peuvent voler faute de trop d'air,—je me rappelle un peu cette carpe apocryphe qui suivait partout son maître, jusqu'au jour où elle se noya en voulant traverser le ruisseau.....

C'est le moment solennel où va s'ouvrir une certaine sabotière que Siraudin-Renhart m'a fait parvenir mystérieusement juste quelques minutes avant notre départ.—Qu'est-ce que nous allons trouver là-dedans?.....

—Un magnifique gâteau et une double série de glaces, vanille et fraises, toutes dressées sur les soucoupes de porcelaine de Chine, armées de cuillers en vermeil!

Hurrah pour Siraudin! Les glaces sont excellentes.—Je pense que c'est la première fois qu'on aura pris des glaces, en aussi joyeuse compagnie, à quelque quinze cents mètres de hauteur.

Delessert, qui veut nous faire apprécier sa cave, entreprend une nouvelle bouteille de Champagne.

Je pose prudemment la main sur la bouteille. Il y a bien une ou deux réclamations, côté Godard,—mais j'ai fait un signe à Delessert et un geste à Saint-Félix:—ils ont compris...

Et, pour plus de sécurité, je descends moi-même la bouteille à la cantine, dans l'ombre devenue tout à fait noire de notre fond de cale.—Je ferme la serrure et mets la clef dans ma poche.

Quand je remonte sur le pont, Delessert a déjà commencé une distribution non annoncée de mirlitons, trompettes d'un sou et crécelles.—Il avait prémédité le concert après le festin et avait fait sans dire mot provision d'instruments.

Je le supplie avec instances de remettre son concert à demain matin.—Demain matin, je m'efforcerai de trouver un autre moyen de remise...

Je tâche en vain de me rendre compte de ce besoin de tumulte, lorsqu'en ballon,—dans le calme de ces solitudes dont la tempête elle-même respecte le silence,—le moindre son est la plus agaçante des dissonances,—lorsque le plus léger bruit qui puisse troubler le recueillement et l'infinie jouissance de ce silence exquis dans lequel nous sommes comme baignés, me fait l'effet d'une profanation;—et je sens bien, à en jurer, que je n'éprouve pas seul ce besoin de calme absolu.

Mais Delessert ne se tient pas pour battu! Il discute, il proteste, il plaide, il s'agite.—Il veut bien céder, enfin;—mais cette concession faite, il cherche une autre *Idée*;—et le monstre la trouve bien vite!

—Je vais lancer cette bouteille par-dessus le bord! dit-il.

—Le règlement défend aux passagers de délester le bord de quoi que ce soit.

—Mais elle est vide?

—Vide ou non, tu ne dois rien jeter.—Tu ne te rends donc pas compte, malheureux! que ta bouteille lancée doit arriver à terre et que, sous ces nuages, à la place où elle tombera,—il peut se trouver quelqu'un?...

—Oh!—me répond-il vaguement et comme absorbé dans son idée fixe,—*dans un chapeau, ça ne s'entendrait pas...*

On éclate de rire.—Je me fâche un peu, et c'est comme capitaine—(!....)—que je me décide à défendre absolument à Delessert de jeter la moindre bouteille,—même dans un chapeau.

Il veut bien ne pas répliquer.—Mais qui sait ce qu'il médite encore!...

Cependant le soleil nous a depuis longtemps quittés.—Nos regards l'ont suivi derrière les nuages sombres de l'horizon, qu'il teignait de pourpre à leurs contours. Ses derniers rayons ont été pour nous,—et tout s'est éteint dans une demi-nuit transparente et bleuâtre.....

Des brouillards gris de perle nous envahissent soudain.—Nous regardons autour, au-dessus de nous... Tout a disparu,—et, noyé dans la brume, le ballon n'est lui-même plus visible à nos yeux.

Nous ne voyons plus rien—que les câbles qui nous suspendent et qui, dès la hauteur de nos têtes, disparaissent et se perdent, estompés dans le vague...

Notre maison d'osier vague seule au milieu de l'abîme...

C'est l'époque du mois où la lune est faible. La nuit sera longue. Le froid commence déjà à se faire sentir.—Quel malheur que nous n'ayons pu choisir une de ces belles nuits de Juillet ou de Juin, nuits propices et tièdes, où, entre deux soleils, l'ombre argentée,—comme un entr'acte intelligemment rempli,—semble n'entourer le voyageur aérien que pour le reposer des merveilles du grand spectacle par un autre spectacle différent et plus tranquille!

Chacun sur la plate-forme s'installe, se couvre et se casemate du mieux qu'il peut. Personne n'a eu l'idée de descendre à fond de cale pour profiter des petits lits.—On ne veut rien perdre, même de ce qu'on ne voit pas.

Je me rappelle que la princesse, qui ne dit rien, est partie en habits de ville et non de voyage. Je dispose autour d'elle manteaux et couvertures.

Et je fais bien, car avec l'obscurité, le froid augmente, et nous aurons besoin d'être bien couverts tout à l'heure.

Où sommes-nous?—Bien fin qui pourrait le savoir,—et qu'importe!

Mais mon indifférence sur la question *ubi* n'est pas du tout partagée par les deux Godard, et ils n'hésitent pas à émettre un doute très-inquiétant pour eux. «—Il fait nuit; nous ignorons quel vent nous pousse, nous n'avons pas de loch aérien pour nous dire le chemin déjà parcouru;—nous avons eu deux fois pour une, depuis Paris, le temps d'atteindre les côtes.»

Écarquillant leurs yeux braqués sur les noires profondeurs de l'horizon, nos deux Godard parlent de—*la Mer!...*

Je l'avais oublié, et je me le rappelle à cette heure, Jules et Louis Godard se sont un peu noyés chacun une ou deux fois, et, notez bien! sans savoir nager, tombant en parachute ou de leur ballon épuisé, au hasard, dans la Seine ou l'Oise.

Turenne ou le maréchal de Saxe auraient gardé pour moins que cela rancune éternelle à l'eau. Je me souviens encore du trouble très-peu dissimulé de Jules tombant, de compagnie avec moi il y a trois ou quatre ans à peu près, sur la Seine, à Billancourt.

Quant à l'autre, le Louis,—il a une telle antipathie pour l'eau qu'il ne veut même pas regarder une carafe....

Du courage, au moins professionnel, d'hommes qui exercent ce métier-là, il y aurait, jusqu'à présent, mauvais grâce à douter;—et lorsque Jules, qui n'est jamais plus heureux que pendu au trapèze sous le ballon où vogue paisiblement son frère, vient avouer qu'il a peur de quelque chose au monde,—il y a dans cet aveu comme une espèce de coquetterie.

Mais je m'occupe, pour moi, fort peu de la mer, à laquelle je ne me serais guère avisé de penser à cette heure-là. Quelque possible que soit l'éventualité si redoutée des Godard, cette crainte me semble plus qu'intempestive:—inutile.

Je fais observer que nous sommes partis de Paris avec plein vent d'Ouest, et qu'il n'est pas probable que le vent ait changé du tout au tout, etc.

—Et puis il ne s'agit pas de tout cela!—Quand nous serons sur la mer, alors,—nous le verrons bien.

Et en attendant,—marchons!

Nous marchons donc.

Montons-nous, descendons-nous?—Je l'ignore et m'en soucie peu, me reposant, pour tous les soins de notre conduite, sur Louis Godard. Je le vois d'ailleurs tout à la manœuvre, plus qu'attentif, sérieux,—et à côté de lui, son frère Jules et Yon, les sacs de lest en mains sur le bord de notre plate-forme.

Je n'avais pu ne pas remarquer que, depuis notre départ, notre chef d'équipe et ses deux aides avaient vidé du lest presque sans interruption. Mais je n'avais même pas eu l'idée de tirer de là la moindre conséquence,—tant j'étais tranquille!...

Nous apprendrons plus tard ce qui motivait cette dépense continue...

Pour le moment, je sais que nous sommes assez riches de ce côté pour faire même des folies, et nous montrer plus que prodigues,—magnifiques!

Et quant à perdre mon attention à toute autre chose qu'aux spectacles successifs et absorbants de ma première ascension nocturne, pourquoi faire?—Je me compte bien gardé, puisque je paye pour cela.

Quels spectacles!... et quelle diversité infinie d'aspects et d'impressions par cette unité sombre! Quelle suite de pages invraisemblables et magiques!—Mais il faudrait écrire ces pages avec la plume de Sand, et même les faire saupoudrer par Gautier.

Nous montions, perçant dans son épaisseur horrible une croûte brumeuse tellement compacte, qu'il semblait qu'avec une lame on eût pu y tailler des formes.

Nous ne voyions pas, puisque nous étions dans la nuit sans réverbération, sans lune,—nuit noire et comme matelassée;—et pourtant nous pouvions percevoir des différences dans la tonalité réciproque de ces opacités.

Il y avait toute la gamme du noir:—des couches une fois noires,—deux fois noires,—dix fois noires,—cent fois noires... Dans les couches les moins sombres, le noir était parfois bleuâtre.—D'autres couches, plus sinistres, étaient comme sales et bourbeuses: Dante avait bien vu.

Nous montions toujours au travers de ces horreurs, silencieux tous,—Delessert lui-même!

L'eau ruisselait sur nos visages, nos mains, nos vêtements, les cordages, le bord de notre plate-forme.

Ce n'étaient pas des gouttes comme sous la pluie, ni des flaques comme sous les vasques,—et pourtant nous étions inondés comme sous une cascade par cette buée pénétrante, lourde.....—Nous traversions la pleine fabrique des averses......

Les nuées épaisses que l'aérostat entr'ouvrait pour se frayer passage se rejoignaient sous lui.

Un instant je crus sentir se briser contre mes joues la finesse infinie et friable de milliers de pointes d'aiguilles, cristallisations flottantes:—il me semblait passer à travers les frissons d'un immense sorbet d'encre...

Nous montions toujours, trop absorbés pour ne pas oublier toute notion de l'heure, toute préoccupation de notre altitude;—pleins de stupeur,—hagards,—interrogeant les profondeurs de ces ombres formidables....

Tout à coup, à ma gauche, le prince de Wittgenstein s'écrie à mi-voix:

—Le ballon! monsieur, regardez le ballon!

Je lève les yeux, nos compagnons aussi...

Ô splendeurs!...—Je vois le globe que je cherchais en vain tout à l'heure: mais ce globe n'est plus le même!—Je le vois,—tout d'argent,—baigné dans une lueur phosphorescente d'apothéose...—Le filet, les cordages sont d'argent... d'argent le cercle,—et d'argent battant neuf, brillant, palpitant comme du mercure...—Aux cordages sont restés accrochés des spumes floconneux de nuages...

Devant nous, dans une mer de nacre et d'opale, deux bandes lumineuses superposées:—au-dessous, d'ocre rouge,—au-dessus, de mine orange,—flamboyantes, aveuglantes. Toutes deux, inégales dans leur parallélisme, semblent pouvoir s'embrasser entre les deux bras...—À quelle distance de nous sont-elles? Vais-je les toucher de la main, ou des immensités de lieues m'en séparent-elles?.....

Plus de plan, pas un soupçon de perspective, baignés que nous sommes dans ces lueurs limbiques, dans ces indicibles et confuses clartés!

Une Transfiguration polaire!

—L'Apocalypse!!!...............

Au-dessous de nous, autour de nous et de niveau, des épaisseurs effrayantes de nuages énormes, noirs, bleutés d'argent pâle à leurs crêtes déchiquetées et sur leurs dos puissants.—Ils semblent opaques et solides comme les nuages Olympiens,—et l'envie vient d'y poser le pied... Ils ondulent en houle vivante avec d'inquiétantes lenteurs, s'envahissent mollement, se font place,—ou disparaissent sous d'autres qui les surmontent en rampant...

On dirait ces rêves où les poulpes gigantesques, inconnus à l'homme qui n'a jamais pénétré les insondables profondeurs qu'ils habitent, se traînent et s'enlacent dans des enchaînements sans fin...

Mais l'immensité diaphane de notre globe jette son dernier éclair,—et nous nous enfonçons dans ce chaos de formes effroyables.....

Les monstres semblent vouloir monter vers nous, nous envahir, nous engloutir dans leurs sombres enlacements...

De l'un deux, à ma droite,—pareil à un bras vivant, contourné et énervé dans un alanguissement plein de menace,—se dresse et se tord une crête dentelée comme une flèche d'ogive,—hésitante,—semblant tâter sa route ainsi que fuit le serpent qui n'a pas d'yeux.......

La Vision a disparu... Aux clartés d'un instant ont succédé les ténèbres premières.—Nous nous replongeons dans les noires densités...

Chargé, en tout l'ensemble de sa manœuvre, du poids de l'eau qu'il a entraînée dans le jet de son essor, le ballon redescend vers le précipice obscur avec une telle rapidité, que,—des sacs de lest que vident avec précipitation, coup sur coup, par-dessus le bord, les deux Godard et Yon,—la terre et les cailloux, dépassés dans leur chute, retombent sur nos têtes..............

Mais j'entends près de moi des voix, des exclamations...—Mes compagnons parlent, s'agitent en tumulte.—Des feux, que l'on aperçoit bien loin au-dessous de nous, se rapprochent avec une terrible rapidité...

Nous arrivons à terre,—et il est certain que c'est beaucoup plus vite que nous n'en sommes partis...

—TENEZ-VOUS BIEN!—crions-nous, pour les *nouveaux* surtout:—TENEZ-VOUS BIEN!!!...

Tout à coup nous éprouvons une effroyable secousse, accompagnée de formidables craquements...

La nacelle a touché!

La première ancre, de disproportions absurdes avec la force de noire aérostat, est à peine lancée par-dessus le bord, quelle se rompt à première prise avec une nouvelle secousse si violente que notre maison d'osier semble s'effrondrer, et que toutes les mains cramponnées aux câbles de cercle lâchent prise...—Du premier choc, en se brisant elle-même, notre ancre a cassé au pied et à moitié déraciné un grand peuplier.

De ceci, nous ne savons encore qu'une chose,—c'est qu'il faut jeter bien vite la seconde ancre,—et nous rattraper non moins promptement aux cordes.

Notre pont s'est trouvé un instant dans une confusion indicible: j'ai senti dans le noir (—c'est ce noir qui m'inquiète!)—rouler près de moi un corps...

Je prends la princesse entre mes bras, j'applique ses deux mains contre deux câbles, et, par-dessus elle, je saisis ces mêmes câbles:

—N'ayez pas de crainte, madame!

—Mon Dieu! monsieur, me répond comme dans son salon la plus tranquille voix du monde,—que d'excuses j'ai à vous faire pour tous les embarras que je vous cause!

Ce qui me préoccupe, c'est ce diable de noir!

De jour, on se tire de tout;—mais la nuit!...

Nous attendons la troisième secousse...

—TENEZ-VOUS BIEN!—TENEZ-VOUS BIEN!!!...

Ouff!!!... c'est reçu!—Notre seconde ancre, aussi faible que la première, vient de se briser,—et nous *traînons*...

C'est le vrai coup dur:—contre quoi, maisons, troncs d'arbres, allons-nous être lancés?...

Heureusement il n'y a pas de vent!—La soupape, toujours bien ouverte, fonctionne en toute liberté, car son jeu n'est plus contrarié par le délest de tout à l'heure.—Si peu de courant qu'il y ait pourtant, cette masse de gaz, qui ne se perd pas assez vite, le suit: notre nacelle, tantôt droite, tantôt sur le côté, racle un instant le sol que nous ne voyons pas.—Étreignant plus énergiquement que jamais nos cordages, nous nous trouvons,—selon que la nacelle est d'aplomb ou couchée,—tantôt droits sur nos pieds posés, tantôt appendus par la force de nos poignets.

Mais l'aérostat perd sensiblement ses forces.—L'instant approche où le poids qu'il soulève, à vrai dire, plutôt qu'il ne le traîne, va devenir trop lourd pour lui et le forcer à s'arrêter...

C'est à peu près fait!—Notre nacelle, couchée sur le flanc, reste presque immobile.

—Que personne ne quitte sa place pour mettre pied à terre!...

Tout le monde obéit.—Je laisse à elle-même notre voyageuse, et, me suspendant aux cordes obliques, je quitte avec Jules l'osier de la nacelle pour nous diriger vers le cercle, puis vers le filet.

Pour prévenir tout caprice d'une bourrasque possible, et pour en finir,—puisqu'il parait qu'il faut en finir,—il s'agit de presser à l'aide du filet et de dégonfler le ballon.

Avançant avec précaution sous les mailles de l'immense réseau, ne lâchant d'une main que lorsque nous tenons bon de l'autre, nous nous engageons sous la masse agitée,—tantôt soulevés à plusieurs mètres,—tantôt refoulés et roulés contre terre sous les ondulations du ballon. Ces alternatives se succèdent avec une rapidité de caprice qui laisse tout juste le temps de bien prendre garde et de se tapir, au moment précis, contre le sol labouré, en tout dégagement du réseau. La partie engagée là est sérieuse,—et je ne donnerais pas grand'chose du cou qui se trouverait une fois harponné sous la guillotine d'une de ces mailles, quand le ballon, trop vaillant encore, se redresse...

Enfin le GEANT a exhalé sa colère avec son âme, et, trop dégonflé pour que ses derniers soupirs soient désormais à craindre, il gît de son long dans le champ...

Nos passagers,—moulus de fatigue,—quittent la nacelle. Mon frère a le genou foulé: ce n'est rien!—Nous sonnons nos deux cloches et nous allumons nos lanternes de voitures, dont l'éclatante lumière,—réverbérée par le métal et décuplée par la glace concave,—nous est fort utile en ce moment.—Gloire à Delessert, à qui nous devons ces lanternes!

—Comment! il n'est que neuf heures et demie!...

Des paysans arrivent dans l'ombre...

—Où sommes-nous?

—Vous êtes à Barcy, à deux pas du grand marais.—Si vous étiez tombés là, vous y seriez pour longtemps!

Quelle est la ville la plus proche?

MEAUX!!!

Quel coup d'assommoir!

Tant de combinaisons, tant de préparatifs, tant de peines, tant de fracas,—et jusqu'à un plaidoyer contre l'Atlantique!—pour tomber à...—Meaux!!!...

J'entends d'ici les petits journaux ressusciter le fameux Maire pour nous recevoir...

—Et pourquoi sommes-nous descendus ici? dis-je à L. Godard.

Il me parle—confusément—de la manœuvre, de la soupape, que sais-je?—et surtout il ne se presse pas de me dire que nous ne sommes pas descendus, mais tombés...

Je tâche de me consoler, ne pouvant mieux faire.

En somme, la grosse affaire était pour moi de ne pas éclater avant de partir,—et même après être parti.—D'autre part, j'ai réussi à enlever le plus considérable,—et de beaucoup,—de tous les ballons connus dans les annales de l'aérostation. Pour le reste, j'ai fait de mon mieux en ce qui était de moi.

Et, au surplus, nous recommencerons dimanche prochain,—pour de vrai, cette fois!

Je sais bien qu'avec sa double enveloppe et la quantité de lest que sa capacité lui permet d'emporter, le Géant peut tenir campagne six, sept, huit jours et autant de nuits,—plus qu'il ne faut, avec un bon vent, pour aller en Chine!

C'est égal...—c'est dur!!!...

Nous avons installé un campement provisoire.

Deux de nos compagnons, l'arme au bras, montent la garde autour du ballon.

Les autres vident les flancs de la nacelle de tout ce qu'elle contient,—la plus étrange des salades pour le quart d'heure!—et amoncellent en un tas ces objets multiples et divers, dont quelques-uns n'ont plus de forme ni de nom.

Les paysans, de plus en plus nombreux, nous entourent.

Un coup de feu tiré à mon oreille me fait soubresauter...

Encore Delessert!...

—Par distraction, dit-il, il a laissé échapper un coup de son revolver...

Eh bien! c'est moi qui avais tort, et mon brave Delessert était sage et prudent une fois de plus.—Quand il racontait le lendemain à un Maire des environs le petit avis de précaution qu'il avait cru bon de donner aux indigènes qui nous arrivaient de toutes parts dans les ténèbres,—le digne Maire devint rêveur, et lui dit:

—Vous pouviez bien avoir raison!...

Enfin on nous vient avertir que la voiture que j'avais demandée aux premiers arrivants est prête.

Il serait plus qu'inutile que tout notre monde, y compris une femme, passât la nuit à la belle étoile. Il faut apporter au plus tôt de nos nouvelles à ceux qui les attendent,—et il faut aussi prévenir autant que possible l'opinion quant au lieu de notre descente.

Je m'adresse encore à L. Godard, ne me rendant pas du tout compte du pourquoi de cette diable de descente,—mais pressentant trop bien dès lors ce qui doit en résulter....

—Qu'ai-je à dire? On va se moquer de nous!

Il me répond—en bégayant double, comme lorsqu'il veut prendre le temps de choisir ce qu'il veut dire,—et il accuse la corde de soupape de lui avoir échappé...

—J'arrangerai cela le moins bêtement possible, lui dis-je en soupirant.—Avez-vous de l'argent? Faut-il vous en laisser?

—Merci.

—À demain donc, à Paris!

Et donnant la main à madame de la Tour d'Auvergne, qui d'un bout à l'autre ne s'est point démentie et a été brave comme un homme—brave!—je la fais monter et l'installe dans la paille assez stricte d'un chariot Mérovingien,—sur lequel je prends place avec mon frère, Thirion, Mittchell et le prince de Wittgenstein.

Les cahots, jusqu'à Meaux, je ne les ai pas comptés!...

Nous soupons—gaiement, tout de même!—*quoique à MEAUX!*—en attendant l'heure du chemin de fer,—et au milieu de la nuit, nous avons au moins, comme fiche de consolation, le plaisir d'embrasser à Paris ceux qui ne nous attendaient pas aussitôt.

On s'est enfin expliqué, au déballage et au recollement, comment nous avions pu monter un instant à une telle hauteur, que nous avions retrouvé sur cet hémisphère—le 4 octobre, à huit heures et demie sonnées—le soleil!!! Je dis le soleil, car si ce n'était lui, qui nous avait procuré ce merveilleux spectacle que pas un de nous, vécût-il mille ans, n'oubliera?—Et le premier savant venu résoudra avec facilité le problème de notre altitude à ce moment-là.

—IL MANQUAIT À L'APPEL DEUX BOUTEILLES ET DEUX CHAPEAUX...

Mais c'était si beau!!!

—Décidément, vive Delessert!—quand même!...

XIX

Adieu, les roses! — Un procès-verbal par à peu près. — Rappel du *Plus lourd que l'air*! — Les rieurs et l'Aérostation. — «*Confusion des mauvais plaisants!*» (1783). — Bernadotte et le plancher des vaches. — Une explication. — Bilboquet et le maire de Meaux. — ?.... — La mer en Brie! — Le mot lâché! — Ce que c'est qu'une soupape. — Désobéissances. — Enfin! — Les chansons. — Pas en train de chanter! — Nadar censeur! — Bassesse. — Une visite. — La princesse de la Tour d'Auvergne et le *Journal des Débats*. — Une bonne lettre. — *Ô terre! trône de la Bêtise humaine!* — Les Anglais et le GÉANT. — Autre lettre. — Encore le Compensateur! — M. Arnaud, directeur de l'Hippodrome. — Les hivernages de M. Arnaud. — Les cheveux de M. Arnaud ne blanchissent pas. — Sauvons-nous! — Le GÉANT offre d'emporter l'Hippodrome. — Un démenti. — Godard et Arnaud. — Pas de papier! — Un beau guêpier. — En quoi consiste le métier d'aéronaute. — Une désertion à la veille de la bataille. — La revanche d'honneur. — Vais-je périr? — Cinq mille francs sur table. — Un homme modéré. — *Deux francs* de différence! — L'exactitude.

Nous ouvrons ici notre second acte.

Tous les inconvénients et désagréments que nous avons eu à traverser pour arriver jusqu'ici, et dont nous nous faisions des monstres,—n'étaient rien.

Quittons ce lit de roses—et poursuivons nos nouvelles destinées!...

Le lendemain de notre arrivée, sans parler d'un récit très-pittoresque inséré dans le *Constitutionnel* par notre compagnon Robert Mittchell, les journaux publiaient le procès-verbal signé de tous les voyageurs de cette première ascension, et qui expliquait notre descente à Meaux par la rupture de notre corde de soupape.

Cette explication était assez étrange,—mais que dire? Il m'avait été impossible d'arracher autre chose à L. Godard, qui, chaque fois que je remettais cette question sur le tapis, en le regardant dans les yeux, se remettait à bégayer avec fureur—comme il ne manque jamais de faire quand il n'est pas précisément pressé de répondre net à ce qu'on lui demande.

Les commentaires n'eurent garde de faire défaut, les plaisanteries non plus, de par le privilége spécial de tout temps acquis à l'aérostation.

Il est assez remarquable, en effet, que pas une des tentatives faites pour s'enlever dans l'air n'ait été épargnée par la moquerie des hommes,—depuis le malheureux Sarrasin Volant, qui se rompit les reins à Constantinople, devant l'empereur Manuel Comnène, en 1720,—depuis le pauvre moine *Voador*, de Lisbonne,—jusqu'aux essais de ces derniers temps.

Ni le danger très-réel de quelques-unes de ces tentatives, ni le courage qu'il fallut pour affronter ce danger, n'ont jamais pu parvenir à désarmer les rieurs.

J'ai sous mes yeux, en ce moment, une gravure du temps représentant l'ascension du premier globe aérostatique de *M. Mongolfier* (*sic*), enlevé à Paris, au château de la Muette, le 21 novembre 1783.

En haut de l'estampe, comme épigraphe, on lit:

Confusion des mauvais plaisants.

—Déjà!

Autre gravure du temps:—Blanchard est traîné dans sa nacelle, à Billancourt. Une oie pendue à une branche d'arbre lui fait, peut-on dire, pendant. Autour de lui des dindons, un âne, des... cochons!—Comme légende, en bas:—LE HASARD RÉUNIT LES PLUS BRILLANTS PERSONNAGE—avec un s en moins.—Et en haut:—*Sic reditur ab astris!...*—Blanchard avait eu l'innocente et peut-être excusable vanité de prendre pour devise de son ballon:—*Sic itur ad astra!*

Et l'abbé Miolan, en chat,—et Janinet, en âne!—Et jusqu'au terrible Marat lui-même, qui,—sous le pseudonyme du *docteur Bon Sens*,—insulte à l'art nouveau de l'aérostation, et même chansonne les Montgolfier...

Et tant d'autres encore!

Il n'est dans la science aucune découverte, aucun fait dans la politique, qui aient donné naissance à plus de quolibets que l'aérostation, en couplets ou caricatures.

Pourtant la pratique, si facile qu'elle soit aujourd'hui, des voyages aériens est encore un épouvantail extraordinaire pour une foule de gens,—les femmes exceptées, toujours plus *réellement* braves que les hommes;—et, depuis Bernadotte, qui n'eût pas, pour sa future couronne, échangé contre une place sous le ballon de Coutelle son «plancher des vaches,» j'ai vu plus d'un brave général, voire maréchal de France, vingt fois éprouvé sous la mitraille, frissonner à la seule pensée de se sentir élevé par un lambeau de soie gonflé à quelque cents mètres au-dessus du sol.

J'ai cherché la raison de cette facilité bizarre, de cette fécondité, de cet impitoyable, éternel acharnement de la moquerie humaine contre l'aérostation,—et j'imagine, ne pouvant absolument trouver autre chose,—que les plus poltrons doivent être ceux qui se moquent le plus, la lâcheté trouvant alors dans la dérision sa vengeance facile d'un courage qui l'humilie et l'offense.

«—Et je tiens pour affront le courage d'autrui!»

Il faut bien, faute d'autre explication, que je rencontre là encore le véritable et secret motif de l'impitoyable et dédaigneuse sévérité qui frappe tout homme coupable de quelque intérêt, de quelque curiosité avouée pour la science aérostatique.—Tout imprudent qui a approché, une fois dans sa vie, une nacelle d'aérostat est à jamais condamné comme homme «peu sérieux.»—Je connais un homme de mérite qui s'est vu dernièrement renversé d'une position importante: un des griefs relevés contre lui fut d'avoir fait une ascension quelque quinze ans auparavant...

Notre descente à Meaux réunissait à merveille toutes les conditions voulues de la plaisanterie facile, et il eût été réellement impossible, à ce point de vue, de mieux choisir un endroit pour tomber.—Annonces à grand fracas de voyages illimités, enveloppes de lettres en plusieurs langues, étalage des nourritures de Delessert et des haches—(qui nous étaient si précieuses quelques jours après en Hanovre),—tout cela pour aboutir piteusement à la cité illustrée par Bilboquet et à jamais célèbre par «Monsieur et Madame son Maire!...»—C'eût été par trop compter sur l'indulgence humaine que s'attendre à être épargné ou seulement ménagé en cette malencontre.

Les petits journaux tirèrent un feu d'artifice à mes dépens. Je n'étais pas d'humeur à rire, comprenant trop bien le préjudice réel de ce premier demi-insuccès quant au but que je m'étais proposé,—me décidant dès lors enfin à pressentir et à admettre l'éventualité d'inconvénients graves pour ma responsabilité financière engagée.

De plus, je n'avais pas du tout l'explication claire de cet accident qui avait si fâcheusement arrêté notre voyage à son début.

Je persistais à en chercher les causes réelles, puisque je ne parvenais pas à les arracher de L. Godard. Le public pouvait, à la rigueur, se contenter plus ou moins de la médiocre explication que j'avais dû lui fournir, faute de mieux; mais je n'avais pu m'y laisser tromper, moi,—et je restais avec l'incertitude quant à la vraie raison du fait, et l'inquiétude de le voir se renouveler.

J'avais fini par me dire qu'habitué à ses ascensions foraines d'une heure ou deux de durée, L. Godard s'était peu soucié, son argent une fois gagné par la montée, de prolonger de nuit notre voyage, et que la crainte de—*la Mer!*—avait dû accélérer d'autant notre descente.

Je n'y étais pas du tout,—et ce n'est que quelques jours après que j'eus enfin l'explication, que, seul, je ne trouvais point.

J'avais ce jour-là chez moi les deux frères, et, comme toujours, je ramenais la conversation sur le problème—dont je guettais le mot.

À mes hypothèses sur notre descente, les deux Godard s'entre-regardaient sans rien dire.—Enfin, dans un bon mouvement, quoique tardif,—mais non sans avoir préalablement consulté du regard son aîné,—qui exerce sur lui un ascendant inexplicable:

—Ce n'est pas tout ça, monsieur Nadar! me dit Jules.—Les ressorts en caoutchouc de la soupape ont cédé sous le poids de la corde, et nous sommes partis du Champ-de-Mars—*avec notre soupape TOUTE GRANDE OUVERTE*...

!!!...

J'adressai alors à Louis les reproches qu'il méritait pour m'avoir caché un fait aussi grave.

Mais à quoi bon des reproches?...

Tout m'était expliqué à présent. Je me rappelais qu'en effet, comptant absolument sur mes deux aéronautes et ne croyant pas avoir à m'occuper de leur besogne, j'avais vaguement remarqué pourtant que le ballon, si bien fermé qu'il fût à l'appendice, s'était trouvé dégonflé quelques instants avant le départ, et qu'on avait dû réouvrir la valve pour remplacer le gaz perdu.—Je me rappelais aussi que nous n'avions cessé d'épancher du lest pendant toute notre ascension:—pour dépasser Saint-Denis seulement, vingt-deux sacs de lest, de 25 kilog. chacun, avaient été dépensés!

Il est à propos d'exposer ici, pour l'intelligence complète de ce point, qu'une soupape d'aérostat est en bois de choix, ronde et formée de deux clapets s'ouvrant à l'intérieur. Ces deux clapets, auxquels est appendue la corde de travail, s'articulent sur une bande fixe, surmontée à angle droit d'une autre bande verticale sur laquelle jouent les boudins de caoutchouc, tendus de chaque extrémité circonférencielle desdits clapets.

Sans me rendre précisément compte de ce qui devait arriver,—mais sachant que les accidents aérostatiques proviennent presque toujours du jeu de soupape,—j'avais apprécié qu'avec un engin de dimensions aussi inusitées nous ne pouvions prendre de ce côté assez de précautions. Je n'avais d'ailleurs jamais eu bien grande confiance dans ces ressorts de caoutchouc,—substance trop impressionnable aux influences atmosphériques diverses,—et, dès le premier jour où notre fabrication fut arrêtée, j'avais engagé Louis à doubler ses ressorts ordinaires avec un jeu de boudins d'acier.

Il avait paru apprécier cette idée, et m'avait promis de la mettre à exécution.

Préoccupé de ce détail, je lui avais, huit jours après, demandé—s'il avait commandé mes boudins d'acier.—Il m'avait répondu affirmativement,—deux autres fois encore m'avait confirmé sa commande,—et enfin, l'avant-veille de l'ascension, alors qu'aux derniers moments nous n'avions plus le temps de nous occuper de ce point, il m'avait avoué—*qu'il n'avait rien commandé du tout*,—«parce que,—me dit-il,—le fabricant avait demandé—*deux cent cinquante francs*...(!)»

Pour me rassurer, il m'avait promis un système de son invention—qui devait me donner, assurait-il, sécurité et satisfaction parfaites.

Ce système, qu'il me fut permis de voir seulement la veille de l'ascension, consistait en une manière de larges bandes de bretelles, caoutchouc et soie tissés.

J'avais complètement désapprouvé, préférant encore de beaucoup, et pour toutes causes, les boudins ordinaires où le caoutchouc a plus de force et présente moins de surfaces aux variations caloriques et hygrométriques.

Mais il était trop tard!

Et la conséquence avait été, comme le plus simple bon sens devait le faire prévoir, que nos bandes de caoutchouc,—suffisantes peut-être pour supporter dans un ballon ordinaire une corde d'une douzaine de mètres au plus,—avaient fléchi, au fur et à mesure du gonflement, par le développement d'une corde de quarante-cinq mètres.

Cette corde, que j'ai conservée comme souvenir douloureux, pèse près de 3 kilog...

Les dangers d'un départ exécuté dans de semblables conditions, si graves qu'ils fussent, n'étaient rien—devant le coupable secret que m'en avait fait l'homme payé par moi.—Et cette faute s'aggravait encore d'une désobéissance antérieure que je n'avais pas oubliée.

Cette imprévoyance accusait la plus flagrante impéritie et une inintelligence tout à fait inquiétante. Jointe à la transgression de mes ordres, elle avait eu pour résultat l'avortement dérisoire de notre première expédition après la promesse d'un long voyage;—et cet avortement allait, sinon jeter absolument la défaveur sur nos expéditions suivantes, tout au moins les priver de l'intérêt puissant qu'eût exercé d'abord sur l'esprit public une longue trajectoire accomplie,—prévision que confirma l'infériorité de la seconde recette.—Enfin, pour le quart d'heure, ce mécompte du public attirait sur moi une grêle de commentaires peu favorables et de quolibets qui m'étaient assez insupportables.

On vient—enfin!—d'apprendre si j'y étais pour quelque chose, et si je méritais ces reproches que j'ai eu la résignation d'assumer si longtemps sur moi seul.

Que pouvais-je faire autrement?—Raconter les faits, en invoquant, s'il en était besoin devant ma parole, tous mes nombreux témoignages à l'appui?—Mais c'était, quel que fût mon trop légitime mécontentement, nuire dans sa profession à l'homme que j'employais; c'était diminuer cet homme auquel j'avais confié la conduite du Géant,—et qu'il m'était d'ailleurs presque impossible de remplacer à la veille de notre seconde ascension.

J'avais déjà d'autres griefs plus graves que je voulais oublier et d'autres inquiétudes,—qui allaient se trouver bientôt cruellement justifiées.

Je me résignai donc à accepter, sans mot dire et tout seul, la responsabilité de la descente à Meaux,—car il n'y avait pas de danger que le vrai coupable revendiquât cette responsabilité.—Je trouvai là une occasion d'exercer la patience dont j'avais amassé provision prudente à mon début; et, faisant le dos rond, je reçus les coups.

Mais ces blessures imméritées m'étaient d'autant plus sensibles qu'elles arrivaient au milieu de la multitude croissante de mes autres tracas et ennuis. Péniblement déçu par le chiffre de notre première recette—(36,000 fr.),—chiffre si peu en rapport avec la foule qu'il m'avait semblé, comme à tout le monde, voir réunie dans le Champ de Mars;—ne voulant me distraire en rien cette fois des dispositions de notre seconde ascension;—débordé, noyé dans les comptes et factures;—plus que jamais assailli d'une correspondance si nombreuse que le temps me manquait même pour ouvrir les lettres;—tiraillé à droite, harcelé à gauche, envahi par tous les parasitismes, bourrelé d'appréhensions, enfiévré par l'insomnie;—je commençais encore à me trouver particulièrement énervé par la saturation d'une publicité personnelle—qui a dû en fatiguer d'autres, puisqu'elle arrivait à m'exaspérer moi-même.

Il me fallait bien accueillir cependant ceux qui trouvaient à se servir pour eux-mêmes de cette publicité, lorsqu'ils le faisaient sans trop de malveillance. Je ne pouvais prendre sur moi de désobliger des gens qui ne témoignaient pas d'intentions blessantes à mon endroit, et je ne voulais pas paraître reculer devant des plaisanteries inoffensives.—C'est ainsi que, sans me trouver d'humeur à chanter ni danser pour le quart d'heure, je donnai mon *visa* à tous quadrilles, chansons, etc., qui demandaient au GEANT de les laisser profiter de sa notoriété.—Les règlements de la direction de la librairie exigeaient, me disait-on, ce visa mien préalable,—mesure à laquelle encore il me répugnait fort de me prêter, bien qu'elle me couvrît.

Je me décidai donc à écrire uniformément sur tout ce qu'on venait soumettre à ma censure préalable (—Nadar censeur!—): «*Je ne me reconnais le droit ni d'approuver ni de défendre ceci.*»—Et les censeurs—pour de vrai—voulurent bien, parut-il, s'en contenter.

Pour une seule de ces chansons, celle-là toute de bouc et de venin, et bête à soulever l'estomac,—chanson, dont l'auteur eut le cynisme de me demander l'autorisation,—qu'il se garda bien, par exemple! de venir chercher en personne,—la plume me tomba des mains.—J'ai conservé comme échantillon curieux ce spécimen de la bassesse de certaines âmes.

J'eus, un de ces beaux matins-là, l'honneur de la visite de la princesse de la Tour d'Auvergne.

Le *Journal des Débats* avait épisodiquement raconté que la princesse, allant au bois, avait fait arrêter sa voiture pour s'informer du motif qui poussait la population Parisienne vers une direction unique;—qu'apprenant l'ascension du Champ-de-Mars, elle avait fait donner l'ordre à son cocher de la conduire de ce côté;—qu'arrivée là, l'envie subite lui était venue de faire partie de l'expédition, et que, malgré mes refus, elle s'était si bien obstinée, etc.

Tous les journaux avaient à l'envi reproduit cet incident, intéressant par le sexe et le nom de l'héroïne, mais dont l'inconvénient était de manquer un peu d'exactitude.

La princesse venait me communiquer la réponse que je reproduis ici:

«Monsieur le rédacteur,

«Le récit que vous avez inséré me ferait passer pour une enfant ou pour une folle.

«À mon âge il n'y a plus d'enfant, et le fait en lui-même est trop naturel pour que vous ne le rétablissiez pas dans sa réalité.

«Je suis sortie de chez moi dans l'intention d'aller directement au Champ-de-Mars. J'avais entendu dire que M. Nadar voulait gagner, avec un ballon, l'argent nécessaire à des systèmes de navigation aérienne. Je ne suis qu'une femme, mais je ne puis m'empêcher de croire qu'il y a là autre chose qu'une chimère, et j'ai regardé comme un devoir d'apporter, comme tout le monde, mon obole à cette entreprise.

«Lorsque je me suis approchée, la confiance, l'admiration m'ont gagnée, et j'ai voulu faire partie du voyage, afin surtout que mon obole fût plus forte.

«Toute autre en eût fait autant, et vous voyez, monsieur, que le fait est, en vérité, si simple, qu'il n'est pas juste de le présenter comme un acte d'excentricité.»

«Agréez etc.;

—Je viens vous demander si vous trouvez utile que j'envoie cette lettre, me dit la princesse.

J'avais eu trop belle occasion d'apprécier la grandeur réelle de ce caractère pour m'étonner.—Mais la publicité qui s'était faite autour de ce nom de femme m'avait déjà choqué à l'égal d'un manque de respect.

Plus j'étais touché de la pensée qui avait dicté cette lettre, plus je me croyais en devoir de détourner les inconvénients d'un rappel de l'attention publique, et, puisqu'on me consultait, puisque la question était soumise à ma discrétion, je devais conseiller l'abstention et le silence.

Mais je n'ai pas cru qu'il me fût permis d'omettre, dans les archives que je réunis ici, cette lettre si honorable pour la main qui l'a écrite, et aussi, puis-je dire, pour la cause que je représentais.

Le lecteur appréciera si cette brave et bonne lettre me fut chère à ce moment-là...

Elle ne pouvait malheureusement rien contre les récits les plus absurdes qui circulaient partout et me revenaient de tous côtés.—«*Ô Terre! trône de la Bêtise humaine!*» a dit le poëte.

Le public,—m'exagérais-je les choses?—me semblait ne tenir compte de rien, ni des difficultés de l'œuvre, ni de son but. On me rapportait les reproches: l'absence du fameux Compensateur paraissait surtout avoir mécontenté.—Ici le public avait raison, ce Compensateur, quel qu'il fût, lui ayant été promis.

Tout retombait sur moi,—naturellement!

Parmi la foule des bruits contradictoires, le *Figaro* annonça que j'allais partir pour Londres avec le GEANT. En effet, les représentants de compagnies anglaises, celles d'*Alexandra Park et de Crystal Palace Sydenham* entre autres, étaient venus me faire des offres.—Partir sans avoir vengé Meaux, c'eût été une désertion!

J'envoyai aussitôt aux journaux le démenti à ces bruits de départ et ma réponse, aussi complète que possible, sur tous les autres points.

En somme, on avait trouvé que le ballon avait eu de la peine à s'enlever, de par les essais du pesage préliminaire et rigoureux à un gramme près, qui précède pourtant toutes les ascensions.—Le ballon isolé dans l'immensité du Champ de Mars, avait semblé petit.—Enfin on lui reprochait de ne pas emporter assez de monde,—et de ne pas aller assez loin.

Je ne parle pas, pour appoint, de plusieurs qui persistaient à me reprocher amèrement de ne pas avoir—«*dirigé*»—ledit ballon...

Je m'engageai donc, à enlever le dimanche suivant, à côté du GEANT, le grand ballon que montent les Godard aux fêtes officielles, pour donner ainsi un point de comparaison;—puis, à emporter préliminairement en ascension captive vingt, trente personnes,—tout ce que notre plate-forme pourrait contenir,—me réservant, bien entendu, le droit de trier ensuite à ma guise mes compagnons pour le vrai départ.

Quant à aller «*loin*», j'y comptais bien, mais pas de promesse, parce qu'en aérostation on va où on peut.—En revanche, je garantissais que le Compensateur si vivement réclamé ne ferait pas défaut.

«Je ne puis garder pour moi seul une dernière réflexion,

—ne pouvais-je m'empêcher de dire en terminant.

«Les Anglais, leur Société royale de Londres en tête, s'honorent d'encourager efficacement et de toutes les manières la science—toute Française pourtant—de l'aérostation, pressentant ce que l'avenir lui réserve dans la réelle pratique. Ils protègent, ils aident, ils appellent à eux, ils respectent surtout ceux qui cherchent à rapprocher cet avenir certain.

«En France, le moins qu'on fasse, c'est de dénigrer ou de rire;—il semble même que certaines gens aient je ne sais quelle basse haine, inexplicable et parfois venimeuse, contre toute tentative vers ce but.

«Il m'aurait convenu de faire et d'enlever des ballons pour gagner de l'argent, que personne, ce me semble, n'aurait rien eu à dire, et je suppose qu'on m'eût laissé disposer de ma personne comme je l'entends.—Est-ce donc parce que je fais ce dur métier,—où j'engage et puis compromettre tant de choses—au bénéfice d'une Idée grande et utile, que certaines gens s'irritent ainsi?»

Avouerai-je que mon ressentiment même ne m'avait pas fait oublier les Godard et que j'avais la faiblesse de leur accorder une réclame dans cette réponse...—Je persistais à n'en pas vouloir désespérer.

Mais toute ma bonne volonté pour eux vint à subir un rude coup.

Je m'étais rencontré, quelques années auparavant, avec un entrepreneur de spectacles, bien connu dans la ville, M. Arnaud, directeur de l'Hippodrome. En admirant l'activité qu'il déployait dans ses fonctions, je l'avais plaint d'être forcé, pendant la saison d'hiver qui ferme son théâtre, de laisser cette activité inoccupée.—M. Arnaud avait souri, et m'avait répondu, avec simplicité et dégagement:—«Je suis, au contraire, bien moins occupé l'été que l'hiver;—songez donc un peu que, l'hiver, je vide tous les procès que je me suis faits pendant l'été!»

Cette parole inquiétante ne m'avait pas empêché d'accepter avec M. Arnaud une ou deux affaires, dont une commande de sculptures caricaturales,—et j'avais aussitôt pu constater dans ces deux rencontres qu'il ne tenait qu'à moi de fournir à M. Arnaud deux opérations de plus pour son hivernage.—Je m'étais abstenu, n'étant pas du tout processif—et je m'étais borné à contempler, sans la moindre rancune et avec curiosité,—mais à prudente distance désormais,—cet homme étrange qui tient à vanité singulière ce dont tous les autres se garent le plus discrètement qu'il leur est possible.

Ce digne M. Arnaud s'était beaucoup inquiété du GEANT.—Je ne dirai pas que ses cheveux en blanchirent, car il n'y parut pas;—mais il n'en dormait plus, et il s'était mis en tête de l'avoir en son Hippodrome. Il vint jusqu'à trois fois dans une matinée, avant notre première ascension, me relancer aux ateliers Godillot, pour me persuader des avantages de cette opération.

J'avais les très-suffisantes raisons qu'on sait pour ne pas me montrer enthousiaste de la proposition:—la seule pensée d'avoir, fût-ce dans cent ans, le moindre intérêt commun avec ce lutteur trop éprouvé m'eût fait sauver en Cochinchine!

J'esquivai l'offre en plaisantant.—Ne pouvant seulement gonfler mon Géant dans son Hippodrome trop petit, j'offris comme fiche de consolation à ce brave M. Arnaud—d'enlever son Hippodrome avec mon Géant...

Je plaisantais sur un volcan,—comme on va le voir tout à l'heure.

Quand il dut se résigner à comprendre enfin qu'il lui fallait abandonner toute espérance de mon côté, mon homme y mit de l'aigreur, affirmant à tout venant et jusqu'à moi-même qu'*il savait personnellement* que mes ascensions seraient interdites;—si bien, qu'à force de parler, il fut entendu, et que je fus chargé un jour, de haut lieu, comme on dit, de lui transmettre par la figure le plus net et le plus brutal des démentis.

Fatigué de la persistance de ses méchants propos qui m'étaient à chaque instant rapportés, j'allais vaincre ma répugnance et me décider à demander au tribunal compétent de mettre une sourdine à ce trop d'éloquence, lorsqu'un soin autrement sérieux vint me détourner vers plus pressante besogne.

Le jour de ma première ascension, ce très-habile directeur de l'Hippodrome avait annoncé par d'énormes affiches, comme il ne craint pas de les comprendre, une ascension *Extraordinaire!...*—Je dois cependant lui rendre cette justice qu'il n'inscrivit pas cette fois,—comme plus tard et d'accord avec mes aéronautes transfuges,—le mot GEANT sur lesdites affiches, et que ceux qui purent s'y tromper n'avaient strictement,—au pied de la lettre, j'entends!—rien à lui redire.

Mais cela ne lui suffisait pas.

Et je m'aperçus quelques jours après que les visites des deux Godard, d'abord ralenties, s'étaient arrêtées tout à coup...

On vint m'apprendre qu'ils étaient en pourparlers avec ledit Arnaud,—qui, faute du GEANT, voulait au moins ses équipiers, et,—juste la veille de ma seconde ascension,—avait subitement éprouvé le plus pressant besoin de les attacher à l'Hippodrome au moyen de chaînes dorées par son procédé...

Or,—de par cette éternelle et imbécile confiance, que je conserverai jusqu'à la fin de mes jours, dans le premier venu qui n'aura pas encore eu le temps de me tromper,—je m'étais embarqué dans cette très-grosse affaire sans un mot écrit, sans l'ombre d'une garantie vis-à-vis de mon aéronaute!

Lorsque j'avais voulu l'amener sur ce terrain, il m'avait invariablement répondu,—en feignant de se tromper sur le point de vue:

—Je ne vous demande pas de papier, monsieur Nadar,—je sais trop bien à qui j'ai affaire!

Il le savait trop bien en effet...

Me voici dans un beau guêpier!

Non qu'il y ait l'ombre d'une difficulté pour l'homme qui a fait seulement deux ascensions, à s'enlever et à descendre avec un ballon deux fois gros comme le GEANT:—la preuve héroïque en est fournie par le niveau d'intelligence des aéronautes ordinaires eux-mêmes,—simples contre-poids de chair humaine, dont l'invariable exercice consiste, pendant des années consécutives, à partir de Saint-Cloud, pour aller, une demi-heure après, tomber devant une bouteille de vin au Bas-Meudon.

Mais, avant et après ascension et descente, il est une foule de manœuvres qui ne sauraient être dans les habitudes et dans les goûts de tout le monde.—Planter des mâts, déployer l'aérostat, adapter le filet, démêler et disposer les cordages, remplir deux cents sacs de terre, etc.,—puis, reployer ballon et filet, rouler les cordes, recueillir les épaves, rassembler, emballer et charger le tout sur les wagons,—autant de soins manuels et spéciaux des moins attrayants, auxquels toute l'intelligence du monde ne saurait suppléer seule.

Malgré l'énergique insistance de mon maître très-expérimenté, M. J. A. Barral, à me détourner de l'emploi dangereux des aéronautes forains, j'avais cru devoir—par cette unique raison que je n'ai pas l'habitude de balayer ma chambre moi-même,—commencer par prendre un aéronaute,—et j'avais pris le seul que je connusse, cette carrière n'étant pas précisément envahie.

Pour le moment,—encore et malgré tout!—j'avais trop à faire et je me sentais trop fatigué de la lutte, après Meaux, pour accepter l'éventualité d'une revanche où je ne serais pas au moins débarrassé des infimes détails de la manœuvre.

La nouvelle de cette désertion à la dernière heure mettait donc le comble à mon trouble.—Tout à fait découragé,—à la fin!—abattu, achevé par ce dernier coup, je ne songeais même pas à la possibilité d'un remplacement—pourtant si facile!

Allais-je donc être abandonné par celui-là, après tant de bons procédés, tant d'indulgence de ma part,—à la veille de cette revanche si ardemment attendue, revanche d'honneur pour lui, dans son métier—d'honneur et de tout pour moi!—lorsque l'hiver imminent ne me permettait plus d'en espérer une autre et me faisait encore, tout juste peut-être, la grâce d'un dernier beau jour?—Devais-je donc périr aussi misérablement?

C'était dans ce cas plus que la mort de mes grandes et chères espérances;—c'était la terrible punition de mon imprudence déplorable;—c'était terminer par une ruine honteuse, dérisoire et sans remède, une entreprise justement écrasée sous mon impardonnable imprévoyance!...

Je fermais les yeux, pour ne pas voir la conséquence sanglante...

—et, déterminé à reculer jusqu'au delà du dernier retranchement l'inexorable fin de l'aventure, j'envoyais messagers sur messagers au Godard,—qui ne venait point!

Il vint enfin, le surlendemain,—tout au soir!

Depuis le commencement des travaux de la confection du GEANT, j'avais donné à ce Godard tout l'argent qu'il m'avait demandé,—sans qu'il m'eût été possible encore de lui arracher notre compte toujours réclamé, toujours, promis,—et je me regardais depuis longtemps comme suffisamment découvert par devers lui, les paiemens successifs ayant déjà de beaucoup dépassé son devis.—Mais il ne s'agissait pas de cela!

Sans explication, sans reproche,—j'alignai d'abord devant lui cinq billets de mille francs,—et je lui demandai quelle part proportionnelle il voulait sur la recette des ascensions...

Il déclina l'offre et me répondit qu'il se contenterait d'un émolument fixe:—il se tenait pour satisfait si je lui assurais un minimum de 4,000 fr. (je dis *quatre mille francs!*)—simplement,—pour chaque ascension. Ce minimum augmenterait dans la proportion des recettes.

(Chaque ascension de l'Hippodrome,—y compris la fourniture du matériel, les risques de descente, les frais de retour, etc., leur est payée je crois et au plus, cent cinquante francs!)

J'étais tout engouffré.—Je signai.

Il signa aussi,—sans oublier de mettre préalablement les cinq mille francs en poche...

Puis il me raconta—tout naïvement,—sans le moindre embarras, par manière de conversation,—comme quoi il s'était moqué d'Arnaud,—«*un marchandeur, un rat!*» disait-il,—et pourquoi ils n'avaient pas conclu, ledit Arnaud s'étant obstinément tenu à une différence de

—DEUX FRANCS!!

Le 17 octobre au soir, veille de la seconde ascension, il avait été expressément convenu que, pour certitude décuple, tout le monde serait à son poste, au Champ-de-Mars, à sept heures du matin.

J'y étais dès six heures et demie, arpentant le terrain et regardant à l'horizon Nord...

Je compte sept heures,

—sept heures et demie,

—huit heures,

—huit heures et demie,

—neuf heures!...

Personne!

—Qu'arrive-t-il encore? Qu'est-ce que ce retard m'annonce?... J'ai payé pour tout craindre!...

—Toutes les défiances, je les ai désormais, me rappelant certaines histoires qu'ils m'ont racontées:—Une fois, c'est l'aéronaute qui s'aperçoit à quelques cents mètres en l'air qu'un confrère a fait couper intérieurement les câbles qui attachent sa nacelle au cercle.—Une autre fois, c'est lui-même, Godard, qui, en ouvrant sa soupape pour sa descente, voit se présenter à l'orifice une bouteille qu'il n'a certainement pas mise lui-même à cette place-là. Cette bouteille, qui devait tomber droit sur lui au premier coup de corde, contient de l'acide sulfurique...—Le moins qu'il pût bien m'arriver, c'était, à ce dernier moment, la désertion que j'avais cru prévenir par cet exorbitant traité...

Après l'affaire Arnaud, je peux m'attendre à tout... Je sais maintenant à qui j'ai affaire, et je comprends trop que,—devant un homme sans responsabilité d'aucune sorte et dès longtemps dégagé, ainsi que j'avais pu l'apprendre, vis-à-vis de toute revendication ou reprise possible,—mon traité lui-même peut fort bien n'être entre mes mains qu'un chiffon de papier dérisoire...

S'il n'y avait là qu'un spectacle ordinaire, où le public n'a qu'à passer par un tourniquet pour être admis, je ferais sur-le-champ débarrasser la place, je m'en irais cuver ma ruine et tout serait dit.—Mais c'est tout autre chose:

nombre de billets ont été pris *à l'avance* dans tous les dépôts... Je suis engagé d'honneur!...

—Ils ne viennent pas!...—Et il est neuf heures passées...—C'est évident: je suis joué!...

N'y pouvant plus tenir, je dépêche à tout hasard mon frère vers les Batignolles, au-devant des Godard,—s'ils viennent!...

Et je reste seul,—bourrelé de désespoir, voyant ma ruine consommée, maudissant l'imprudence sans pardon qui m'a livré pieds et poings liés à la discrétion de ces gens-là...

Mais—me suis-je trompé?—je vois des chariots s'avancer: c'est le ballon, escorté de Godard et de son monde!...—Ma poitrine se dégage d'une montagne!

—Comment, lui dis-je, me laissez-vous dans une inquiétude pareille et arrivez-vous à neuf heures et demie quand vous deviez être là à sept heures?

Il me répond d'un air singulièrement dégagé (—j'étais désormais pays conquis!)—qu'il n'y a pas de mal, que nous avons devant nous plus de temps qu'il ne faut.—Et, bientôt en effet, les ballons sont déroulés, le matériel est en place,—et, sur le sol détrempé par les pluies des jours passés, tout se dispose avec une activité qui me rassure.

Quelques gouttes d'eau commencent à tomber!...

Ce n'était rien!...—Voici le temps qui se remet, et même un petit rayon de soleil perce la nue.

—Quand je te disais que nous aurions beau temps!

C'est mon bon Daniel qui m'a toute la semaine rassuré contre cette mauvaise chance.

Voici une nuée de sergents de ville qui arrivent, commandés par plusieurs officiers de paix et deux commissaires de police.—Cette fois, nous serons bien gardés.

Voici la troupe que le maréchal Magnan a bien voulu doubler: deux bataillons, deux escadrons, sans compter la garde municipale à cheval,—et deux corps de musique.

J'indique, aussi bien que je peux, le service de chacun, puisque c'est moi—le rêve continue!—qui commande à tout ce monde-là!

Mon ami l'artificier Ruggieri est là aussi. Il a voulu lui-même apporter nos bombes et présider à l'installation des mortiers.

Tout ira aussi bien que possible.—Je suis rassuré, au moins d'un côté, sur le jeu de la soupape: une légère corde en soie, qui suffirait à pendre deux hommes, a remplacé le câble pesant qui nous a joué si méchant tour la fois première.

Quant à mon autre préoccupation,—la terrible, celle de l'insuffisance absurde du diamètre de la soupape,—je veux espérer que le vent se montrera, cette fois encore, clément à notre descente.

J'ai résolu, attendant l'événement, de garder pour moi mes appréhensions trop motivées à cet endroit, et de ne pas faire partager inutilement mon inquiétude à ceux qui m'entourent.

Mais j'ai beau faire, je ne puis la chasser;—car je dois tenir pour certain que, cette fois, ma femme m'accompagne.

Et, puisque je suis arrivé à ce point délicat, elle n'est pas la moins embarrassante, cette dernière conséquence forcée qui m'amène à prononcer—moi-même—dans ces pages, un nom qui semblait ne devoir être arraché jamais à sa modeste et honnête obscurité.

Ceux qui m'ont adressé le reproche d'avoir *emmené* ma femme ont sans doute le malheur d'ignorer que, généralement, nous ne nous marions guère que pour faire une autre volonté que la nôtre.

Et je ne rougis pas du tout d'ajouter que, généralement encore, c'est ce que nous pouvons faire de mieux.

Je me suis donc soumis à cette volonté, d'autant plus fermement arrêtée et précise, qu'elle n'a pas même pris la peine de passer par des lèvres qui ne se sont jamais ouvertes à une parole de contradiction.

Deux motifs l'ont déterminée:—l'un sérieux,—l'autre futile, mais contre lequel je ne trouve mot à dire.

Ce qui est pour moi une crainte trop raisonnée se manifeste de ce côté, non même comme un irrésistible pressentiment, mais comme une conviction certaine, absolue:—IL Y AURA CETTE FOIS MALHEUR!

Or, j'ai eu beau promettre d'envoyer des nouvelles heure par heure, pour ainsi dire, en laissant tomber des lettres sur toutes les localités que nous dépasserons, ma femme ne se sent pas la force d'attendre dans l'anxiété, avec la—*certitude*—d'un accident;—elle veut aller elle-même au-devant de la mauvaise nouvelle.

Ensuite, et la femme ici se complète, il paraît, d'après tous les chiromanciens, que chez moi la *Ligne de vie* est brusquement arrêtée:—de par la science de Desbarrolles et à l'unanimité, il est écrit que je dois périr de mort violente, comme les Ravenswood.—Chez ma femme, tout au contraire, cette même

Ligne de vie semble ne pas vouloir finir, et on dirait qu'elle va tourner autour de la main.

Or, il y aura accident,—c'est convenu!

Si je suis seul, c'est la mort,—la *Ligne* qui m'a condamné me tue.

Mais si cette autre main,—la main de salut!—est dans ma main, je dois être préservé, au moins de la mort, de par l'autre *Ligne de vie* qui luttera à force égale contre ma *Ligne de mort*, et me protégera...

Que répondre?—Et surtout en me rappelant qu'alors qu'une maladie inquiétante me couchait sur mon chevet à la veille de notre mariage, cette même main de la jeune protestante, toujours étendue sur moi, allait pieusement allumer un cierge aux pieds de la Vierge catholique?...

Contre l'épouse, la mère l'avait, la première fois, emporté. Mais rien ne luttera cette fois contre la certitude que cette seconde épreuve ne doit pas faire grâce.—D'ailleurs, l'enfant à terre, confié à une autre sollicitude non moins maternelle, ne court, lui, aucun risque jusqu'à notre retour. L'autre péril reste donc seul,—terrible,—imminent,—qu'il *faut* conjurer...

Cependant la foule commence à envahir les enceintes.

Pour éviter toute possibilité d'accident,—et me soustraire aussi aux importunités de l'ascension première,—il a été décidé que la plus sévère consigne interdirait rigoureusement à tous l'entrée de l'enceinte de manœuvre.—Pas d'exception!—Je suis au moins tranquille de ce côté-là!

Quelle erreur!—Voilà Villemessant qui vient à moi, tout guilleret, flanqué de sa dynastie.

—Comment es-tu entré ici? lui dis-je tout surpris et mécontent. Au nom de Dieu! va-t'en ou fourre-toi sous la tente de service!—Si on t'aperçoit là, chacun va vouloir entrer, et je suis débordé!

Il paraît comprendre et fait mine de se terrer.—Mais demandez à ce Villemessant-là de se tenir tranquille!...—Un instant après, je l'aperçois, voltigeant à gauche, à droite, autour de mes équipiers,—partout...

Je me résigne,—ne pouvant mieux faire, et, comprenant bien que je vais être envahi, je me réfugie auprès des miens dans la cabane en bois qui nous sert de *retiro*.

Mais je n'y suis pas pour longtemps tranquille!...

... —et voici que je me trouve encore forcé de donner place à un épisode—dont je ne parlerais pas, s'il n'avait couru la ville avec les commentaires les plus variés et les appréciations les plus inexactes.

Entre, tout essoufflé, un ami:

—L'Empereur arrive!

Puis un autre,—un inconnu, celui-là:

—Monsieur Nadar,—l'Empereur! voici l'Empereur, avec le roi des Grecs!

Puis, coup sur coup, dix autres, vingt autres:

—L'Empereur est là!

D'après les yeux ronds de tous ces messagers, haletants, ahuris,—je comprends bien vite que cette visite inattendue va d'autant plus m'embarrasser qu'elle témoigne en somme pour mon Entreprise d'un intérêt que je ne puis nier.

Je vois bien déjà, sous la pression qui commence à se resserrer autour de moi, que chacun va me jeter rudement la pierre, si je ne m'empresse de courir au-devant du visiteur dont l'arrivée met tout ce monde tellement sens dessus dessous.—Telle est l'agitation qui m'entoure, qu'il semble, si je ne m'élance assez vite, que la terre va manquer sous mes pieds et sous ceux de toute la population rassemblée là, dans ce Champ de Mars,—comme autrefois s'ouvrit le sol pour engloutir dans les flammes Coré, Dathan et Abiron...

Mais je ne saurais vraiment d'abord attribuer si grosse importance, en cette indifférente question, à ce que peut faire ou non ma personne.

Je sens d'ailleurs qu'il m'est ici plus qu'impossible, pour plusieurs raisons, de mettre un pied devant l'autre,—et je suis bien plus surpris encore moi-même de la surprise de tous ces gens-là à cette si simple déclaration.

Je n'ai rien demandé—qu'une chose:—la jouissance de mon droit à me casser le cou au profit de mon Idée (qui eût eu pourtant si grand besoin d'autres aides!)—Hors cela, rien: ni argent pour le présent, ni récompense pour l'avenir.—De ceci, la preuve éclatante est là, dans ce dur, cruel métier que j'ai préféré entreprendre pour gagner son premier capital à ma société d'essais du *Plus lourd que l'air*.

Je persisterai certainement à ne rien demander, à ne rien accepter même jusqu'à ce que ma tâche soit remplie, si,—dans un égoïsme dont personne je pense ne me disputera le bénéfice,—je tiens à conserver vis-à-vis de la future Navigation Aérienne le seul titre qui puisse m'appartenir.

Et puis,—et, n'étant pas encore en Chine, peut-être, je tiendrais pour la pire offense de ne pas le dire!—je veux croire, plus encore devant cette espèce d'incroyable stupeur qui m'environne et surtout devant ces insistances qui deviennent presque des injonctions,—que la disposition de ma personne ne dépend que de ma volonté.

Or, pour ce qui me concerne, je ne sais parler qu'à ceux auxquels je puis dire tout ce que je pense, et j'ai toujours vécu trop loin du pouvoir et dans la réserve d'une abstention trop absolue pour ne pas être bien sûr, sans vaine bravade, qu'il est certaines paroles qui ne sauraient jamais sortir de mes lèvres...

Et enfin, n'y eût-il que cela, j'ai fait, de toute ma conviction comme toutes choses, en 1848, un livre, *la Revue Comique*, que tous ont pu oublier, sauf moi, et je méprise qui renie son œuvre...

(Quelque différentes des miennes que puissent être, sur ce point ou tous autres, les appréciations de mon lecteur, j'espère qu'il ne saura du moins me reprocher l'hypocrisie ni la bassesse.)

Plus ils insistent, plus il me semble que ces officieux si empressés s'exagèrent jusqu'à l'absurde l'importance d'un fait qui n'en saurait avoir,—plus aussi je commence à m'irriter de voir cette insistance indiscrète souligner mon refus et donner tout à l'heure des proportions ridicules à un incident qui n'en comportait d'aucune sorte.

J'en arrive à me fâcher tout de bon, au bout d'une grande demi-heure que ces obsessions successives durent, et à envoyer très-haut, tous ensemble, ces importuns au diable,—bien que je voie depuis un moment autour de moi nombre de visages inconnus et spéciaux que je n'ai certainement pas été chercher,—et qui paraissent prendre un intérêt tout particulier à ma conversation...

—Voilà qui m'inquiète peu, par exemple! aujourd'hui comme toujours!

Au milieu de la querelle arrive par deux fois le maréchal Magnan, qui ne sait guère ce qui se passe par ici, et qui a l'obligeance, lui aussi, de venir m'avertir...

J'ai dit les sentiments que je garde à tout jamais au maréchal pour le touchant intérêt qu'il m'a prouvé. Mais il y a là quelque chose de plus fort même que mon très-ardent désir de lui être agréable.—J'ai le réel chagrin de le voir se retirer, me semble-t-il, fâché...

Pour éviter tous autres assauts et voulant enfin couper court à ces scènes désagréables, je prends le parti de céder la place, et je me réfugie dans notre coupé de service, au repos contre la cabane,—et, pour meilleure garantie, je baisse les stores.

Mais jusque-là ils viennent me relancer encore!...

Enfin ils paraissent s'être décidés à me laisser à peu près en repos.—Il était temps: depuis trois gros quarts d'heure maintenant, je crois, que dure cette ennuyeuse bataille...

Très-mécontent de la sotte histoire, qui n'était rien sans l'acharnement plus qu'indiscret de tous ces gens-là, je réfléchis à tous les commentaires, à tous les bavardages qui vont s'ensuivre...

Il y a là quelque chose de sérieux, maintenant.—J'ai payé pour connaître jusqu'où vont certaines malveillances, et, en vérité,—mon pauvre *Plus lourd que l'air* et moi, nous avions déjà assez d'ennemis sans ce dernier anicroche!

Je ne dois pas attirer sur nous plus d'orages...

Je viens d'en prendre mon parti!

Le jour commence à baisser: bien!—attendons quelques instants encore!

Je soulève un de mes stores—et je vois qu'enfin tout est prêt pour le départ du GEANT...

—C'est le moment—tout juste!

Voici le groupe,—sur un côté duquel le jeune roi des Grecs, orné d'un parapluie...

Je m'avance rapidement:

—Je suis M. Nadar.

—Ah! monsieur Nadar, vous tentez une grande, belle chose!...

Un silence.

—... Et on me dit qu'après cela vous pensez vous diriger dans l'air au moyen d'appareils purement mécaniques?...

—Très-certainement nous devons y arriver.

(—Ici, théorie du *Plus lourd que l'air*, et son historique;—MM. Babinet et Barral, nos autorités;—évidence rationnelle du système et, surtout, impossibilité essentielle de la prétendue direction des ballons, etc.—Je suis ici tout à fait sur mon terrain favori, et j'ai affaire à un auditeur remarquablement attentif...)

—Et combien d'argent, monsieur Nadar, vous faut-il pour réaliser votre hélicoptère?

—Je n'en sais pas assez long pour le dire,—mais je n'ai demandé d'argent à personne et je n'en désire de personne;—je veux mériter l'honneur de donner les premiers fonds à CECI.......

Puis,—deux secondes et deux pas,—et me voilà sur la plate-forme du GEANT.

Je jette un dernier et prompt coup d'œil autour de moi.—Tout notre monde est là: neuf passagers en tout.

—Êtes-vous tout à fait prêt? dis-je vivement au Godard.

—Oui, monsieur!

—Eh bien...—LÂCHEZ TOUT!!!.......

Et pendant que le GEANT s'élève, j'entends la voix de tout à l'heure qui nous crie:

—BON VOYAGE, MONSIEUR NADAR!...

C'est sur ce souhait que nous partons...

XX

Enfin! — Et le Compensateur? — «*Un' parole d'honneur, ça s'tient quéq fois!...*» — Meaux sera vengé! — Le ballon d'Ostende en 52. — Celui du Couronnement en 1804. — Le pseudo-tombeau de Néron. — Ceux qui se déclarent *volés*!... — M. Fernand de Montgolfier. — *Quelqu'un, autrefois...* — L'honneur du NOM. — Un valeureux mensonge. — Dormons. — Camille d'Artois, un enragé! — Le marquis du Lau d'Allemans. — Un coup de fusil. — La Lune! — La brise en ballon. — La bougie du dicton. — Ce n'est pas moi qui ai compté! — LA MER!!! — NOTRE HONNEUR!!! — *Erquelines!* — Est-ce qu'on a froid! — Les Marais. — C'est la Hollande! — Un drame de nuit à 150 mètres de hauteur. — Noyé pour noyé... — Meaux est encore trop près!... — Le chariot sur la route. — L'étoile pâlit... — LA SYMPHONIE DE L'AUBE... — Panorama. — Encore un coup de fusil! — Les mauvais qui sont à terre. — Le spectre des mers! — Ma terre promise! — La prédiction de M. Babinet — La souris dans la ratière. — Question de présage. — Le *guide-rope.* — Pourquoi?... — TENEZ-VOUS BIEN!!! — Deux ancres perdues. — NOUS SOMMES TOUS MORTS!!!

Enfin, nous voilà partis!

Et, cette fois, je pars presque content. Il m'est possible de jouir sans arrière-pensée de cette volupté infinie, unique de l'ascension.—Quel plein dégagement et quel large salaire de toutes les peines, de toutes les amertumes de ces derniers jours et de ces dernières nuits!

Ceux qui, manquant alors d'un point de comparaison, pouvaient douter de l'immensité du Géant, sont bien convaincus maintenant qu'ils ont vu gonfler et s'enlever à côté de lui cet autre ballon, si grand aux fêtes officielles—si chétif tout à l'heure.

Ceux qui niaient sa puissance n'en doutent plus aujourd'hui que, devant eux,—gonflé non pas d'hydrogène pur, mais de simple gaz d'éclairage,—il a bravement enlevé, non pas vingt-huit personnes triées au pesage (comme un journal l'annoncera demain partout), mais trente-cinq solides artilleurs,—sans parler du reste.

Mais ma joie n'est pas longue!—Voici que je m'aperçois que le Compensateur, ce fameux Compensateur, manque cette fois encore!...—Je viens de dire quel empêchement inattendu m'a empêché de surveiller aux derniers moments nos derniers préparatifs;—mais le Compensateur n'en manque pas moins, et vous entendez d'ici mes cris!

Je vais encore avoir à supporter la responsabilité d'un fait qui n'est pas mien, comme j'ai eu à supporter l'autre fois tant d'autres responsabilités qui ne m'appartenaient pas davantage.—Pourquoi n'a-t-on pas adapté le Compensateur? La chose avait été si expressément convenue!

Louis Godard s'excuse, tout comme la première fois: il affirme que le chargement simultané des deux ballons et leurs ascensions captives lui ont donné assez de besogne pour qu'il ait pu négliger autre chose.—Mais je sais trop maintenant ce que valent ses prétextes et je lui fais de vifs reproches:—il me fait manquer à la promesse positive que j'ai donnée au public,—à ma parole d'honneur.

—Oh! monsieur Nadar,—me répond-il tout bonnement,—*une parole d'honneur, ç'a s'tient que'q' fois!*

Il n'y a décidément plus rien à dire.

Nous voici planant. Chacun s'installe. On dîne et un peu vite, car la nuit vient rapidement. Le temps est magnifique, et le vent nous porte si bien en pleine Allemagne: Meaux sera vengé!—puisqu'il est dit qu'il faut venger Meaux.

Le public, qui n'est pas forcé de se connaître en aérostatique, n'a pas tenu compte de ce que nous étions restés, la première fois, cinq heures en l'air, et il ne s'est pas rappelé qu'en 1852, trois heures et demie avaient suffi pour pousser jusqu'à Ostende le ballon qui emportait de Paris M. Turgan.—Le public n'est pas forcé non plus d'être au courant de nos annales d'aérostation et de savoir qu'au couronnement de Napoléon, en 1804, un ballon, parti de Paris à onze heures du soir, s'accrochait le lendemain matin à cinq heures au pseudo-tombeau de Néron, à Rome.

Le public doit avoir raison, même quand il a tort, pour tout impressario, quelque improvisé qu'il soit, qui tient à l'honneur de faire son métier sans reproche.

Quant aux un ou deux *scientifiques* personnages qui sont censés savoir un peu de tout ce dont ils parlent, et qui ont fait bravement chorus avec le public et ont plaisanté Meaux, c'est-à-dire nous ont honnêtement reproché de n'avoir pas eu de vent, il faut les satisfaire à tout prix!—Nous nous noierons de nuit dans les tourbières de la Frise, le Zuyderzée ou la mer du Nord, ou nous tomberons à Eystrupp avec quelques côtes enfoncées, jambes et bras cassés.

«—Il y a ici des gens, me disait quelqu'un, le 18 octobre, au Champ de Mars, qui se déclareront *volés* tant que devant eux vous ne vous serez pas cassé les reins!»

Marchons donc loin de ces misères!

Nous planons si bien, la nuit se promet si belle!—Chacun se casemate contre l'humidité des nuages que nous traversons déjà.—De temps à autre des cris d'en bas nous témoignent que, malgré l'obscurité, nous sommes encore en vue.

Lucien Thirion et Saint-Félix, passagers du premier voyage, sont déjà habitués à ces spectacles toujours nouveaux; les deux Godard et Yon se montrent fort occupés à équilibrer la nacelle, qui monte et descend à travers les nuages qui l'inondent et la chargent d'autant:—les trois autres voyageurs semblent se recueillir pour admirer ces immensités sombres.—Je donne des couvertures à M. de Montgolfier, dont le bagage est plus que strict,—non sans quelque inquiétude sur la façon dont sa très-frêle constitution pourra supporter les rigueurs de la nuit. Je sais comment il faut être bâti pour résister à une nuit en l'air en cette saison.

Ce n'est pas du cœur que je doute: le nom seul m'est une garantie,—et lorsque, la veille, voyant se présenter chez moi ce tout jeune homme, un enfant en apparence, je lui ai demandé, en le dissuadant, quel motif le faisait tant insister pour partir: «—Parce que,—m'a-t-il répondu,—*quelqu'un* a dit autrefois que les Montgolfier n'étaient pas braves!»

C'était là pour moi, comme ce sera pour vous, singulière nouvelle.—Mais c'était assez et trop pour ce brave jeune homme,—et parce que, quatre-vingts ans auparavant, quelque misérable, tapi dans quelque coin obscur,—une de ces âmes basses qui sont de tous les temps, avait bavé d'envie et de haine sur cette grande gloire des Montgolfier, le petit-fils venait s'offrir pour l'honneur du nom!

Je lui avais tendu la main et, en le priant de faire la part des nécessités de ma responsabilité, je lui avais seulement demandé de m'affirmer sa majorité par écrit.

On m'assure qu'il m'a trompé de quelques mois:—je n'aurai pas le courage de lui tenir rigueur pour ce valeureux mensonge.

Chacun est installé, étendu sur la plate-forme, bien abrité sous les manteaux et les couvertures de voyage. La nuit est tout à fait venue.—Les deux Godard cherchent toujours à nous équilibrer, les yeux braqués dans l'ombre sur les longues banderoles de papier blanc fixées à nos cordages et qui, selon qu'elles flottent droites, montent ou descendent, indiquent l'immobilité, l'ascension ou la descente. Yon tient par-dessus le bord un sac de lest qu'il vide ou retient, selon la position,—et qu'il remplace aussitôt vidé.

Nous sommes tous moulus de fatigue après les derniers jours et nuits passés. Trois hommes de quart ensemble pour une manœuvre facile à deux, c'est trop,—surtout si nous devons avoir à veiller, encore la nuit prochaine, comme je l'espère. J'offre aux deux Godard de se reposer, me chargeant avec Yon de la manœuvre: ils nous relayeront ensuite.—Ma proposition est refusée.

Je prends alors congé, et, descendu dans l'espèce de boîte à dominos qui me sert de cabine, je m'étends tout habillé sur mon matelas de caoutchouc. Je m'étais, toute la journée, promis une ou deux heures de bon sommeil là-haut, une fois la nuit venue;—et, après m'être donné le plaisir de faire glisser sur son châssis la petite fenêtre d'osier, découpée juste au rez de mon oreiller, je m'assoupis aussitôt, le corps bien couvert et le nez à l'air sur ces horizons que je n'entrevois même pas.

Mon sommeil n'est pas long. Outre que le moindre mouvement de mes voisins du premier étage fait grincer l'osier de notre construction, quand il ne l'ébranle pas tout entière, j'ai négligé de faire disposer à l'autre bout de la nacelle le tuyau de conduite du lest,—et c'est tout juste contre mon oreille que j'entends (à peu près à toutes les minutes) le sable dégringoler le long de ce tuyau.—Il faudrait être deux fois sourd!—Je me décide à remonter.

Nous avançons toujours. De temps en temps nous passons au-dessus d'un centre de population dont les feux ne sont pas encore éteints. Je hèle dans mon porte-voix ou nous sonnons nos deux cloches.

Parfois on nous répond d'en-bas; car, bien que sans lune encore, la nuit est assez claire pour que les habitants nous aperçoivent.—D'autres fois, du nuage même dans lequel nous marchons, un éclat de rire nous riposte...

C'est Camille d'Artois et l'oncle Godard qui, partis en même temps que nous, avec le petit ballon, s'obstinent à nous tenir compagnie.

Louis maugrée un peu, et il n'a pas précisément tort.—Le peu de lest que leur force ascensionnelle leur a permis d'emporter ne devait pas les conduire aussi loin. Ils auraient dû descendre avant la nuit tombée;—mais ce Camille est—«un enragé!»

Au-dessus de je ne sais quel petit pays, non loin de Compiègne, une voix qu'il me semble reconnaître répond gaiement par mon nom à notre appel. C'est cet ami, très-bon et très-cher, le marquis du Lau d'Allemans, qui nous a aperçus de sa maison de chasse. Il nous sonne de sa trompe une fanfare, à laquelle je réponds de mon mieux, en lui trompetant le même air dans mon porte-voix.—Je prête l'oreille: je n'entends déjà plus...

Une bonne rencontre au commencement de notre voyage!—Tout ira bien!

Mais voici la contre-partie presque immédiate.—Nous passons au-dessus d'une petite ville:—clameurs au-dessous de nous comme toujours, et—un coup de fusil...

Était-il chargé? Le sauvage qui l'a tiré dira certainement non. Mais on en a reçu d'autres déjà en ballon, et on a pu s'assurer qu'il n'y avait pas seulement de la poudre. Il eût été bon de clouer au moins le nom de cette brute sur sa honte. Mais il serait bien tard à présent pour chercher à savoir d'où est parti ce coup de fusil; il était entre neuf heures un quart et neuf heures et demie. Thirion, sur mon indication, avait relevé l'heure précise;—mais ses notes, comme quelques autres documents pris en commun, ont été détournées.

Toujours au-dessus ou au-dessous des nuages, ou au travers, selon que les manœuvres se mouillent davantage et nous entraînent en bas,—ou qu'une pincée de sable tombée nous porte en haut. Notre équilibre définitif nous aura coûté, cette fois aussi, bon nombre de sacs.

Tout à coup la Lune apparaît, resplendissante, quoique un peu auréolée, éclairant au-dessous de nous des montagnes de nuages à perte de vue... Aspects merveilleux d'une grandeur imposante.—Cela ne vaudra jamais ce que nous avons vu lors du voyage de Meaux, quand, à huit heures bien sonnées, nous avons retrouvé, au-dessus des derniers nuages, le dernier crépuscule du soleil couchant...

Mais tel qu'il est, ce spectacle vaudrait à lui seul tout le voyage, pour des *nouveaux* surtout!—J'éveille bien vite les endormis, qui sortent le nez de dessous leurs couvertures et sont bientôt debout.—Je crois qu'ils ne m'en veulent pas.

Dix heures,—onze heures,—lentes à venir...

Le froid augmente, sans être tout à fait insupportable. La nuit sera longue...

Le petit ballon nous a décidément quittés. Il a bien fait de se décider: c'était trop longtemps tenir l'air avec aussi peu de ressources au départ.—Pourvu qu'ils aient atterré sans accident par cette nuit noire!

J'avais remarqué, lors du premier voyage du GEANT une chose nouvelle pour moi:—la sensation bien positive d'un courant de vent sur notre nacelle, et lorsque, descendant dans la cale, j'avais fermé une des deux portes restée ouverte à l'ascension, puis successivement nos quelques petites fenêtres,—j'avais éprouvé, même dans cette claire-voie d'osier, un très-certain sentiment de bien-être, une fois supprimé le glacial tirant d'air produit par toutes ces ouvertures.

Or, il est reconnu dans la pratique aérostatique que la nacelle n'est jamais frappée par la brise, et il est de tradition que, fît-on les cent lieues que, selon la légende, donne à l'heure le grand ouragan des Antilles,—ce n'est pas moi qui les ai comptées,—une bougie allumée ne s'éteindrait pas. Ceci s'explique, l'aérostat et sa nacelle faisant partie du courant lui-même.

J'avais encore éprouvé, sans jamais être monté plus haut que quatre à cinq mille mètres, il est vrai, et j'en retrouvais la même explication, qu'il fait toujours plus chaud en l'air qu'à terre, et il m'était même arrivé, dans la saison froide, d'être obligé de quitter ma redingote. On me dit que M. de Saussure a relevé avant moi cette observation. Je ne sais si c'est expérimentalement, mais elle indique certainement et motive encore l'absence complète de brise et, par suite, de toutes oscillations autres que celles produites par les passagers mêmes.

Donc, pas de vent *sensible*, et rien, par conséquent, comme je l'ai dit, qui ressemble au *mal de mer*;—une seule fois pourtant, heurtés dans un contre-courant, nous avions éprouvé, avec un petit ballon, un mouvement oscillatoire très-sensible; mais je dois dire que l'aéronaute avec qui je me trouvais en avait paru non moins surpris que moi.

Dans ce second voyage, je suis à même de constater de nouveau que nous sommes très-certainement frappés par un air beaucoup trop vif pour qu'il puisse me rester un doute,—et la bougie du dicton s'éteindrait si bien ici, que je ne sais même s'il serait possible de l'allumer,—tous risques à part quant à l'inflammation du gaz.

Je crois trouver l'explication de ce fait nouveau dans la hauteur de notre ensemble: une portée de soixante mètres doit subir l'influence de courants opposés ou tout au moins divers.—Peut-être encore l'énorme chargement de notre nacelle,—trois mille kilos environ,—remorqué à travers l'espace par l'aérostat plus rapide, explique-t-il cette brise aiguë,—bien que pourtant la perpendiculaire me semble parfaite entre ladite nacelle et le ballon.

Mais,—par la bise qu'il fait!—je renoncerais volontiers pour le moment au bénéfice de ma découverte et aussi de mes deux explications hypothétiques.

Il est inutile de dire que nous distinguons à peine la direction de la boussole au milieu de la pleine obscurité. Nos instruments de Richard, Breguet et Richebourg, qui nous ont été complétement inutiles pendant les cinq heures de nuit noire de notre premier voyage de Meaux,—à la grande indignation d'un savant de feuilleton qui attendait, les pieds sur ses chenets, nos précieux documents dont il eût tiré si grand parti pour le bien de l'humanité,—ces braves instruments, comme notre boussole et nos cartes, dorment inutiles.

—Où sommes-nous? Le vent n'a-t-il pas changé et ne nous porte-t-il pas vers l'Atlantique?...

Les regards percent l'ombre et l'ouïe se fait fine...—Deux ou trois points brillants dans le lointain s'éteignent tout à coup:

—LA MER! s'écrie Jules.—Voyez les phares tournants!—Tenez: encore un qui disparaît;—vous allez le voir reparaître!

Je bondis,—me souvenant de la descente de Meaux!—Ils la voyaient déjà avant Meaux, *la mer!*—et je m'explique maintenant pourquoi mes deux Godard, si exténués qu'ils dussent être par les rudes travaux de la journée, tenaient si bien tout à l'heure à ne pas me céder la place.—Décidément, chez ces gens-là, c'est une monomanie!

Mais je ne reviendrai pas de Meaux deux fois!—Quoi qu'il arrive, nous marcherons.—À tout prendre, et au pis aller, quand nous irions même sur la pleine mer, comme nous avons du lest pour rester nos doubles quarante-huit heures en l'air, tout au moins, il faudrait que le vent nous poussât bien loin et nous aurions bien du malheur, si nous n'apercevions quelque navire pour nous recueillir,—fût-il en partance pour le cap Nord ou dût-il nous emmener jusqu'à Java!

J'avais pensé le matin même, et sous cette préoccupation, à faire acheter une honnête provision de biscuit de mer dont j'ai, au départ, constaté la présence dans le garde-manger.—Mais je regrette les bouées de caoutchouc que j'avais combinées avec M. Guibal, et que nous n'avons pas eu le temps de terminer.

Jules pouvait bien avoir raison. De Saint-Quentin sur Abbeville, c'était l'affaire d'une saute de quelques minutes.—Il fallait pourtant convaincre Jules, sans être trop convaincu moi-même, et persuader Louis par-dessus le marché, décidé que j'étais à patienter jusqu'au bout et à ne rien attaquer de vive lutte.

Je prends mon ton le plus dégagé pour leur affirmer que la disparition successive des feux s'explique, tout naturellement, par l'heure où nous nous trouvons,—chaque paysan soufflant sa chandelle au moment de se mettre sous sa couverture.

C'est assurément très-probable, et sans vouloir dire que tout se plaide.

Je sais que j'ai parmi nous au moins un homme, sinon deux, passagers de la première ascension, absolument décidés comme moi à ne pas renouveler la descente de Meaux,—quoi qu'il dût arriver, je le répète;—*notre honneur y était engagé.*

—C'est assez bête, n'est-ce pas? et quelle faiblesse, allez-vous dire, d'exposer plusieurs existences pour la vaine satisfaction d'une galerie indifférente qui ne saura même pas les dangers courus, et pour ne pas même faire taire un ou deux drôles venimeux!

Ici, je ne plaide plus et je n'excuse pas;—je raconte et j'avoue.

Nous allons donc—à la grâce de Dieu!

Mais qu'est ceci?...—Devant nous, à une grande distance encore, apparaissent vaguement des feux qui ne sont plus, cette fois, de lampes ni de falots.—

Nous avançons, et nous distinguons mieux ces feux bizarres et nombreux, violents, haletants, dispersés çà et là sur de vastes espaces.—Des bruits sourds et rhythmés arrivent à nos oreilles...

Ai-je donc eu raison, et n'est-ce pas là ce brave et bon pays—que j'aime cette fois encore plus que les autres?..

—Ho... hé... ho!!!... où sommes-nous?

—Erquelines!

Et le digne douanier,—il paraît que c'était un douanier,—juge nécessaire d'ajouter:

—Belgique!!!

Je frappe de joie dans mes mains.

—Eh bien! dis-je à Louis, avais-je raison?

J'avais un peu besoin d'en être sûr moi-même...

Louis ne me paraît pas encore tout à fait convaincu. Il boude certainement contre mon triomphe, que je ne ménage peut-être pas assez.—Les vieilles cartes portent *Belgium mare*; pour Louis, la Belgique, dont il a entendu parler, a son bon côté,—le terrestre, le Wallon, et son mauvais côté,—le marin, le Flamand. Il se rappelle quelque chose comme Ostende, mais il ne connaît ni Verviers ni Charleroi.

Nous marchons toujours...

Des feux encore, de temps en temps,—hauts fourneaux, forges, houillères.

Une grande ville à notre droite.—Au resplendissement du gaz qui l'éclaire et à l'ampleur du périmètre, nous avons reconnu Bruxelles.

C'était bien Bruxelles... Presque à côté, un peu plus loin, nous apercevons, plus modeste dans ses proportions et dans son éclat, Malines la catholique.—La voici dépassée.

L'honneur du GEANT est décidément sauf!

Et quelle revanche!—Avec le lest que nous possédons, si le vent ne se met pas contre nous, nous tomberons avant midi sur Stettin, Dantzick ou Kœnigsberg. Qui me dit même que je ne vais pas recommencer mon voyage de 48, et que, dépassant la Vistule et le Niémen, nous n'atteindrons pas Tilsitt ou Memel!... Le cœur m'en bat!

Qui donc parlait de froid tout à l'heure?—Est-ce qu'on a froid?

Nous allons, nous allons... Derrière nous les feux s'éteignent, disparaissent... Devant nous, plus rien tout à l'heure—que du noir. J'estime que nous rasons de cent à cent cinquante mètres au plus.—Plus rien décidément devant nous, pas un point où le regard puisse s'accrocher,—rien que la sombre immensité...

Nous allons toujours...

On ne parle plus, depuis longtemps, à bord.—Dort-on? Je l'ignore.

Je sais bien qu'il en est au moins quatre qui veillent: les deux Godard et Yon le fidèle,—et moi.

Nous allons toujours...

L'obscurité morne, sourde, implacable, persiste, s'acharne.—Pas une déchirure, pas une éraillure, pas une paillette, dans ce suaire sans fin.

Où sommes-nous,—et quel est donc ce pays étrange, sans cités, sans bourgades, sans villages?—Toujours le même silence de tombeau par cette interminable et inquiétante obscurité...

Un crochet du vent ne nous a-t-il pas, en effet, portés vers l'Ouest?...

Mais quelque chose semble s'annoncer...

Qu'est-ce que ces vagues clartés que nous voyons loin, bien loin encore devant nous,—pâles et diffuses clartés qui ne disent rien du travail ni de la vie humaine, comme tous ces feux palpitants que nous avons laissés derrière nous tout à l'heure?

Avançons... avançons encore:—nous y sommes.

—Ces larges plaques, d'un brillant terne comme des lames de plomb fondu,—isolées et étroites d'abord, puis s'élargissant et se multipliant à l'infini,—laissant à peine entre elles un encadrement noir qui découpe leurs formes irrégulières, cette infinité de marais qui s'étendent devant nous pour se confondre à l'horizon en une confuse lueur argentée,—c'est la Hollande!...

À notre gauche, un bruissement profond, lointain encore et qui se rapproche de seconde en seconde:—bruissement certain, incontestable...

Un coup de vent frais de cinq minutes seulement, nous sommes en mer!

—Il faut absolument descendre ici et attendre le jour! dit brusquement Louis.

—Vous ne descendrez pas ici! lui dis-je non moins résolument.

Et je me suis à peine saisi de la corde de soupape que Lucien Thirion est déjà auprès de moi et m'a serré le bras significativement...

Un petit bruit sec se fait entendre...—on dirait un pistolet qu'on vient d'armer...

Il y a un moment de silence: au-dessous de nous, quelques cris sauvages et discordants d'oiseaux aquatiques épouvantés...—Que va-t-il se passer entre ces huit hommes, dans ces quelques pieds carrés, entre ciel et terre, au milieu des ténèbres?...

Jules s'est rapproché de son frère. Il insiste et fait observer qu'il n'y a pas un souffle de vent:—nous allons simplement nous poser là, comme se pose le soir l'oiseau qui reprend au matin son vol.

Je n'écoute rien, je n'entends rien.—Nous ne descendrons pas là, parce que, si nous y jettons l'ancre, rien ne m'assure que quelque incident imprévu ou plutôt trop à prévoir,—avec mes conducteurs de Meaux,—ne nous forcera pas à y rester.

Or, l'endroit est tel, d'abord,—étangs, marais ou tourbières, et je connais si bien ce pays que rien ne m'assure seulement la place pour y poser une semelle à sec.—Plonger, certainement et dès à présent, de mon plein gré, pour me garer de l'eau, que j'ai une chance d'éviter un peu plus loin, me semble peu sage,—et,—noyé pour noyé,—au lieu de m'asphyxier par cette nuit noire dans ces bourbes vertes, je préfère encore me noyer au grand jour, en pleine eau propre, avec toutes mes aises.—Et puis, cette mer que nous entendons et qui nous semble appeler,—qui peut jurer qu'au dernier moment le vent de la côte ne va pas, comme presque toujours, nous en chasser bien loin?

Et puis enfin,—il faut tout dire et jusqu'au bout,—je *veux* aller plus loin:—Meaux est encore trop près d'ici!...

J'ai dû accentuer bien fermement l'expression de ma volonté, car Louis ne dit plus rien. Il doit quelque peu m'en vouloir en ce moment, n'ayant jamais eu, en aucune de nos ascensions, de compagnon plus docile.

Notre querelle,—qui n'a pas duré une minute et n'a pas coûté vingt paroles,—mais dont chacun a dû sonder sur un seul mot les profondeurs menaçantes,—a jeté sur l'équipage un sérieux de glace.

Tous sont debout, penchés sur le bord et sondant l'inconnu.

Le hasard,—heureux et prompt hasard!—se trouve me donner raison,—mais non, certes, contre la raison même.

Voyez! Les sinistres plaques d'eau s'éteignent peu à peu et s'enfuient au-dessous de nous.—Les dernières ont déjà disparu...

Un bruit monte. «—Silence!»

C'est un chariot sur une route: nous entendons le sabot du cheval...

Un peu plus loin, une imperceptible lumière: c'est une chaumière isolée.—En voici une autre encore!

Le vent d'Ouest nous a décidément repris!

Et l'étoile pâlit...

Devant nous, ces bleus sombres se changent peu à peu en violets profonds, rehaussés tout à l'heure par les riches dessous de pourpre et d'or qui ne se laissent encore que deviner.

L'orchestre divin, palette mélodieuse, se dispose sourdement, et s'accorde enfin pour l'admirable symphonie de l'aube. Nous pouvons presque distinguer nos visages, amis ou ennemis, sur la plate-forme de notre nacelle. Et nous marchons toujours vers les clartés naissantes, de moins en moins confuses...—De larges rubans d'un rouge sanglant et sombre s'étendent devant nous; d'autres banderoles jaunâtres ou orangées viennent, sûres d'elles-mêmes, prendre leur place harmonieuse dans les profondeurs vertes et roses. Derrière elles s'allume par degrés et chauffe la grande fournaise qui va tout à l'heure dissoudre et fondre d'un seul coup ces clartés avant-courrières...—Tout à coup, comme un cri de joie, s'élance d'un jet, à travers l'immensité céleste, un dard de flamme... C'est le signal,—et jusqu'aux profondeurs des plus lointains horizons subitement illuminés, éclate la splendide fanfare du jour...

Nous planons au-dessus d'un panorama infini: des plaines, des bois, des villes, des étangs, des rivières.

Notre vue embrasse le plus admirable des spectacles. Les prairies resplendissent d'un vert particulier, vert tendre, et comme pâli sous la rosée. La fumée s'échappe des toits de briques: c'est le repas du matin...—Pâturages, bestiaux, maisons roses, tout ce microcosme d'une disposition, d'une netteté, d'une propreté charmantes, sourit ou plutôt semble éclater de gaité sous les premiers rayons du soleil levant.

Nous jouissons à pleins pores de notre «liberté dans la lumière!» comme dit le grand Poëte.—De nos deux voyages, c'est la première heure qui sonne pour nous hors des ténèbres.

Il s'agit de bien consulter nos baromètres, ma foi! et nous nous soucions bien, en cet heureux moment, de préparer «LE RAPPORT!!!» qu'on nous a si violemment reproché de n'avoir pas rapporté de notre premier voyage nocturne! Déjeunons d'abord et réparons les fatigues de la nuit; nous aurons peut-être besoin de nos forces plus tard.—Si impatient que soit là-bas le savant homme qui nous guette, «embusqué dans son feuilleton,» il nous attendra,—et s'il est trop pressé, ce monsieur Victor Meunier, qu'il monte!

Pourquoi faut-il qu'en ce moment, tout de bonheur et d'admiration, un second coup de fusil tiré sur nous vienne nous rappeler qu'il y a des méchantes gens à terre, ennemis mortels nés de tout ce qui est au-dessus d'eux!

Mais, au moins ici, ce coup de fusil n'est pas français,—et nous sommes si haut que nous défions les balles.

Le GEANT, en effet, dont les manœuvres commencent à se sécher des humidités de la nuit et dont le gaz se dilate rapidement aux rayons du soleil levant, monte de plus en plus... Nous dépassons certainement l'altitude de quatre mille mètres.

Aux vastes et grasses prairies succèdent les landes incultes et des marais encore. Mais bientôt, de l'immense tapis que le vent d'Ouest continue à dérouler sous nous, nous ne pouvons plus distinguer que vaguement les fertilités inégales.

Voici un grand lac et deux rivières dont le vif argent nous perce les yeux. La boussole et la carte semblent nous indiquer le lac Dümmersée et l'Yssel,—à moins que ce ne soit le Weser; mais nous n'avons pas de certitude.—Le savant de tout à l'heure nous serait précieux en ce moment: pourquoi donc n'a-t-il pas demandé à faire partie du voyage? Il affirmait si doctoralement l'autre jour «qu'il n'y a pas de danger!»

Voici une grande ville:

—Quelqu'un, qui n'en sait rien du tout, parle de Bentheim. Est-ce Bentheim? Est-ce Munster?—L'absence du savant se fait de plus en plus sentir.

Il y a de la fatigue à bord, une grande fatigue. Ainsi que je l'ai dit, Louis, Jules et Yon,—la partie militante de l'équipage,—n'ont pas voulu se relayer de quart la nuit dernière. Si j'ajoute à la lassitude de cette nuit celle de la rude journée précédente au Champ de Mars, sans parler encore de l'excès de nos labeurs à tous et de nos veilles depuis ces deux rudes mois, je n'ai pas de peine à comprendre que, loin de passer une seconde nuit en l'air, comme je l'ai espéré, notre équipage voudra bientôt chercher à terre le repos dont nous avons en effet tous assez besoin.

L'incertitude du point précis où nous nous trouvons va hâter la solution pressentie,—car, bien qu'on y voie clair à cette heure, les théories géographiques continuent à se donner beau jeu, et le spectre des Mers se dresse toujours à chaque point de l'horizon...

Une voix propose d'atterrer: la majorité est évidemment de cet avis, et il n'y a plus l'ombre d'une hésitation quand celui de nous qui s'est plus spécialement chargé de la boussole et des cartes déclare que *la Mer est à six lieues*[6].

Je n'accepte cette indication de latitude que sous toutes réserves,—mais j'ai depuis quelques instants une bien autre préoccupation.

Plus nous montons, plus le gaz dilaté gonfle le ballon, dont j'aperçois l'enveloppe se tendre avec violence sous le filet...—Or, j'ai raconté mes luttes avec mon constructeur Godard quant aux dimensions de la soupape. Il est par trop évident que l'appendice, de disproportion non moins absurde, ne donne pas non plus suffisant passage à l'excédant de ces six mille mètres de gaz qui se dilatent à la fois sous la double action du soleil et de notre ascension croissante.

On se rappelle, lors de notre première ascension, la sinistre prédiction de M. Babinet...

À ce moment je regarde et vois la dilation du GEANT devenir réellement inquiétante. L'enveloppe se gonfle davantage de seconde en seconde, jusqu'à éclater... Entre chaque maille du filet, elle capitonne avec violence...

D'une explosion d'aérostat à cinquante ou cent mètres de hauteur, on peut à la rigueur se tirer, si la déchirure est partielle, l'étoffe, sous elle-même, refoulée dans la chute, formant parachute.

Mais, à la terrible hauteur où nous sommes, il n'y aurait pas de grâce à attendre...

Je n'hésite pas à engager Louis à donner un coup de soupape, ne fût-ce que pour nous voir un peu plus près de terre.

Notre voyage est trop beau pour être déjà fini. Le ciel est magnifique et le vent nous porte si bien en ligne droite, sur plein Est!—Je veux me dire qu'avant d'atterrer, et si notre bon vent ne se modifie pas dans les couches inférieures, notre angle de descente va nous porter sur Berlin, la Saxe,—et qui sait? si nous nous décidons à oublier enfin la mer un instant, peut-être atteindrons-nous le Grand-Duché,—ma terre promise!

Mais ce n'est qu'un rêve,—et je vois bien vite que le sort en est jeté. Louis n'y va pas de main morte sur la corde de soupape. Il n'y a plus à s'en dédire: nous descendons, et avec une telle rapidité que l'air, en soulevant nos cheveux, siffle à nos oreilles.

Inutile de dire que tout le monde est sur le pont. Comme pressentant ce qui va se passer, aucun des passagers nouveaux n'a eu l'idée de descendre dans l'intérieur.—Encombré d'objets divers, n'offrant aucune ressource comme point d'attache, l'intérieur serait, en cas de secousses,—comme pour la souris, la ratière,—le plus dangereux des refuges.

Les aérostats de dimensions ordinaires atterrissent rarement, à moins d'aides extérieurs, sans un ou deux chocs plus ou moins légers. Si l'on se rend compte des tâtonnements inévitables du pesage avant toute ascension,—équilibre rigoureux, à un gramme près, ai-je dit, entre la force ascensionnelle et le lest,—on comprend facilement que le dégagement du gaz déterminé par le coup de soupape pour la descente peut être mesuré bien moins précisément et rapidement encore que le poids du lest pour le départ.

Avec les proportions excessives du GEANT, ces difficultés augmentent. À moins de circonstances exceptionnellement bénignes,—emplacement tout à fait propice, absence complète de vent,—il est difficile d'espérer qu'un chargement de quatre mille cinq cents kilogrammes,—dont la pesanteur acquise a d'abord, comme je vais le dire, dû se mettre d'accord avec le délest depuis trois ou quatre milles mètres d'altitude,—se dépose à terre et s'assoie à premier essai, sans tâtonner par quelques «*coups de tampon*,» pour employer l'expression technique.

Tout indique donc ici la nécessité de précautions plus qu'ordinaires,—et, en première ligne, cet arrêt préalable en équilibre, à quelques dizaines de mètres du sol, arrêt qui permet à l'aéronaute d'apprécier, sans confusion ni hâte, la position,—d'attendre et de choisir son instant et sa place.—Puis, nous allons évidemment lancer le précieux *guide-rope*, si utilement inventé par Green, et dont le traînage prolongé, précédant et préparant le jeu de l'ancre, ralentit à point la marche de l'aérostat.

À mon extrême surprise, je vois—tout à coup et sans autres préliminaires,—sur le commandement de Louis, Jules filer la première ancre: l'amarre glisse et grince sur l'osier de notre bordage.—De *guide-rope*, de lest, tout prêt, sous la main de nos conducteurs, il ne paraît pas être question...

Et cependant notre course furieuse continue... Ce n'est pas une descente, c'est une chute... La terre se rapproche de nous avec une effrayante rapidité... Une trentaine de mètres à peine nous en séparent encore.—Deux ou trois secondes, et nous touchons!...

Et au-dessous de nous, je vois les arbres se courber sous le vent...

Pourquoi—lorsqu'à ma connaissance personnelle, nous avons encore une vingtaine de sacs de lest à fond de cale, pourquoi notre conducteur ne saisit-il pas cet instant qu'il doit guetter, où quelques kilos pesant, lancés par lui hors de la nacelle, vont, comme suspendre tout à coup cette chute précipitée et permettre, en toute liberté d'esprit, de reconnaître si le terrain est favorable, si le vent n'est pas trop violent? Qui le presse donc tant de descendre? Pourquoi...

Mais il n'y a ni une parole à dire, ni surtout une seconde à perdre!

J'attire brusquement à moi ma femme dans un angle de la plate-forme,—je pose ses mains sur deux des câbles du cercle, que je saisis ensuite moi-même autour d'elle en la couvrant...—

... —et j'attends!...

Le vent souffle d'une telle force près de terre que l'accélération verticale de notre chute, malgré la vitesse acquise, en est, sinon ralentie, du moins dérangée.

Notre énorme masse précipitée dérive en fendant l'air...—Notre chute diagonale devenue est bientôt plus qu'oblique,—horizontale...

Le cri sacramentel en toute descente se fait entendre, —véhément, bref,— sans réplique:

—TENEZ-VOUS BIEN!... TENEZ-VOUS BIEN!!!...

—AH!!!...—Telle a été l'effroyable violence du choc que toutes les mains, descellées, ont lâché prise—et plusieurs en sont renversés... L'aérostat a rebondi d'un gigantesque élan...

Du coup, l'appendice, retenu et tendu, a été tranché comme par la faux, et il est tombé sur l'étoile du cercle,—drapeau dont le porteur est tué.

Le pont de la nacelle, qui vient de repartir sous son maître par les airs, présente le spectacle de la plus inextricable, indescriptible confusion...

Mais tous ont au plus vite repris leur place, devinant bien que la partie vient seulement de s'engager...

—ATTENTION!...—TENEZ-VOUS BIEN!!!...

Des villages, des vergers filent sous nous... comme des éblouissements...

—TENEZ-VOUS BIEN!!!...

—Seconde secousse, non moins formidable... Le GEANT, qui n'en a que l'écho, en frémit dans tout l'ensemble de sa manœuvre...

L'amarre de notre première ancre, comme un simple fil, vient de se briser: nous ne nous en sommes même pas doutés.

Le vent furieux qui nous emporte redouble...

Notre seconde ancre est déjà par-dessus le bord, filée par Jules et Yon.

L'amarre vient à frapper mes yeux:

—Mais ces gens-là sont-ils donc fous?—Cette amarre, qui porte une ancre de soixante kilos et qui doit arrêter d'un coup une force lancée de plusieurs milliers de chevaux,—cette amarre est grosse comme deux doigts à peine...

Et dix câbles comme celui-ci, tressés ensemble et ménagés encore par des *serpentins*, seraient à peine suffisants...

Je me penche par-dessus le bord et je vois, courant éperdue derrière nous, à travers les guérets, notre ancre folle qui égratigne la terre, bondit et rebondit, soulevant après elle un long nuage poudreux...

Le ballon se rapproche de terre...

—TENEZ-VOUS BIEN!!!...

Tous les muscles sont tendus, les mains crispées sur les cordes...

Un choc encore!...—Puis un autre,—puis un autre, coup sur coup.

—*La seconde ancre est perdue!* s'écrie Jules.—NOUS SOMMES TOUS MORTS!!!...

Cri plus qu'inutile!—L'évidence est là!...

Car vient de commencer cette course furibonde, échevelée, qui a nom le *Traînage*...

XXI

LE TRAINAGE EN HANOVRE

Comme pour ajouter encore à la vitesse de cette course forcenée, la partie inférieure du ballon déjà vide et flasque,—un tiers à peu près,—que l'appendice brisé ne retient plus, s'est appliquée contre la partie pleine et fait voile.

Les chocs se multiplient, se pressent, à ne plus les compter.—Comme dans les ricochets sans fin de la balle élastique, que réveille et renouvelle la main d'un joueur infatigable, la nacelle rebondit à des hauteurs alternées, depuis cinq et dix mètres jusqu'à trente, quarante, cinquante peut-être...—Par une fatale imprévoyance, elle s'est trouvée, dès le principe, inégalement chargée; tout le lest vivant de notre équipage, sans pratique et sans conseil, s'étant porté machinalement d'un seul côté,—et elle retombe toujours, inflexiblement et sans aucune déviation rotatoire, sur la paroi qui nous supporte tous.—Tous les coups donc, directement et jusqu'à la fin, nous les essuierons.

Quelle rapidité vertigineuse! Quelle succession de chocs pressés, haletants, crépitants comme grêle! Quelle contention de muscles, d'attention et de volonté!...—Car la moindre défaillance, l'inadvertance d'une seconde,—la tête tournée seulement!—et, lancé dans l'espace, vous êtes brisé!

Et chaque heurt broie nos muscles, rompt nos poignets, désarticule nos épaules;—chaque contre-coup nous meurtrit les uns contre les autres, victimes et bourreaux réciproques...

Ayant charge de deux corps, ma part est la plus lourde, et il me semble que chacun de ces horribles ébranlements est le dernier que j'aurai pu soutenir...—Mais c'est aussi la pauvre créature—que j'étreins contre ma poitrine, entre mes deux bras autour d'elle soudés comme du fer aux câbles de cercle,—c'est elle aussi qui ravive à chaque affaissement la source de ma force déjà vingt fois épuisée.

À ce regard doux et profond du pauvre être broyé, mais résigné toujours et muet, à cette suprême et fervente communion de nos deux âmes,—je sens bien que la vie même de celle-ci est ma vie, et que ma mort seule sera, puisqu'elle l'a voulu, sa mort;—et cette mort, à mon tour, je la défie de nous séparer, car elle n'a que le droit de nous prendre ensemble!

Mais nous sommes bien condamnés!

Si insuffisante que soit l'ouverture maudite de notre soupape, nous pourrions nous raccrocher, à la rigueur, encore à cette maigre chance de salut et soutenir—peut-être!—l'interminable série de ces cahots forcenés, jusqu'au moment où,—notre force ascensionnelle enfin épuisée,—le GEANT s'arrêterait.

Mais l'inexorable fatalité n'aura pas voulu nous laisser même l'invraisemblable éventualité de ce recours en grâce.

Trouble d'esprit, défaillance de main, accident fortuit,—par une cause inexpliquée encore,—la corde elle-même de cette soupape n'est plus entre les mains de nos conducteurs...

ELLE LEUR A ECHAPPE!—et elle fouette l'air au-dessus du cercle...

Nous roulerons donc, sans espoir, sans appel, de bonds en bonds,—jusqu'à l'instant dernier...

Mais—pourquoi donc souffrir toutes ces morts?—Et n'y a-t-il bien aucun moyen de s'y soustraire?

Puisque le vent est si terrible,—puisque nos ancres sont perdues,—puisque nous n'avons même plus cette chétive ressource de notre soupape dérisoire,—puisque cette terre irritée ne veut pas décidément de nous et nous repousse avec tant de violence,—pourquoi ne pas regagner,—tout simplement, tout bonnement,—ce domaine de l'air qui est nôtre, bienveillant et hospitalier toujours, où l'ouragan lui-même nous caresse?...

Pourquoi ne pas laisser tomber hors de notre bord, puisqu'il va être broyé tout à l'heure, et nous avec lui, quelques pincées de ce lest dont il nous reste ces vingt sacs encore,—vingt fois, quarante fois plus qu'il n'en faut pour remonter—*chez nous*—en paix?

Pourquoi ne pas nous dire que cette bourrasque n'est que passagère peut-être[7], que rien au monde ne nous force à prendre terre, et que, si nous remontons, nous n'avons plus qu'à choisir soit aujourd'hui, soit demain, soit après-demain même,—le GEANT, avec sa double enveloppe, a la vie longue!—l'heure calme et tout à fait clémente, cette heure de la tombée du jour, par exemple, si propice d'ordinaire et comme réservée à l'aérostation?

Que pouvons-nous donc perdre,—dans cette revanche de Meaux,—à prolonger encore ce déjà long voyage et à inscrire une trajectoire tout à fait inouïe dans nos fastes aérostatiques!

Et enfin,—quoi qu'il arrive!—quel risque courons-nous de trouver pis que ce qui est devant nous,—pis que cet atterrage meurtrier, implacable?...

Pourquoi!!!......

—Mais,—va-t-on peut-être me dire,—après les ascensions que je compte déjà derrière moi et avec ma pratique acquise dans ce métier si facile et banal, j'aurais dû, moi, suppléer ici à ce qui faisait défaut et agir intelligemment à la place de qui n'agissait pas

Et on aura raison,—le fait étant là!

Je réponds que, payant pour cela un homme dont c'était le métier et l'unique soin, je me laissais conduire, sans penser que j'eusse à m'occuper des rencontres de la route. Il m'avait été déjà assez pénible d'intervenir virtuellement la nuit précédente,—dans tel cas à l'avance prévu par moi,—et on ne peut raisonnablement tenir un revolver braqué en permanence sur la figure d'un compagnon de route.

En plein et beau jour,—avec les énormes ressources de force ascensionnelle ou de lest, c'est tout un, à notre disposition,—le moindre accident devait me paraître et était cent fois impossible. Je n'avais pu croire à une descente volontaire que seulement alors que je m'étais vu à quelques dizaines de mètres du sol, et j'avais eu, sur le coup, un soin particulier et immédiat, une préoccupation trop absorbante,—on voudra peut-être bien l'admettre—pour chercher dans mon imagination des alternatives et ne pas m'en tenir aux efforts désespérés d'une préservation plus que personnelle, suffisante et au delà.

J'avoue, si nette dans tout danger que je me croie la vue, j'avoue que le péril d'*une seule* m'empêcha de songer au salut de tous, même dont elle!—et que, brusquement surpris par la plus inattendue, la plus insupposable des catastrophes,—entre ces terribles chocs,—une grêle! qui ne permettaient même pas de respirer, je ne trouvai pas, dans ma paresse d'esprit à ce moment sans doute, le temps de chercher à placer une critique contre mon aéronaute ni de motiver un erratum. Je n'ose parler après cela encore de l'irrésistible absorption, de l'ivresse du *spectacle*, seule suffisante à paralyser, à engourdir toute volonté d'action...

À plus fort je passe en toute humilité la main.

Mais à la condition que je le verrai tenir la partie...

Si c'était de nuit, nos destinées seraient déjà décidées. Nulle force humaine en effet ne saurait se maintenir tendue, même quelques minutes, avec cette exaspération de muscles, cet éréthisme de volonté.

Ici, du moins, il nous est permis de voir chaque coup avant de le recevoir; nous pouvons prendre, juste à temps, avec la respiration, notre élan de résistance, et, entre deux chocs,—ne fût-ce que pendant une seconde,—distendre nos nerfs contractés, nos mains et nos avant-bras roidis aux câbles de salut.

Mais de ces intermittences mêmes qui ne nous démontrent, ne nous affirment que mieux notre fin prochaine, irrévocable,—combien avons-nous de temps, plus qu'épuisés déjà que nous sommes, à pouvoir accepter le dérisoire bienfait?

Chance de recours en grâce, ou plutôt raffinement d'infernale cruauté,—il se trouve qu'une autre cause doit encore prolonger notre supplice.

Du sol qui ne le saurait nourrir, l'homme s'éloigne.—Sur la terre qui lui donne sa subsistance, l'homme se manifeste par le plant de la haie, de l'arbre; par l'élévation de la hutte, de la cabane, de la maison: tout ce qui, en se résumant, constituerait, à ce moment, pour nous,—l'*obstacle vertical*.

Or, la terre est ingrate par les vastes espaces que nous dévorons, steppes arides, marais, tourbières, bruyères à perte de vue. Pas de trace de la vie humaine dans ces sites désolés, dans l'ensemble uniforme des sauvages aspects de cet immense horizon...

(—Dans cette Brie fertile, où l'homme se dispute la place, à Meaux et de nuit,—avec un vent dix fois moindre, nous n'aurions pas eu le temps de compter dix secondes!...)

La rapidité de notre projection ne permet à nos yeux que d'en saisir quelques épisodes.

De bien loin en bien loin, un arbre isolé, perdu, accourt sur nous,—rapide comme l'éclair... Nous venons de le briser comme un fétu, et nous n'en avons même pas tressailli...

Deux chevaux épouvantés, les naseaux en terre, la crinière au vent, s'efforcent ventre à terre de fuir devant nous.

Mais nous brûlons les distances.—Ils sont déjà bien loin derrière...

Un parc de moutons éperdus passe au-dessous de nous, entre deux de nos bonds,—comme un rêve...

Mais voici le danger,—le vrai danger!

À ce moment où, harassés déjà, nos compagnons doivent ressentir comme moi ces fourmillements, ces crampes qui engourdissent et paralysent mes articulations,—nous apercevons devant nous, menaçante en haut de son remblai, perpendiculaire à notre course, une locomotive en marche traînant son tender et deux wagons...

Quelques tours de roue de plus,—et tout est bien fini!—car une fatalité géométrique veut que nous nous précipitions avec elle, par une coïncidence infernale de temps et de lieu, juste sur le même sommet d'angle!

Que va-t-il arriver?

Précipités dans notre vol d'ouragan, nous allons soulever du coup et renverser la lente machine et ce qu'elle traîne,—ceci ne fait pas l'ombre d'un doute[8]!—mais nous sommes broyés!...

Quelques mètres à peine nous séparent de l'ennemi...

De nos poitrines s'échappe un cri,—un seul!—mais quel cri!...

Il a été entendu!

Le sifflet de la locomotive nous répond...—Elle a ralenti sa marche: elle s'arrête, comme semblant hésiter...—et recule enfin, tout juste à temps pour nous livrer passage...

—et le mécanicien nous salue, sa casquette au bout de son bras tendu...

Gare aux fils!!!...

Les voici en effet sur nous, ceux-là que nous n'avions pas aperçus, les quatre fils du télégraphe électrique,—quatre guillotines!...

Nous avons baissé nos têtes...—Heureusement nous nous trouvons raser bas, à ce moment précis.—C'est sur le cercle et ses gabillots inférieurs qu'a eu lieu la rencontre: un ou deux de nos câbles seulement ont porté sur ces rasoirs...

—et nous entraînons ces câbles pendants derrière nous,—comme la queue d'une comète échevelée,—avec les tringles télégraphiques sans fin et les poteaux déracinés qui les soutenaient tout à l'heure...

Combien de temps va durer encore l'invraisemblable agonie de ces bonds?

Si seulement nous la tenions, cette malheureuse corde de soupape! Depuis que nous souffrons tous ces supplices, le ballon eût au moins eu le temps de perdre quelque chose de sa force meurtrière!

Si, au moins encore, elle était à sa place désignée, la prudente échelle de cordes,—notre vie peut-être en ce moment!—que Delessert avait préparée, mais qui, dédaignée par Louis Godard comme nouveauté superflue, gît pour l'heure à fond de cale... comme à cent lieues de nous!

Vain regret! Fouettant de ses zigzags,—bien au-dessus de nos têtes et comme pour l'exciter encore,—la bourrasque trop lente à son gré contre ces téméraires qui ont appelé la mort,—la damnée corde semble se rire de nous...

—JULES!...—MONTE SUR LE CERCLE!...—s'écrie Louis.

Le jeune homme lève les yeux,—et sa tête se baisse avec découragement.

—Impossible!... a-t-il répondu d'une voix étranglée.

Trop impossible, en effet, même à la souplesse exercée de ce gymnaste de vingt ans! En supposant que ses muscles meurtris ne soient pas déjà hors de service comme les nôtres,—comment trouverait-il, entre ces bonds dévergondés, les quelques secondes de calme à peu près parfait pour se hisser des deux ou trois brasses qui nous séparent du cercle...

Pourtant c'est là, là seulement pour tous, que peut s'entrevoir une lueur de salut...

—MONTE!!! dit l'aîné.

Obéissant, il tente—et d'un choc, retombe haletant sur notre plate-forme oblique...

—MONTE!!!

—Je ne pourrai jamais!—dit l'autre avec désespoir...—je suis trop las!...

Il essaye encore pourtant...—et retombe encore...

C'était trop certain! Pourquoi alors cette tentative folle? Notre destin à tous n'est-il donc pas décidé? Est-il une puissance humaine qui puisse nous arracher à l'arrêt prononcé? N'en avons-nous pas pris notre parti, tous tant que nous sommes là?—Pourquoi donc séparer et dépêcher avant nous celui-ci? Ce n'est pas le dévouement que vous lui imposez, c'est le sacrifice!...—un sacrifice plus qu'inutile, inique!...

—MONTE!!!...—dit l'aîné encore. MONTE!!!...

Deux voix—que je connais—s'élèvent:

—Ne montez pas, Jules! vous vous tuez!

—Ne montez pas, monsieur!...

Thirion,—j'en étais sûr—a eu la même pensée,—car il parle de décharger son revolver dans le ballon.

Je lui crie de n'en rien faire... Que produirait six balles chétives sur cette immensité?—Et puis le temps,—le temps seulement de tirer l'arme de sa poche!...—lorsque nos deux poignets ensemble ne suffisent même pas à nous retenir?...—Quant au risque d'inflammation du gaz par l'explosion de la poudre, cette alternative, à l'heure qu'il est, n'offre guère d'intérêt...

Pour la troisième fois, le jeune homme est en l'air... Sur les épaules d'Yon et de Thirion, les plus valides et les moins empêchés, qui sont parvenus à se rapprocher sous lui,—l'échelle vivante se tasse et se relève,—il se hisse rapidement au cordage tendu...—il monte...—un dernier effort, encore!...

Il y est!!!

—Nos poitrines se dégagent...

Bientôt il a saisi la corde rebelle, qu'il passe à son frère et à Yon au-dessous de lui.—La voici, enfin! arrêtée et tendue!...

Mais combien de temps prendra le dégagement de notre gaz par l'issue relativement microscopique qui lui est seule réservée?

D'ici là, nos forces épuisées tiendront-elles?—Désarticulés, rompus, écrasés dès les premiers assauts, que pouvons-nous attendre encore de la surexcitation désespérée qui nous a soutenus jusqu'ici, lorsque nos muscles surmenés semblent se demander si la vie vaut réellement tant d'efforts et de tortures,—marchandant, comme s'ils étaient des intelligences, les services qu'ils ne peuvent plus rendre,—lorsque nos membres meurtris ne veulent plus que se laisser aller à l'apathique et homicide indifférence de la lassitude?...

Et, encore—combien de temps consentira-t-elle à traîner son équipage funèbre, cette carcasse si merveilleusement solide et élastique qu'elle était hier? Ébranlée à chaque secousse jusque dans la dernière de ses mailles d'osier, heurtée contre les arbres isolés qu'il lui faut bien qu'elle touche pour les briser comme verre,—quand va-t-elle se résigner enfin à défaillir?...—Combien de minutes encore avons-nous à compter jusqu'à l'instant où s'effondrera sous nous le parement, déjà disloqué en partie, qui nous supporte?...

Le combat se trouve en effet maintenant de tout près engagé. De par le gaz qui commence à se perdre, notre nacelle ne s'écarte presque plus du sol, que son énorme remorqueur, le ballon, touche parfois lui-même.—Et, comme la rapidité du vent ne s'est pas démentie, tout au contraire,—il semble que la cruelle machine s'acharne, pour en finir, et veuille broyer, user enfin contre les aspérités terrestres ce qui nous reste de volonté et d'espoir.

Les secousses se suivent maintenant de plus près:—ce n'est plus une grêle, c'est un roulement de furie. Comme notre nacelle, tout à fait sur le côté traînée, racle littéralement la terre, nous nous trouvons en contact immédiat, et nous voilà—un supplice de plus!—aveuglés, littéralement étouffés, asphyxiés, et par la poudre aride et par la boue noire des tourbières que nous écumons violemment.

Que de bruyères!... Fauchées par nous avec la rapidité d'une moissonneuse de vingt lieues à l'heure, ces millions de millions de petites capsules, séchées et durcies au soleil d'été, reviennent irritées sur nous, cinglant nos mains, nos visages avec une furieuse et suffocante profusion...—Que de bruyères!—Moi—je me rappelle—qui les aime tant dans mon appartement!

—Mais ici, réellement, il y en a trop!

Il est inutile de m'interrompre ici, je pense, pour dire que le plus léger doute ne pouvant nous être laissé sur la fin finale de tout ceci, et forcément d'accord pour l'acceptation, il ne nous est resté, faute d'autre, qu'un parti à prendre, raisonnable et digne d'honnêtes gens:—attendre, se taire, regarder...

Les coups, on ne les compte plus, on ne les sent plus,—à la lettre!—tant ils pleuvent! Et moi qui ai toute ma vie redouté cent fois plus la douleur que la mort,—moi qui deviens dolent, inapprochable, insupportable pour le moindre *bobo*,—je comprends pour la première fois ce que je n'aurais jamais supposé possible:—c'est qu'on peut *s'habituer* à tout au monde, même à ceci,—et que le supplice de la roue a été calomnié: ce devait être fort supportable.

C'est très-sérieusement que je parle.

—On rêve—!...

Une fois donc pris ce parti de me tenir pour absolument désintéressé dans la question désormais,—je m'abandonne (—je n'ose dire après Proudhon à *la Sublime Horreur*... mais comme c'est vrai!),—je me livre tout entier, sans distraction, sans réserve, à cette dernière jouissance de *Voir*,—mieux encore, de *Contempler*...

À quelque distance devant moi, il se passe depuis un instant un petit phénomène, un rien qui m'occupe et m'intrigue.—C'est bien peu de chose, d'ailleurs, excusez-moi!—mais nous n'avons pas le choix des distractions.

Le phénomène se produit au bout d'une des cordes d'équateur du ballon qui nous remorque.—L'aérostat debout, ces cordes, utiles dans la manœuvre, arrivent à terre,—comme, l'aérostat en l'air, elles pendent, marquant chacune un point d'une large circonférence autour de la nacelle.

Mais ici, le GEANT qui nous remorque étant couché oblique, elles se trouvant traîner sur le sol,—et il me semble voir à l'extrémité agitée d'une de ces cordes,—un nœud, un nœud assez gros...

—Comment est-il au bout de cette corde, ce nœud inusité?—Pourquoi, quelle idée ont-ils eue d'aller faire là un nœud?...

Ce nœud me semble se rapprocher... il se rapproche...—le voici!...

Ce n'était pas un nœud; c'était un pauvre diable de lièvre, ahuri, effaré, perdant haleine à fuir plus vite que nous...

Compétition vaine!...—Nous arrivons sur lui, et, sous notre masse, comme sous le doigt une cigarette,—il a roulé...

C'était bien un lièvre... en voici un autre... un autre encore!... Que de lièvres par ici! et comme je trouverais qu'ils courent bien,—si je ne courais pas plus vite encore!

Mais voici quelque chose de plus sérieux:

—Que peut être,—bien loin encore,—ce point qui s'obstine depuis un instant devant nous?

Il approche, droit devant toujours: il est rouge,—d'un rouge de sang versé,—ce point sombre, fascinant, qui grossit de seconde en seconde comme une sinistre menace...

Il avance vers notre œil,—sûr comme la balle visée... le voici...—Il n'y a plus à douter.

C'est une large et haute maison!

—C'est la Mort, pour ce coup!

Eh bien!—non:—elle vient de changer d'avis au moment dernier, cette maison de bourreau!...—La voilà qui se précipite sur notre gauche...

Elle est bien loin!...

Le vent s'en irrite: sa tâche devait finir là!—Et il se reprend comme d'abord à souffler par saccades. Il nous soulève et nous laisse retomber tour à tour comme dans cet horrible supplice du marin, qui s'appelait la *Cale*...

Mais est-ce bien le vent qui recommence la partie?—Si peu que ce soit, au contraire,—il me semble que, par l'issue de notre soupape, nous avons dû lui céder déjà quelque chose de notre résistance, et commencer à le calmer, plutôt?

—Ça va mieux! Ça va bien!! disait lui-même l'aîné des Godard il n'y a qu'un instant.

—Et pourtant notre fuite qui ne pouvait que se ralentir,—qui se ralentissait,—le ralentissement, pour nous, c'est le salut, c'est la vie!...—cette fuite semble s'exaspérer?...

Que se passe-t-il donc?...

Non plus devant moi, mais autour de moi je regarde...

Nous étions neuf tout à l'heure:—Où donc est le NEUVIÈME?—où le huitième?...

MISERE HUMAINE!!!

—Guettant entre deux chocs le moment précis,—le *point mort*—où la nacelle touche et va quitter le sol,—bien posté en tout dégagement combiné, en parfaite disposition et méditée précieusement pour saisir au vol ce point précieux, il en est UN,—UN PREMIER! qui a eu le courage de cette lâcheté:—il a déserté, il a assassiné ses compagnons pour sauver sa vie!...

Le drame était incomplet, il n'avait pas encore assez duré. Il lui fallait quelques péripéties de plus. Pourquoi s'en tenir à l'horrible?—Il y avait l'odieux encore et l'infâme!

Le lecteur, qui n'a pas besoin d'être aéronaute, se rend-il bien compte qu'—une fois notre soupape ouverte et maintenue ouverte,—chaque seconde de plus c'était un recours en grâce! De seconde en seconde—jusqu'à l'arrêt aspiré—la force homicide qui nous entraînait s'épuisait par l'issue désormais libre.

Il n'y avait plus qu'un danger:—la chute de quelque épave, neutralisant le bénéfice de la force ascensionnelle déjà perdue, en venant nous enlever de nouveau par les airs pour recommencer la lutte épuisée.—Mais nous pouvions être tranquilles de ce côté:—après tant de secousses, notre pont de nacelle s'était depuis bien longtemps débarrassé de tout lest possible.

Pour le présent, donc, la durée même du supplice nous ouvrait l'inespérable espoir.—Qu'elle se prolongeât encore quelques instants, la torture—et la vie était gagnée!

C'était alors, quand, voués ensemble par la fraternité du péril passé, quand,—après cette solennité sacrée de notre communion devant la mort, nous commencions à entrevoir une possibilité de salut,—quand nous n'avions plus que quelques minutes à attendre,—c'était alors qu'un de ces condamnés,—dans un instant gracié avec tous,—se sauvait!—et, pour se sauver, exécutait lui-même ses frères de danger,—dont une femme!

Avait-on bien raconté la *vraie* pièce,—et le lecteur connaissait-il cet acte-là?

—Le *nom*?—le *nom* de ce PREMIER?

Dégoût, tristesse, horreur,—honteux, comme pour mon compte de cet acte félon commis à côté de moi, chez moi,—j'ai détourné la tête, je n'ai pas voulu demander ce nom...

Je ne veux pas le savoir—aujourd'hui...

À quoi bon d'ailleurs!—et devant quel Tribunal, cette fois, devant quel Conseil jeter ce meurtrier? Où est ici la Législation qui s'indigne et qui venge?

La conséquence, vous ne l'attendrez pas:—

Un cri étranglé, strident, lamentable:

—*Arrêtez!... Arrêtez!...*

Arrêter!—Le pauvre insensé!

C'est le malheureux Saint-Félix, faible et chétif, détaché du bord par une de ces nouvelles secousses,—et que la nacelle est en train d'écraser...

Disparu!...

Plus horrible encore, cet autre cri:

—GRACE!...

C'est Montgolfier, pris à son tour sous l'angle de l'énorme masse... Je ne vois que le haut de son corps,—va-t-il être en deux coupé?—et ses grands yeux noirs, épouvantablement ouverts, qui se trouvent tournés vers moi...

Vous ai-je raconté pourtant s'il est vaillant aussi et à tout décidé, cet enfant qui me suppliait avec tant d'instances de l'emmener avec nous, *parce que quelqu'un avait dit autrefois,*—en 1783, plus d'un demi-siècle avant qu'il fût au monde!—*que les Montgolfiers n'étaient pas braves...*

Encore un de moins!

—Mais, de moins, combien donc sont-ils?

Notre pont est presque désert... Les uns, comme ces deux pauvres-ci, auront été arrachés;—les autres seront tombés;—d'autres enfin, le *sauve-qui-peut* une fois lâché, auront sauté d'exemple, croyant pouvoir faire,—après CE PREMIER!...

Ils ont pu oublier un point: c'est qu'il restera jusqu'à la fin quelqu'un qui ne saurait sauter comme eux...

Je me croyais seul avec elle.

—Monsieur Nadar! faites sauter Madame...

C'est le Godard aîné, tapi dans un angle.—Il était donc encore là, celui-là?

Perd-il tout à fait l'esprit pour le quart d'heure? Et ces osiers éraillés sous nous comme autant de pointes de herse, menaçantes aux vêtements de femme? Veut-il donc qu'il ne reste pas un lambeau de la dernière victime de son imprudence et de son entêtement obtus?...

Mais me voilà débarrassé de ses conseils...—Si peu leste qu'il soit, il aura trouvé son embellie, lui aussi, enfin!—car il vient de déloger.

Et repart d'autant mieux notre course furibonde...

Nous voilà bien seuls, cette fois,—courant à toute volée, tous deux ensemble, vers l'éternité...

—car nous sommes rivés là, nous deux!

Et du train dont se précipite plus que jamais le ballon,—délesté, dès à présent, jusqu'au dernier,—nous ne sommes pas prêts de nous arrêter...

Elle ne parle pas. Pourquoi faire, parler,—puisque nous pensons ensemble?...—Et de côté, ne pouvant détourner plus son corps martyrisé, elle me regarde...

Nos deux corps ne faisant qu'un, tous ses mouvements ont dû être les miens.

Debout au départ et cramponnés aux cordages, nous avions été forcés bien vite de nous accroupir aux premiers chocs; aux suivants, nous nous étions tout à fait tassés, de notre long étendus,—les câbles en mains, toujours.—Mes bras, mon corps, mes jambes, la protègent.

Protection bien peu suffisante, mais plus que jamais nécessaire, car, plus inexorablement que jamais, la nacelle, tout à fait horizontale, traîne sur un seul et même côté, le nôtre!—Tous les objets renfermés sous nous auront dû, à force de secousses, s'entasser sur le même point.

La bande d'osier tressé qui nous servait de bordage et qui maintenant, avec une ou deux des cordes de cercle, nous supporte seule,—horizontale devenue avec la nacelle,—cette bande, si élastique qu'elle soit, n'a pu faire résistance éternelle. Froissée, éraillée, rodée jusqu'à l'âme par le sol qui la lime opiniâtrement, quand il ne l'attaque pas au plus vif par des chocs qui la percent et déchirent, elle a à peu près disparu, effondrée enfin sous nous,—et c'est immédiatement, directement à nos membres maintenus, pressés dorénavant, par les seuls câbles que parle l'interminable ruban de terrain qui se dévide sous nous.

Plus un accident du sol dont nous n'ayons à faire la connaissance douloureuse;—plus un choc qui nous épargne,—plus un caillou qui nous fasse grâce! Tout porte.

(—Et dire que si tous nos compagnons étaient restés là, le ballon épuisé, vaincu, cédant enfin sous le nombre, aurait eu déjà le temps, à l'heure qu'il est, de s'arrêter tout à fait dix fois pour une!...)

C'est surtout sur ma jambe gauche, de son long tendue, et sur mes deux pieds, croisés autour des deux autres pieds plus faibles, qu'arrivent,—comme sur des *ouvrages avancés*—ces premières rencontres.

Après tant de heurts et de pressions, sous lesquels je les ai sentis vingt fois craquer et se disjoindre,—comment tant de coups peuvent-ils tenir sur une seule place?—Mes pieds engourdis sont devenus tout à fait insensibles....

Si... par un miracle!... un miracle est toujours possible... (—Écoutez là l'HOMME, l'homme éternel, tenace, qui proteste, jusque dans le tombeau, contre la mort!...)—*si nous échappions!... il faudrait... oui, certainement... il le faudra!... me couper ces deux pieds... luxés, broyés, en bouillie... Une double amputation de pieds!... rappelons-nous nos anciennes cliniques du major Bonnet... à Lyon...—comment cela se supporte-t-il... à mon âge?...*

Plus grave!—voici un arbre...—plusieurs arbres... (—N'est-ce pas une forêt, là bas, derrière?...) Ils sont épars, il est vrai, ces arbres, et de grosseur moyenne. Mais s'il s'en présente un sur le point juste que nous occupons, ce n'est plus le fond de la nacelle comme tout à l'heure qui aura charge de l'écraser, mais notre propre corps qui racle terre...

Ai-je dit que, parmi ces flaques bourbeuses, nous avions traversé,—un éclair, comme le reste!—un petit cours d'eau vive. Tel du moins m'a-t-il semblé par cette vitesse qui ne laisse guère le temps de rien préciser.

En voici un autre,—cette fois, bien certainement, un petit bras de rivière...

Nous y sommes aussitôt plongés, dès le bord, avec furie,—et pour le coup l'immersion est plus que complète!... L'eau qui nous a pénétrés aussitôt, bouillonne et bourdonne à nos oreilles... Raclant le fond, comme je le sens bien, je pense tout à coup,—plus rapide que la lumière est dans ces instants la pensée!—je pense que cette eau, qui couvre et envahit en ce moment notre nacelle, va tout à l'heure,—à l'émersion,—la charger d'autant dans son ensemble, comme elle va charger encore tous les objets multiples qu'elle porte en elle,—nos vêtements mêmes...—

Ce lest inespéré ne serait-il point,—par impossible,—le salut?...—Mais que l'autre bord s'approche vite, alors!...—plus vite! plus vite encore! car nous suffoquons déjà...—Sera-t-il temps?...

Oui!—car nous sortons de l'eau—avec une lenteur bien vraiment rassurante!...—Il est vaincu, le ballon! il n'a plus assez de force pour nous traîner,—car c'est tout droit, enfin, que se soulève péniblement notre bâtiment d'osier!...

—Elle vivra!!!...—Profitant de cette bienheureuse lenteur de notre machine alourdie, et sans lui laisser cette précieuse seconde qu'elle ne me rendrait peut-être plus,—je vais, avec mes bras qui me restent à peu près, dégager ma pauvre amie des deux seuls câbles qui nous retiennent à peine, et,—de côté,—ne pouvant rien autre, me laisser aller avec elle et glisser—tout doucement, tout bonnement—à terre...!—Qu'il aille où il voudra, lui, le ballon enragé!—On le retrouvera toujours bien quelque part,—et si on ne le retrouve pas, eh! bien, nous en referons un aut.....

—Ah! misérables que nous sommes!!!—Cette eau, cette eau maudite était basse:—ce bord, c'est une berge escarpée, un talus,—un talus qu'il faut gravir!... Ce n'est pas l'eau seule qui nous faisait si lents,—c'est l'obstacle de cette pente qu'avait rencontré le pied de notre nacelle,—et contre lequel elle tâtait déjà la lutte!...

Inconjurable, le ballon,—à moitié plein encore,—n'a pas un instant dévié... L'énorme masse est toujours penchée devant nous...—et toujours elle nous entraîne...

Elle ne cédera pas à cette résistance, qui ne fait que l'irriter,—et, pour en avoir raison, c'est toute la grande paroi, la nôtre, toujours!... qui, s'inclinant de nouveau à mesure de la résistance, grimpe—lentement,—lourdement—contre l'infernal talus, qu'elle racle, qu'elle tasse, qu'elle écrase,—nivelant tout sous elle...

Nos pieds sont pris les premiers... De là, où je croyais l'engourdissement définitif, l'insensibilité gagnée, le néant acquis,—une subite et atroce douleur, lancinante, suraiguë, m'annonce que voilà,—ce coup-ci!—le vrai commencement de la vraie lutte,—et que tout ce que nous avons souffert ne compte pas!—La pauvre femme!... De quelles tortures elle prend sa moitié!...

La pression monte,—suivant la gradation déterminée par l'inclinaison croissante de la nacelle contre l'escarpement. C'est tout à fait, à ce moment, l'angle—sur lequel tant de coups nous ont comme figés,—c'est cet angle qui porte et qui racle l'escarpement, qui ne saurait, lui, reculer...—Mais il ne recule pas non plus, le ballon damné qui tire toujours devant,—et qui tirera plutôt jusqu'à rompre les vingt câbles qui pressent de plus en plus sur nous le millier de livres que pèse l'énorme nacelle...

Je sens nos genoux broyés sous l'écrasement... Une pierre—que serait-ce autre?—s'est rencontrée sous ma cuisse,—et il m'est commandé que cette pierre cède!...—Mais elle résiste: elle se fait sa place dans les chairs, qui s'effondrent...—C'est l'os, le fémur, qui se présente, son rang venu...

À ce moment où je sens qu'il cède lui-même, l'horrible étreinte a gagné plus haut... Elle nous envahit, elle nous tient maintenant tout entiers... Déjà je respire à peine...—Mes bras, ces bras qui l'entourent et qui ne la tenaient jamais assez étroitement tout à l'heure, je veux les dégager,—en vain!—les écarter d'elle, ces bras qui l'oppriment, qui la serrent davantage de seconde en seconde,—qui vont l'étouffer... Toute ma force centuplée, toute ma volonté éperdue se tendent pour résister à l'étranglement de cet étau,—de cet assassin qui me veut complice...—Efforts dérisoires!... Sous l'effroyable, incommensurable poids qui nous écrase,—c'est moi qui l'étoufferai plus vite!... La force surhumaine la tue...—par moi!...

J'entends, comme un murmure, le râle d'une plainte étranglée...—la première!...—la dernière!!...—Une lourde main, une main de fonte rapproche, froisse durement ma tête contre sa tête... Ses cheveux dénoués, mouillés, se collent contre mon visage... dans ma bouche entrés, ils m'étranglent...—Je sens dans nos deux poitrines des craquements sinistres...—Un flot de sang a jailli de sa bouche: mes yeux qui s'obscurcissent n'ont vu devant eux—vaguement—qu'une large lâche rouge qui,—comme l'huile qui gagne... semblait se répandre sur un plan grisâtre, vertical...

L'ombre augmente... «—*Ici c'est la Mort!...*»—Tout mon être s'anéantit... La nuit s'est faite......... Je ne pense plus.....................Je ne sens plus.............

... Un pâle soleil fait jouer sur mes paupières fermées des ombres rapides et des lumières alternées... J'ouvre les yeux... et, avant ma pensée obscurcie, lourde... mon corps se réveille...

Je suis sur le dos... dans de hautes herbes... comme elles poussent à l'infini et diverses dans les fonds humides... Des buissons sauvages, des arbres autour de moi... Le vent agite les feuilles... pas d'autre bruit... avec les trois notes grêles, métalliques, monotones,—que je sais bien,—d'une mésange à tête noire...

Cette lumière papillotante me gêne!...—Mais une insoulevable pesanteur colle sous moi mes membres anéantis, dénoués...

Lentement, avec effort, ma tête seule se tourne... et se soulève un peu...

À quelques pas, l'eau...

—Malheur!!!...—Je suis réveillé! Je me rappelle tout! je vois tout!!!

—Je suis seul, tout seul!...—Si elle n'est pas là, elle est donc repartie... le ballon l'a remportée...—ELLE EST MORTE!!!...

Ô la pauvre chère,—que je ne verrai plus jamais...—jamais!!!... et c'est pour me sauver qu'elle est venue!... et celui qui vit, c'est moi—qui l'ai tuée!...—C'est moi qui me suis abandonné d'elle... après qu'elle m'avait donné toutes ces bonnes années de sa tendresse infinie, de son inaltérable bonté, de sa douceur, de ses pardons,—de son âme entière!...

Et je vois l'enfant, grandi, se dressant, sévère, devant moi, et me disant:

—Qu'as-tu fait de ma mère?... Elle m'appartenait comme à toi. Tu commandais, tu étais le maître. De quel droit l'as-tu laissée disposer d'elle, dont j'avais la moitié?

—Ah! l'exécrable folie de mon entreprise vaine! C'est mon misérable orgueil qui s'obstinait!—L'HUMANITE! Est-ce qu'elle valait, à elle toute,—est-ce qu'elle me rendra cette amie que j'ai perdue...—perdue à jamais!!!...

Les pleurs amers m'étouffent, les sanglots me suffoquent... Bien plus que mon corps sous le poids de tout à l'heure,—je me sens écrasé, effondré sous ma peine éternelle...

Moi qu'indignait, qu'irritait autrefois une larme sur le visage d'un homme,—suis-je assez puni, à la fin! d'avoir méprisé l'homme qui pleure!!!...

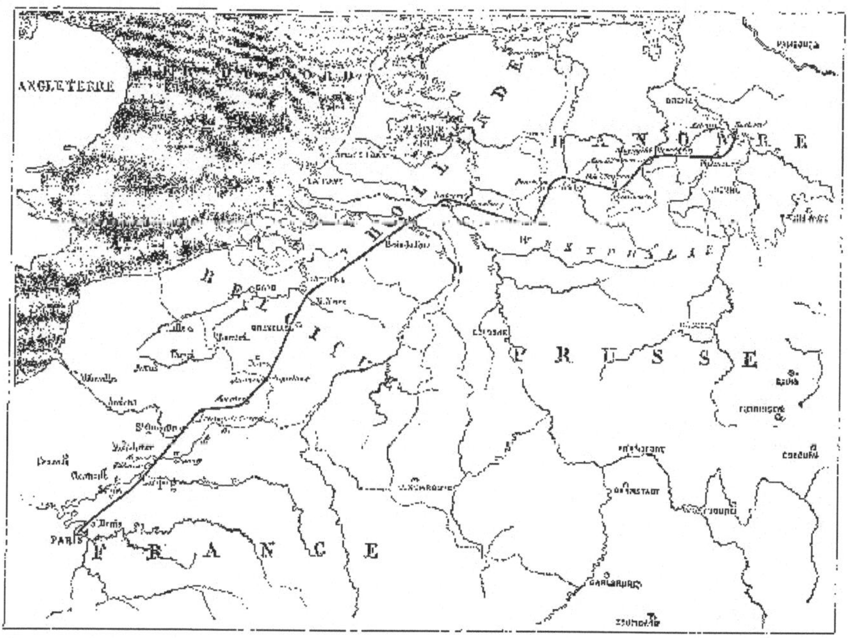

TRAJECTOIRE DU *GÉANT*

(Deuxième ascension)

Parti du Champ-de-Mars, à Paris, le 18 octobre 1863, à 5 heures 3/4.—Tombé le lendemain matin, à 9 heures, à Frehren, près Rethem (Hanovre).

P. P. C.
À MON CHER ET BON AMI ALDÉRIC SECOND.

Bruxelles, 20 septembre 1864.

«Je te disais bien, ô mon ami!—«*Il y a dans tout ceci quelque chose qui ne va pas!...*»

«Depuis que j'avais commencé à dérouler dans ce livre les péripéties douloureuses et grotesques de ce drame tragi-comique qui a nom les MEMOIRES DU GEANT, pas un arrêt, aucun de ces incidents dérivatifs que la malice des Choses fait toujours jaillir tout à trac devant vous à ces moments-là, pas même la maladie, plus forte que la volonté,—plus forte que le serment!

«Du premier jour au dernier, pas une seconde de retard dans l'envoi à point nommé de ces feuilles écrites au fur et à mesure, dans la fièvre des nuits successives, après les autres travaux du jour; rien au travers de cette rude besogne, difficile au cuisinier, impossible à l'écrivain:—le Menu servi à l'heure dite!—et si j'étais las ou essoufflé parfois, le lecteur pouvait s'en apercevoir;—moi, non!

«Qu'allait-il donc arriver?...

«Un chapitre encore, deux au plus, et tout était dit,—de ce que j'avais pu dire...—Je touchais à ce doux instant de la tâche accomplie, de la liberté conquise du repos gagné.

«—Folie!

«Un livre, signé Nadar, qui aurait eu, comme tous les livres, un commencement, un milieu et une fin,—quelle invraisemblance apocryphe!—Et comme j'avais raison de me défier!

«L'anicroche attendu, le *hic* prédit,—le voici:

«—Tu sais ce que je souffrais depuis un an à voir retenu à terre, par la plus perfide manœuvre,—par mon imprudence incurable, plutôt!—mon brave Géant, qui s'indignait du repos, lorsque son devoir l'appelait par les airs,—lorsqu'il n'avait qu'à paraître pour accomplir ses destinées jurées et conquérir si facilement cette première rançon, par lui solennellement promise à notre fraternelle Association du *Plus lourd que l'air.*

«Et cette pauvre Société, tous ces braves savants qui sont là, mécaniciens, mathématiciens, physiciens, chimistes, etc., attendant impatiemment, l'arme au pied, l'heure et les moyens de prouver aux Siècles ébahis qu'il y a encore un grain de sens commun de par ce monde, et que l'homme n'avait qu'à réfléchir un instant et vouloir un peu, pour prendre possession du plus vaste des domaines qui sont à lui...

«Ô bonheur! voici que, dans ce labyrinthe inextricable, obscur, contradictoire, au fond duquel trône mystérieusement la Justice souveraine et définitive, dédale où je m'avançais tâtonnant et trébuchant pas à pas,—voici qu'une lueur subite vient à se faire! C'est la lumière de Vérité qui dissipe aussitôt les ténèbres.—Or, du moment où la Vérité parlait, la cause du GEANT était entendue!...

«Et comme tout s'entraîne, voyez donc!—et s'enchaîne!

«À ce moment juste où le GEANT se demandait quel premier usage il allait faire de sa liberté tant voulue, à quelle Capitale il allait demander la première obole que toutes lui doivent,—voici que, de tous les peuples, son préféré l'appelle, pour fêter ensemble, comme deux bons amis, le glorieux anniversaire de son Indépendance! Glorieuse en effet, cette trente-quatrième année de bon et loyal exemple donné à l'Europe entière par un petit peuple et un grand roi, grands tous deux par leur seul respect devant la Foi jurée!—Doux et honnête pays (—et honnêteté, n'est-ce point ici, comme je le disais, habileté vraie et vraie grandeur?...),—où souffle toujours, de Gand comme de Liège, l'air pur, Flamand ou Wallon, mauvais aux oppresseurs;—oasis de liberté, isolé à jamais, par sa seule sagesse et sa vertu, de l'esprit de fourbe et de traîtrise,—de toute contagion du funeste exemple...

«À cet appel, qui ne me laisse même pas le temps de retourner la tête!—je me lève, je pars,—je suis parti!

«Le temps n'est plus de raconter des histoires:—il s'agit d'en faire!

«Mais, en leur faussant ainsi compagnie sans dire seulement gare, vais-je donc me brouiller avec mes lecteurs et si mal reconnaître leur bienveillante patience?

«Vais-je, avec cet inexcusable sans-façon, les laisser sur cette curiosité, non pas de mon drame écrit, mais de l'histoire vraie trop palpitante,—et, spéculant sur le procédé facile et banal des faiseurs de *suite au prochain numéro*, exploiter l'intérêt—suspendu—sur le sang de mon sang, la chair de ma chair?...

«Restons donc un instant,—un seul instant encore!—sur cette terre douloureuse,—et, pendant qu'éperdu de sanglots, cet homme—qui ne pleurait jamais autrefois!...—appelle vainement la compagne qui ne doit plus revenir,—voyez le ballon horizontal *traîner* encore par ce bois de Frankenfeld qu'entoure notre rivière de tout à l'heure...

«Brisant, écrasant, coupant au rez de terre les chênes monstrueux, la nacelle court encore, traçant dans ce bois sauvage, inextricable, sur une longueur de quelque trente mètres, une roule large et nette—«semblable à ces avenues qui aboutissent aux Rendez-vous de chasse.»

«Mais les cordages échevelés, le filet bientôt, s'accrochent, s'engagent, s'enchevêtrent, par cette obstinée succession de résistances...

«Le ballon lui-même, mordu au ventre, sent s'exhaler sa fureur avec sa force.—Il s'indigne et lutte encore, se boursoufle, se soulève,—et trois fois, dans trois derniers bonds, il tente de se frayer un dernier essor—jusque par le filet éventré...

«Mais, vaincu enfin, il retombe épuisé,—et il couvre la forêt de son immensité en lambeaux—«comme de ses «ailes un énorme oiseau, abattu d'un coup de feu.»

«Sous la lourde nacelle, on trouve étouffée, broyée, on rappelle à la vie la pauvre victime,—dont le premier soupir appelle mon nom...

«Que vous dirai-je de plus?

«La cabane de bûcheron, où je la retrouve enfin meurtrie, méconnaissable,—et où on apporte bientôt sur la paille, à côté de nous, le pauvre Saint-Félix, le bras droit cassé,—sanglant, effroyable, décortiqué—littéralement—par tout son triste corps dès la plante des cheveux...

«Puis la douloureuse translation à Rethem, où docteur et paysans nous pillent à l'envi, malgré la vigoureuse protection du brave Thirion, qui, seul des valides, ne nous abandonne pas, et qui, là encore, est obligé de mettre le pistolet au poing contre tout un village, qui veut, au départ, dételer les chevaux de nos charrettes.

«Puis Hanovre, où nous n'avons plus qu'à remercier depuis la reine et le roi, qui, chaque matin et chaque soir, nous envoient des profusions de fleurs et de fruits,—et notre visiteur assidu, l'aide de camp comte de Vedel, qui veut absolument monter avec moi à la première ascension du GEANT,—et le secourable et si regrettable ambassadeur de France, le marquis de Ferrière Le Vayer, et l'ambassadrice,—la charité chrétienne—(hélas! une veuve désolée aujourd'hui!)—et l'habile et désintéressé docteur Muller, avec ses aides,—et notre grand professeur Richard, accouru au premier appel,—et le chancelier Fourcade, et notre compatriote Marais,—et mon confrère Lulves,—jusqu'à la modeste femme de chambre, empressée, intelligente, si providentiellement mise à la disposition de madame Nadar, à notre arrivée, par madame de Ferrière le Vayer.

«Quoi encore?—L'enfant arrivant sur dépêche, au milieu de la nuit, courant plus vite que tous et appelant dans l'ombre, derrière la porte qu'il cherche:—*Maman, maman!...*—Et les cris de sa peine devant ces visages décomposés, méconnaissables, qu'il a failli ne plus revoir jamais!...

«Et ces lettres si affectueuses des plus aimés et des plus aimants,—Sand, Barbès, Louis Blanc, Hanquet, etc.,—comment les nommer tous?

«Et le retour à Paris, où le docteur Richard et mon très-cher maître Pelletan me découvrent décidément une fracture simple du péroné droit, dont l'état premier des jambes, enflées et noires comme celle des noyés, avait dû retarder l'insignifiante constatation.—Une misère! La bretelle du fusil rompue!

«—Ce dont le Godard,—s'excusant peut-être...—s'obstinait à me dissuader avec une puissance de dénégation extraordinaire, l'os péroné n'étant pour lui qu'une chimère, un rêve:—*M'sieu Nadar, gn'y a pas d'os c't'endroit-là, c'est z un nerf!!!...*

—«Et les innombrables visites des bons amis, anciens et nouveaux,—dont une que je veux dire, seule: celle de Ferdinand de Lesseps, qui vient tendre la main à celui qu'il ne connaissait pas hier....—Ah! moi aussi, je le percerai mon Isthme!...

«Et sur le bras de ce bon Delair, une sœur de charité avec des moustaches,—mon départ, clopin-clopant, pour Londres, où je vais disposer l'exhibition du GEANT disloqué—(les Invalides sitôt, au lieu de nouvelles campagnes!...).—Et là, cette fraternelle hospitalité de la presse, et cette touchante sympathie de tous dans ce grand pays où est respecté celui qui Veut faire!

«Et que de choses après cela!—Le retour sur Paris sous une grêle de tuiles,—et l'insulte sur les murailles,—«Le Feu dans la maison, à la fois, «et les punaises, c'est trop!»—me disait un qui compatissait;—et les brochures,—et les lettres héroïques que fait écrire aux journaux le Godard qui ne peut mieux, dans lesquelles il a tout sauvé et où nous faisons, en deux endroits, nos soixante petites lieues à l'heure,—et l'homme de Seine-et-Oise déclarant publiquement, en wagon, que «—je n'avais emmené ma femme, au su de tous, que pour m'en débarrasser!...»—Et ce bon Moigno, qui n'oublie rien, lâchant sur moi un de ses sous-diacres.—Et mon journal l'AERONAUTE atteignant le chiffre glorieux de 42,—je dis *quarante-deux* abonnés,—pendez-vous,

PETIT & GRAND JOURNAL!

Il les a encore!—Et, faut-il tout dire? ce chapitre encore qui s'appelle: *Mei prigioni*,—et jusqu'à ce brave S.... me déshéritant,—ce qui n'est rien,—mais ne venant même pas prendre de mes nouvelles, ce qui est presque quelque chose...

«Etc., etc., etc.

«Mais, en regard de tout cela,—une phrase dans le *Constitutionnel*, une simple phrase, qui fait sauter, à elle seule, et vide du coup tout l'autre plateau de la balance,—phrase écrite et pensée par un homme qui sait, lui, ce que je veux, qui sait ce que je vaux.

«La catastrophe du GÉANT est, à la lettre, un malheur public.....

Signé: BABINET, *de l'Institut.*

«Mais encore je parviens à la créer, cette Société,—qui n'est ni financière ni civile, bien entendu! et qui s'appelle tout simplement la *Société d'Encouragement pour la Navigation Aérienne par le moyen d'appareils* PLUS LOURDS *que l'air!*—Et, à sa tête, s'inscrivent ces noms glorieux: Babinet, Barral, Taylor, etc.,—et la petite phalange se constitue, et elle serre ses rangs, et elle étudie, et elle commente, et elle discute,—et elle s'apprête!...—c'est d'elle que naîtra la grande chose!...—Chaque vendredi soir les voit accourir là, près de moi;—et il me semble que c'est ma fête, ces vendredis soir-là!...

«Et sur toute la ligne, la bataille est engagée!—Les brochures pleuvent: de tous côtés, en tous pays, l'opinion publique s'agite, les savants s'éveillent, l'Institut lui-même va tout à l'heure se frotter les yeux...

«Je vous dis que L'AGITATION EST CREEE!

«Mais quoi, enfin, après cela?—Des procès aussi,—que je perds devant le tribunal de commerce (il fallait un aéronaute, ce fut un bandagiste qui l'obtint!)—et que je gagne enfin en police correctionnelle.

«C'était trop sûr, dix fois! Je ne m'aviserais jamais plus de plaider ayant tort que je ne me battrais sans être offensé.

«Mais, quant à ce procès, qui décerne jusqu'à plus ample informé six mois de prison à mes constructeurs du GEANT, je vous laisserais deviner—en cent, en mille,—ô mes amis! le point de départ de ce détournement de taffetas, détournement impudent jusqu'à l'absurde, monstrueux jusqu'à l'idiot,—que mon innocence éternelle ne soupçonnerait même pourtant pas encore à l'heure qu'il est, sans avis reçu.—L'intelligent constructeur aéronaute,—patronné, garanti et contrôlé par M. Victor Meunier,—avait naïvement cru défier à l'avance toute vérification: «—*Comment voulez-vous, m'sieu Nadar*, me disait-il à propos d'un autre procès du même genre pour un ballon de la campagne d'Italie,—*comment voulez-vous qu'on sache ce qu'il est entré de soie dans un ballon une fois fini*,—PUISQUE LE BALLON EST ROND?...»

«Ce procès, au surplus, le voici:—et c'est bien simple!

«On dîne à Monte-Cristo.

«Alexandre Dumas—cet éternel Mangé!—a cette fois, comme toujours, des invités nombreux.

«—Eh bien! Pierre, dit-il au domestique, voici bien les coupes pour le vin de Champagne, mais où est le vin?

«—Monsieur Dumas, il n'y en a plus à la cave!

«—Alors va en chercher au restaurant du *Pavillon de Henri IV*.

«Le domestique dit tout bas quelques mots à l'oreille du maître...—Crédit... note... au comptant!...

«—Le *Pavillon de Henri IV* est un sot! Porte-lui ces trente francs et rapporte trois bouteilles.

«Quelques jours après, même scène.—Quatre bouteilles, quarante francs!

«Et puis,—vingt francs, deux bouteilles!

«Et encore, et toujours,—jusqu'à ce qu'arrive l'homme qui vient à domicile proposer ses vins: on ne l'attend jamais longtemps, celui-là!

«—C'est bien! dit Dumas. Je vous prends douze paniers de Champagne.

«Quand le vin est en cave, vendu, livré,—le marchand remonte, agréable:

«—Mais monsieur Dumas aurait bien pu encore attendre un peu: sa provision n'était pas épuisée...

«—Comment?

«—Dame! j'ai bien compté encore en bas quelque chose comme cent cinquante ou deux cents bouteilles!

«—Ah! le gredin! C'était mon propre vin qu'il me vendait!—Pierre! Pierre!!! tu es un voleur, un coquin! Je te chasse!

«Pierre prend la porte.—Dumas le rappelle:

«—Viens ici!—Je t'ai chassé comme voleur, mais je te garde comme bon domestique; tu sais bien, animal! que je ne peux pas me passer de toi!

«—Mais au moins, malheureux!—*quand tu me vendras mon vin,—fais-moi crédit...*»

«Voilà l'histoire—photographiée!

«Sauf que mon domestique ne vaut rien et que je ne le garde pas.

«Et le bilan promis,—que j'allais oublier!

«Donc:—

Frais directs et indirects pour l'ensemble, d'août 1863 à octobre 1864	200.000 fr.

(4,944 fr. seulement, en huit jours de Hanovre pour moi...—et ma compagnie, bien entendu!...)

Recettes:—1re ascension	36.000 fr.	
—2e ascension (Meaux avait porté!...)	24.000	
Exhibition au *Crystal-Palace-Sydenham* en novembre 63,—tout juste le pire mois de l'année Londonienne	19.000	
	——— —	
Total	79.000	79.000
		——— —
Différence en moins		121.000 fr.

«Ajoutez à cela la décadence, momentanée il est vrai, mais trop prolongée alors, de l'établissement photographique qui donne aux miens leur pain quotidien,—et vous comprendrez que l'idée ait pu venir à quelques-uns autour de moi de faire appel à une souscription publique universelle pour panser ces plaies et accomplir par tous ce que je n'avais pu faire à moi seul:—à savoir, la constitution du premier capital nécessaire à la création de l'association rêvée et aux essais des futurs appareils *plus lourds* que l'air.

«Villemessant, qui, avec ses exécrables défauts, a cette vertu première qui les fait pardonner tous, la bonté,—Villemessant accourt le premier auprès de mon lit, avec un long factum sentimental et pathétique élucubré par lui...

«Je sautai sur son manuscrit, comme la Pauvreté sur le Monde!—Nadar doublé de Villemessant, dans cette immense question qui touchait à tous les plus sérieux problèmes scientifiques et sociaux!—Il ne manquait plus que cela!

«Et avoir l'air de tendre la main aux passants!—Mangin! avait dit un Victor Meunier anonyme. Après Mangin, Bélisaire encore!—Le casque toujours!

«Heureusement,—averti,—j'empêchai!

«Qu'eussent donc fait de moi tous les lâches coquins et marauds ténébreux après mes chausses, si, non prévenu, je n'avais pu mettre obstacle?...

«Quelques jours après, une lettre encore,—de Guernesey celle-là, et signée—Victor Hugo!

«Le Maître me disait à peu près:

«Tous, nous croyons plus ou moins à la future Navigation aérienne; il n'est donc pas juste qu'un seul engage, pour cette Foi de tous, le pain de son enfant et sa vie, et je ne vous reconnais pas même ce droit que vous vous arrogez de payer pour nous autres.—Il faut qu'une souscription universelle, vraiment démocratique, mette enfin l'homme aux prises avec cette grande question, afin qu'elle soit vidée, ou qu'on sache au moins une bonne fois si elle peut l'être. Tous ceux qui croient avec vous ou à côté de vous doivent souscrire, selon qu'ils croient: celui qui croit pour un décime donnera le décime, celui qui croit pour le franc donnera le franc; celui qui croira plus encore, donnera plus. Inscrivez-moi pour cinq cents francs...»

«Et je répondais en toute hâte:

«—Au nom du ciel! mon très-cher et honoré Maître, ne faites rien de ceci!—À cette heure qu'il est, je suis à peu près ruiné en l'air et à peu près ruiné sur la terre: vous me déshonoreriez donc;—car tous les Victor Meunier de la Nature m'accuseraient de faire *chanter* l'humanité entière à mon bénéfice! «—ON ALLAIT A MEAUX!...» diraient-ils, pour le coup!—Attendez, de grâce! Je ne suis pas mort encore, et, d'enfance, je suis fait aux luttes. Dans quelques mois, vous me verrez revenir à toute bride et bien dispos pour la guerre. Laissez-moi au moins cet espoir et cette consolation de gagner seulement la première bataille,—je ne l'aurai pas volé!—et c'est moi alors qui viendrai à vous, pour vous dire: Marchons ensemble!»

«J'ai fait comme j'avais dit, et,—après tant d'épreuves, tant de peines et tant de douleurs,—je reviens, pansé de *toutes* mes plaies!—Me voici, vivace plus que jamais, alerte, décidé,—acharné jusqu'à la Victoire!

«Nous allons donc nous envoler, au moins cette fois encore, ô mon bon et cher Albéric!...—et à l'heure peut-être où les lecteurs de ces MEMOIRES liront ces dernières lignes, sous la lampe bien claire, au sein du doux et chaud foyer de la famille,—celui qui les écrit en ce moment cherchera à deviner, par les ténèbres et le froid de ces nuits noires de la fin de septembre,—nuits tardives, malheureusement, et, pis encore! sans lune,—si les vents d'équinoxe le portent sur les gorges du Caucase, le Danube autrichien, ou bien vers l'Adriatique...

«Je crois que c'est la première fois que l'auteur d'un livre aura souhaité de si haut le bonsoir à ses lecteurs,—mais je sais bien que jamais adieu ne leur aura été envoyé avec plus de cordialité et de gratitude pour la si longue patience qu'ils ont mise à m'entendre.

«Tonissime,

«NADAR.»

FIN DES MÉMOIRES DU GÉANT.

Les honnêtes gens, parmi ceux qui viennent de lire ce livre, ont éprouvé sans doute la surprise que j'éprouvai moi-même au moment où je m'aperçus que mon entreprise avait décidément fait naître dans certains coins la plus venimeuse irritation contre moi.

Je ne fus même pas sans quelques appréhensions des plus graves, après la descente à Meaux, alors qu'il s'agissait de préparer ma revanche. Les avis et conseils pleuvaient auprès de moi: amis anciens, amis nouveaux semblaient apprécier une nécessité certaine de serrer les rangs pour protéger l'ascension prochaine.

Un bon garçon que je n'avais pas oublié m'écrivait:

«.....Quoique nous ne nous soyons pas vus depuis bien des années, je suis toujours ton ami, et, dans le milieu où je suis forcé de vivre, j'entends bien des choses que tu ne peux savoir.—Donc défie-toi et sois mieux gardé dimanche prochain que tu ne l'étais la fois dernière; je sais des gens qui, sans en avoir l'air, seraient capables de tout pour faire crever ton ballon par un mouvement *spontané* de la crapule...» (*Textuel.*)

On se rappelle cet autre qui me disait au Champ de Mars, le matin même de cette seconde ascension:

«—Tu as beau te refuser à le croire: il y a ici des gens qui se déclareront *volés* tant que tu ne te seras pas cassé les reins devant eux!»

Tous ces avis étaient trop nombreux, trop affirmatifs, et me venaient d'hommes trop sûrs pour qu'il fût permis de n'en pas tenir compte, et je n'avais pas hésité devant la dépense d'un double service de police. Je fis bien. Quels que fussent l'étonnement, le dégoût, l'horreur, l'espèce de stupeur que me causèrent ces avertissements, j'en ai pu apprécier depuis la sincérité.

Un ou deux articles de journaux m'avaient d'ailleurs permis, dans une autre couche sociale, de tâter le pouls à la fraction des hostiles.

J'ai rejeté à sa place ici, à la fin, presque hors de ce livre, ma réponse à la plus inattendue et à la plus incroyable de ces attaques.—Cette réponse, je suis forcé de l'adresser aux lecteurs ordinaires des feuilletons scientifiques publiés par M. Victor Meunier dans l'*Opinion Nationale.*

Bien que ce livre ait déjà excédé les limites ordinaires en librairie, il ne m'était réellement pas possible d'accepter par mon silence des offenses indignes, directes et indirectes, dont la violence d'âcreté jaillit même à travers la cauteleuse perfidie de leur enveloppe.

J'espère prouver ainsi aisément, si ce n'est déjà fait par l'ensemble de ce livre, que je ne suis pas l'homme sans délicatesse, sans respect de lui-même, sans loyauté, sans honneur, menteur et impudent, que M. Victor Meunier m'a accusé d'être, et je vais me débarrasser le plus vite possible de ce critique ultra-scientifique.

Indépendamment de l'infaillible procédé *Pingebat* que j'ai dit plus haut, en n'oubliant pas, dans les moyens de parvenir, la nécessité de la cravate blanche et les avantages de la contemplation dévote et soutenue envers son propre nombril,—il est un autre excellent système, d'ailleurs complémentaire, à recommander à tout jeune écrivain qui a sa place à se faire.

Ce système est de commencer par se choisir, si notre écrivain se destine à la critique, une bonne *Tête de Turc*,—j'entends une Bête noire, à tort ou à raison, devant l'opinion publique, soit qu'il s'agisse simplement d'un homme ridicule, soit qu'il s'agisse d'un homme taré.

Il n'est pas du tout mauvais que ladite *Tête de Turc* soit triée dans les eaux gouvernementales, où généralement notre éternelle Fronde française n'a que l'embarras du choix.

Il y aurait une curieuse histoire de toutes les *Têtes de Turc* qui se sont succédé sous la pugilation publique depuis ces vingt dernières années seulement. Je n'aurai garde de tenter cette histoire, et je me préserve même de l'énumération martyrologique, n'ayant pas loisir ni volonté de me créer d'autres méchantes affaires. J'ai mon content de ce côté.—Je ne frapperai donc pas une fois de plus sur ces boucs émissaires, choisis pour payer pour tous, et quelquefois plus cher qu'ils ne doivent,—bien convaincu que là, comme partout, l'opinion publique a dû plus d'une fois taper à côté du vrai, et me consolant d'ailleurs des innocents immolés, par cette considération que le massacre ne les empêche guère, en somme, d'émarger leurs gras traitements.

Pour revenir à nos principes de tout à l'heure, le choix de sa *Tête de Turc* une fois fait, le débutant littéraire ou scientifique n'a plus qu'à prendre mesure et élan, et à commencer un roulement de ses meilleurs coups de poing sur la tête choisie.

En ces temps déjà anciens auxquels je remonte, c'était,—à tort ou à raison, je le répète encore,—le pisciculteur M. Coste qui se trouvait être la Bête noire en question. Je ne me permettrai assurément pas de dire que rien ne lui manquait pour tenir au complet cedit emploi de Bête noire; mais je trouve tout au moins qu'il remplissait les deux premières conditions:—il essayait une chose à peu près nouvelle,—il tenait au gouvernement.

M. Victor Meunier débuta par un coup de maître en tombant juste sur cette *Tête de Turc*: abîmer M. Coste, c'était, dans ces temps-là, faire acte éclatant d'indépendance, de libéralisme avancé, de désintéressement. Tomber M. Coste, c'était proclamer les immortels principes de 89!

J'y fus si bien mordu, moi jeune homme avec tous les autres, que ne sachant comment manifester ma fervente sympathie à cet homme d'avant-garde, je lui écrivis quelque temps après pour lui offrir la seule couronne de lauriers que j'eusse sous ma main: une place dans cette grande pancarte caricaturale des écrivains contemporains qui s'appela *le Panthéon Nadar*.

L'homme d'avant-garde accourut à toutes jambes, mais il eut le temps de se remettre en grimpant mes nombreux étages, et il se présenta devant moi froid, digne, noble, sentencieux, imposant, solennel.—Il m'était donc enfin donné de le contempler, cet homme supérieur et pur!—Il s'avançait comme sur son nuage avec une majestueuse lenteur. Jamais haute cuistrerie ne se drapa devant un profane dans une attitude plus imposante: c'était comme une évocation de Saint-Just, moins la beauté, croisé de Franklin et même un peu mâtiné de Carnot et d'une façon de Hoche plumitif.—J'adore les républicains qui sont républicains parce qu'ils aiment et qu'ils admirent; il est vrai que—j'en sais d'autres qui ne sont républicains que parce qu'ils haïssent et envient; mais il ne s'agit pas de politique, et, transporté d'admiration devant ce type rêvé, je lui décernai du coup le brin d'immortalité grotesque et un peu grossière dont je disposais en campant incontinent, ce cynocéphale dans le défilé de mes deux cent cinquante fantoches, sous le n°..., faute de mieux.

«—Si, au lieu de vous laisser aller à votre bête de camaraderie, et de couvrir votre deux fois trop grande feuille de deux cents infirmes inconnus,—me disait quelques mois après un éditeur peu poli, mais plein de bon sens,—vous m'aviez lithographié là, comme Benjamin dans son *Chemin de fer de la Postérité*, cinquante bonshommes pour de vrai, vous auriez gagné le double des quelques vingt mille francs que vous avez perdus à faire de la notoriété inutile à un tas de médiocres et de nuls—dont le dernier vous gardera rancune éternelle de ne pas se voir défiler avant George Sand!»

Je ne regrettai rien pourtant, et quant à M. Victor Meunier,—mon homme d'avant-garde!—en particulier, tout au contraire je m'applaudissais. En souffrant par lui, il me semblait doux de souffrir—et de payer—pour la Bonne Cause!

À quelque temps de là, des réclames de journaux m'annoncèrent que mon homme d'avant-garde venait de fonder un journal scientifique.—Toujours lui sur la brèche!—Quelle nouvelle pour la jeune France libérale, quels horizons pour la science de l'avenir!

Je courus discrètement apporter mon obole au travailleur honnête et désintéressé, et prendre un abonnement à son Évangile mensuel.

Je n'avais jamais revu M. Victor Meunier depuis notre séance caricaturale, mais mon âme était toujours avec lui!

Aussi, lorsque j'avais créé l'*Aéronaute*,—organe futur de notre future société de la Navigation aérienne au moyen d'appareils plus lourds que l'air,—j'aurais cru faillir à tous mes devoirs en oubliant le nom de M. Victor Meunier parmi ceux des quelques hommes de courageuse initiative qui n'hésitaient pas à se mettre en avant pour proclamer et défendre une vérité de demain.—C'était encore un acte de foi, de sympathie et d'hommage vis-à-vis de ce grand caractère.

Il manquait quelque chose encore à ma colonne de bons points dans la balance de mon compte avec M. Victor Meunier; mais il était dit qu'il n'y manquerait rien.

Un soir,—c'était quelques jours avant ma seconde ascension,—j'avais chez moi trois amis, MM. D..., de C.. et P... Je suis autorisé à dire les trois noms à M. Victor Meunier s'il vient, par hasard, me les demander.

On causait de choses et d'autres. Un de ces messieurs,—celui-là surtout n'attend qu'un signe de M. V. Meunier pour se nommer,—vint à accuser M. V. Meunier d'un acte que je veux croire peu habituel dans la profession d'écrivain scientifique.

Quoiqu'en ce moment absorbé par d'autres pensées en dehors de la conversation commune, j'entendis,—et je me dressai comme un ressort de toute l'énergie que je possède quand j'ai à défendre un ami absent:

—Comment oses-tu parler ainsi? lui dis-je. Le sais-tu par toi-même? L'as-tu vu? Et si tu l'as vu, es-tu dix fois sûr et certain que les yeux n'ont pu se tromper?...—Je ne sais, en vérité, rien au monde de plus coupable, de plus mauvais, de plus odieux, que ramasser une vilaine accusation, bavée au hasard par quelque bas coquin, et répétée indifféremment par le premier venu et le dernier après, contre un homme honorable qui est à cent lieues à ce moment de soupçonner qu'il soit même question de lui! Quelle loyauté, quelle pureté peuvent échapper à ces attaques-là? Et des honnêtes gens comme nous doivent-ils se prêter à servir ainsi de mur à la balle des sycophantes?

J'étais indigné et vraiment fort en colère contre mon ami.—Je dirai plus tard comment il me répondit.

Le lendemain,—le lendemain juste de ce beau plaidoyer,—je tombais à la renverse en recevant une lettre signée Victor Meunier, et adressée au directeur du journal *l'Aéronaute*.

M. Victor Meunier ne connaissant d'ailleurs, disait-il, M. Moigno que pour l'avoir combattu dans la presse, appréciait que mon *sanglant article* attaquait ledit sieur Moigno dans l'exercice de ses fonctions scientifiques,—*fonctions quo j'ai moi-même* L'HONNEUR *de remplir*,—disait, toujours solennel, mon homme d'avant-garde.

Et,—toujours ferré sur les principes!—

«—Trouvant que cet article est la négation absolue du *droit de discussion, droit que* J'ESTIME SACRÉ, continuait-il (—les principes!—), *je ne puis permettre* que mon nom figure sur la liste de vos collaborateurs, où vous l'avez inscrit *sans mon aveu et à mon insu.*

«Veuillez donc, monsieur, avoir l'obligeance de l'en faire disparaître et *d'insérer cette lettre* dans votre prochain numéro.

«Agréez, etc.»

J'envoyai retirer bien vite à l'imprimerie le nom de M. V. Meunier de l'honorable compagnie de notre rédaction, puisqu'il s'y trouvait mal.

Mais, le nom ôté, je crus avoir assez fait en fournissant l'occasion d'un rapprochement entre MM. Meunier et Moigno: il avait été écrit que je serais le lien d'union entre ces deux âmes!—et décidé à ne plus fournir à M. V. Meunier, devant mon public, l'occasion de se gargariser avec—ses principes!—j'eus la petite malice de me refuser à la *réclame* de la lettre à publier.

J'avais déjà donné à M. Meunier.

Ce n'était pas tout encore.

On m'apportait presque aussitôt un long article dans lequel,—sans nécessité d'aucune sorte, sans provocation, on l'a trop vu,—mais, au contraire, contre toute justice, contre toute vérité, je n'ai pas besoin d'ajouter contre les plus élémentaires convenances, M. Meunier vomissait contre moi douze colonnes,—tout ce dont il pouvait disposer,—d'injures les plus graves, d'imputations mensongères, de calomnieuses insinuations.

Le premier châtiment de cet inqualifiable article doit être la publicité que je vais lui donner.

Le lecteur va jauger ici la profondeur de certaines haines spontanées qui m'assaillirent, et il appréciera devant l'insolence, l'acidité, la perfidie, l'insistance de ces insultes publiées, si je me laisse trop aller à ma légitime indignation. Même en ce cas, il me semble que je serais peut-être excusable d'oublier un instant ce que, dans une conversation avec moi, quelques jours avant sa mort, reconnaissait mon cher et à jamais regretté Maître, Charles Philipon:

—Cette vérité que proclamait mon vieil ami, c'est que, pendant quelque vingt-cinq ans que j'ai travaillé, soit avec ma plume, soit avec mon crayon, dans les petits journaux,—terrain si glissant pour tant d'autres!—jamais, un seul jour, il ne m'arriva de manquer au respect de moi-même dans la personne des autres,—jamais je n'attaquai personne sur le terrain qui doit rester réservé,—jamais, au grand jamais, je ne m'oubliai à faire passer mon public par la vie privée de nos plus détestés adversaires.

Le feuilleton scientifique de M. Victor Meunier (*Opinion nationale* du 11 octobre 1863), reproduit par lui déjà deux ou trois fois dans les recueils particuliers qu'il exploite et auquel ce livre va répondre, commence par le récit emprunté aux journaux anglais d'une ascension de MM. Glaisher et Coxwell.

Les deux aéronautes ont dépassé, affirme-t-il tout d'abord, l'altitude de 9 kilomètres,—c'est-à-dire sont parvenus beaucoup plus haut que MM. Gay-Lussac, Barral et Bixio.

Il raconte encore que pendant que M. Glaisher était sur son banc, ne voyant plus, incapable de mouvement, et même de l'usage de la parole, la tête tombant *tantôt* sur l'épaule gauche, *tantôt* sur la droite, puis en arrière;—M. Coxwell, privé de l'usage de ses mains gelées et devenues *presque noires*, saisit et fit jouer *avec ses dents* la corde de la soupape.

M. Meunier a raison de n'avoir pas trop d'éloges pour les deux aéronautes anglais qui *courent ces nobles dangers* dans un intérêt scientifique.

Mais ces trois colonnes enthousiastes, ces éloges emphatiques, ce récit héroïque accepté et affirmé sur la foi du premier traducteur venu, visent à autre chose. En glorifiant les deux aéronautes anglais—dont il se moque peut-être bien un peu en bon Français qu'il est,—M. Meunier prépare le bâton pour assommer son compatriote.—Le trait de la fin annonce qu'il s'agit ici du procédé *par écrasement*:—

«—Ces gens-là, dit-il, ont *le* RESPECT D'EUX-MÊMES, celui de leur cause et celui du public.»

Et ceci dit, M. Meunier commence:

«Quant à l'ascension qui a eu lieu dimanche dernier au Champ de Mars, comme *elle ne se distingue en rien* d'essentiel des *spectacles* analogues donnés à la même place, et comme elle n'a aucun caractère scientifique, nous n'aurions rien à en dire si *on* ne nous avait *annoncé* que le produit de cette ascension et de celles qui suivront sera consacré à l'étude et à la réalisation d'un nouveau système de locomotion aérienne.

«Par ce côté, l'expérience nous touche (*SI ce NOBLE mot: expérience, est ici à sa place...*).»

Je laisse M. Meunier dire tant qu'il lui plaît que le premier gonflement et le premier départ du plus gigantesque aérostat à gaz qu'on ait jusque-là tenté d'enlever n'ont *rien* d'intéressant; mais il me retrouve quand il reproche avec acrimonie au GEANT, dont les produits sont destinés à un but scientifique, d'avoir été annoncé avec un fracas mensonger et dolosif. «—*Une profanation!* dit-il en se signant. Une pareille entreprise n'avait besoin que d'être annoncée avec *l'autorité* du savoir et du CARACTÈRE...»

Puis, s'apercevant un peu tard qu'il va un peu plus loin qu'il ne faut pour la conservation de ses oreilles, il entr'ouvre bien vite derrière lui la porte prudente par laquelle on se dérobe:

«*Sans prétendre*,—se dépêche-t-il de dire un peu trop lard,—qu'*on* se soit écarté *en rien de sérieux* des règles susdites...»

Mais le fiel qui le déborde lui fait presque aussitôt oublier cette précaution d'un instant, et vous allez le voir revenir immédiatement à l'injure et à la calomnie.

Or, les journaux et les affiches avaient publié les mesures du GEANT *absolument telles que je les avais reçues,—sans contrôle, sans examen même,—de ses constructeurs* et répétées en toute sincérité. Et ce n'est certainement pas M. Meunier qui pourra jamais faire douter de ma parole.—Le récent procès intenté par moi en police correctionnelle a témoigné que j'étais si peu au courant de ces fournitures que, sur première demande de mon constructeur,—malgré les limites très-rigoureuses d'un devis bien étudié, sur lequel, dans mon horreur trop connue des chiffres, j'avais à peine jeté les yeux,—je faisais remettre aux mains de ce constructeur un supplément de HUIT CENTS MÈTRES,—près de 6,000 *francs de soie*, dont je n'avais pas même l'idée de soupçonner un autre emploi. Tous ceux qui m'entourent, depuis le collége, sont trop au courant de l'extraordinaire, invincible rétivité de mon esprit devant tout ce qui est nombre, pour que je songe même à me défendre devant eux contre l'accusation d'avoir *groupé* des chiffres lorsque, pour plaisanter mon inaptitude native et proverbiale aux plus puériles opérations du calcul, mes amis me promettent depuis si longtemps de me faire cadeau d'une montre *à une seule aiguille*, puisque la plus grande me trouble pour voir l'heure... Dans ces conditions-là, et sur un terrain où je suis si peu chez moi, on conviendra qu'il est surtout dur d'être accusé de supercherie. C'est comme si M. Meunier m'accusait de tricher au jeu, moi qui n'ai jamais de ma vie pu comprendre le jeu de piquet ni tout autre.—Il parait, d'après M. Meunier, que j'ai indiqué,—tel qu'on me l'avait dit,—l'emploi d'un total de soie que ne saurait comporter la dimension réelle du GEANT.

Mais, puisque M. Meunier s'est si vite aperçu de la différence, j'aurais réellement été plus bête que je ne suis, à vouloir tromper sciemment, lorsque la fraude était si facile à démasquer; ceci soit dit pour la question morale qui me touche d'abord. Quant à la question matérielle, le point important me semble tout entier dans la *capacité* réelle, c'est-à-dire dans la *force ascensionnelle* du GEANT.—Or, le GEANT jauge-t-il,—oui ou non,—les six mille mètres cubes annoncés par lui? Là est toute la question, et M. Meunier n'a qu'à voir les livres de la *Compagnie du gaz* qui a fourni nos deux ascensions.

Pour une simple, unique,—je ne dirai pas même inexactitude, mais contradiction—(et faut-il voir encore dans sa défense loyale les habitudes, les précédents de l'accusé, et comment il s'en tire, et le temps qu'il met, quand il a à compter de près la monnaie d'une pièce de cinq francs...)—Quelle abominable méchanceté a donc pu suggérer à cette âme toutes ces odieuses et outrageantes accusations!...

Quant à la publicité, j'avais dit, redit et crié sur tous les tons qu'il ne s'agissait là que d'un spectacle,—et ce ne pouvait être autre chose, aux premiers essais surtout d'un engin créé dans des proportions nouvelles aussi considérables. Quels motifs poussent donc si vivement M. Meunier à demander à ce spectacle autre chose que le spectacle, la seule chose promise? Et puisqu'il ne s'agit que d'un spectacle, quelle réserve morale, quels scrupules de nouvelle fabrique auraient pu empocher ici la publicité préalable, nécessaire, indispensable, essentielle de tout spectacle? tant que bien entendu les promesses de cette publicité seraient respectées.—Or, j'affirme que jamais, malgré mille difficultés que la moindre réflexion peut apprécier, jamais promesses en ce genre, plus loyalement mesurées, n'ont été plus loyalement tenues.

Quelle délicatesse si exquise, quelles pudeurs de rosière a donc cette sensitive, cette hermine du feuilleton scientifique, qui a nom Victor Meunier, pour pousser, devant le fait si simple d'un spectacle annoncé, ces cris de vierge qu'on viole?—Mais si le spectacle du GEANT a mérité un reproche, c'est précisément le reproche contraire à celui de ce savant si vertueux au repos. C'est un Barnum qui a manqué là, malheureusement!—Quand mon lecteur a su les recettes et les dépenses du GEANT, il a peut-être regretté avec moi l'absence d'un homme spécial qui eût su tirer réellement parti de cette grande et belle combinaison. Que notre vase de pureté, M. Meunier, vienne donc demander aux inventeurs de notre Association du *Plus lourd que l'air*, aujourd'hui constituée, et qui attendent, l'arme au pied, l'excédant de *leurs* recettes sur *mes* dépenses,—s'ils trouvent que la publicité du GEANT a été exagérée?...

Mais ne laissons pas échapper l'homme vertueux et moral que nous avons eu le malheur d'effaroucher si fort; car il n'a pas fini.

Il reproche aux affiches d'avoir SIMULÉ sur la nacelle, *comme dans les défilés du Cirque*, un plus grand nombre de voyageurs qu'elle n'en devait porter, *pour* LAISSER *croire au public*, etc.—Or, j'ai eu la curiosité de compter les bonhommes de l'affiche; le hasard veut qu'il y en ait juste TREIZE, nombre exact des passagers de notre première ascension. Il y en eût eu même quatorze que je ne me considérerais pas encore tout à fait pour cela comme un fripon.—J'ajoute encore qu'en captivité, avant la seconde ascension, le GEANT enlevait à plusieurs reprises, devant la foule réunie au Champ de Mars, *trente-cinq* artilleurs...

Il nous accuse d'avoir FAIT CROIRE que nous allions aux Antipodes, quand on ALLAIT à deux pas.

(—Ah! si j'aimais les procès, quels jolis cas de *calomnie*, bien précisée, bien caractérisée, avec la plus pure et trop évidente *intention de nuire*!...)

La descente, trop involontaire, de Meaux, expliquée aujourd'hui, et notre chute en Hanovre, *après avoir accompli la plus grande trajectoire aérostatique connue*, témoignent contre ces vilaines accusations de duplicité et de supercherie que M. Meunier corrobore avec nos enveloppes de lettres en plusieurs langues, parmi lesquelles il affirme avoir vu—*la Chinoise!*

Il prétend qu'avec un *spectacle vulgaire en tout point, on a jeté de la poudre aux yeux des niais*... que le MENSONGE(—!...) ne sert que des intérêts *individuels*.....

Il reproche aigrement de n'avoir pas rapporté de notre première ascension,—quatre heures de nuit noire!—un RAPPORT *scientifique*, et demande une relation,—mais avec l'insolente condition que cette relation *sera exacte!*...

En passant, et éperdu de male-rage jusqu'à mordre sur les mots les plus intelligibles, il affirme doctoralement qu'en physique une pression intérieure de 6,000 mètres de gaz sur l'enveloppe de soie *n'a pas de sens.*

Il stigmatise la spéculation des passagers à 1,000 fr.,—bien que, je le répète, sauf deux voyageurs sur les vingt-trois de nos deux voyages, tous les autres, connus de moi ou inconnus, ont reçu l'hospitalité plus que gratuite.

Il a, de ses yeux, lu dans les chroniques des journaux qu'il y avait, au moment de l'ascension, *quarante mille* femmes en larmes (—il y en avait peut-être au moins une?...—) et il se moque fort de ces larmes, puisque, dit-il, à moins d'être avec des imprudents et des ivrognes, il n'y a pas *l'ombre de danger*... mais *à la condition* que désormais les voyageurs du GEANT n'écouteront absolument que MM. Godard, qu'il ne pouvait manquer d'honorer de sa garantie,—*hommes qui savent leur métier*, affirme-t-il.

Il termine enfin—toujours la petite pièce après la grosse!—en exposant un système qui est *sien*, n'hésite-t-il pas à dire, pour la direction des ballons: *Enveloppe imperméable au gaz,—Ascension et descente sans perte de lest ni de gaz,—Forme allongée*, etc., etc. (Voir tous les ballons dirigeables, en espérance, depuis Blanchard, 1783, jusques et y compris Carmien de Luze, 1864.)

«Si on avait cela, finit-il héroïquement,—on irait porter des armes à la Pologne;—avec l'aviation, que lui porterait-on?—des lettres.»

Comme on le voit, rien ne manquait. À ce moment-là, notre chute en Hanovre n'avait pas encore souffleté cet article qui apprenait au public que je l'avais volé, qui lui affirmait que j'étais tombé à Meaux *avec préméditation.* Tous ces grands mots, toute cette pédagogie déclamatoire et pompeuse: convenances, qualités morales, noblesse, dignité, loyauté, étaient autant d'antinomies écrasantes.

Rien n'était oublié ni épargné, jusqu'aux intentions mêmes, et devant l'odieux de cette diatribe empoisonnée contre ma personne, disparaissait le préjudice qu'elle voulait porter à mon entreprise.

Pour atteindre ou plutôt pour me donner en marche-pied à ceux qui devaient atteindre la plus grande et la plus utile des vérités, j'avais oublié bien plus encore que mes plus personnels, immédiats intérêts: je m'étais lancé, moi, la plus proverbiale incapacité en fait de chiffres, dans une combinaison financière effroyable, et j'y avais engagé le pain des miens, ma vie et mon honneur. Un accident quelconque, quelques gouttes de pluie seulement, et j'allais peut-être tout à l'heure être deux fois ruiné, ruiné en l'air, ruiné derrière moi sur terre; peut-être dans quelques jours allait-on me ramasser broyé,—et devant tant de risques pour toute récompense, après tant de difficultés déjà et de chagrins,—à la veille même de cette seconde tentative, qui devait être autrement meurtrière que l'autre,—je me voyais bafoué, insulté, provoqué avec cette profusion d'insolence et cette violence de haine.

Et, pour comble, lié par les inexorables engagemens de mon départ imminent et forcé, je devais attendre pour tirer vengeance de l'injure. Débiteur à la fois et créancier vis-à-vis de mon honneur et de la plus brûlante des dettes, j'étais forcé de me demander et de me donner du temps.

J'avais eu d'abord en effet la naïveté de croire à une réparation!

Mais je ne devais même pas avoir le bénéfice de cette satisfaction si légitime,—et lorsque vint le moment où il me fut enfin donné d'appeler ma cause:

—Que prétends-tu faire? me fut-il répondu par la voix la plus autorisée en ces matières que je connaisse au monde:—Marcher là où le sol manque? T'exposer au plus ridicule des ridicules, à la dérision qu'encourt le bravache qui donne de son épée dans l'eau?—Tu finirais par être plus que naïf. En effet, tu as raison, à chaque ligne, l'offense; à chaque mot, l'injure; le venin, partout!—. Mais, vois donc comme chacune de ces lignes est mesurée juste par son auteur et juste pesé chaque mot;—ce n'est pas précisément toi qui as menti, mais les journalistes qui ont parlé pour toi;—tu as fait litière de ta respectabilité, de ta dignité, de ta probité, de ton honneur; mais remarque donc avec quelle cauteleuse précaution ton agresseur se dépêche de s'accroupir derrière cette réserve: *sans prétendre qu'on se soit écarté en rien de sérieux des règles susdites*!...—Ne lis-tu donc pas, jusqu'au fond de ses entrailles, cet homme-là, après cette seule phrase qui vaut trois volumes? Sans avoir complètement oublié tout ce que nous avons vu dans notre expérience de ces choses, toi et moi, sans être complètement fou, peux-tu croire un seul instant que les témoins, triés et choisis avec le soin voulu par ton glorieux adversaire, lui permettront jamais de se battre, au cas où il en feindrait quelque envie?—Et quand nous lui poserons la question, ne l'entends-tu pas d'ici crier, comme anguille de Melun, que notre prétention «—*est la négation absolue du droit de discussion, droit qu'il estime sacré*?» Comprends donc que tu n'as qu'une chose à faire: passe outre et va à ton affaire, et si ta narine est mal affectée, tourne la tête.—Crois surtout qu'il n'y a pas de vengeur devant l'opinion publique comme l'Acte accompli!

Avait-elle raison, cette parole que j'avais tout exprès appelée sur place de quelque cent lieues?—L'avis de M. Meunier me manque ici.

En l'attendant, je vais vous dire ce que pèse, comme savant, ce Métaphraste de bas de page qui écrasait mon ignorance avec une importance si dédaigneuse.

Nous n'avons pas besoin de poursuivre sur toutes les cases du damier scientifique cet encyclopédiste pondeur d'âneries. Restons avec la seule électricité.

Eh bien! c'est ce même farceur scientifique, beaucoup plus gai qu'il n'en a l'air, qui pondit de tout son sérieux ce mirifique canard électrique—qui, de journaux en journaux, passé comme un *petit bonhomme vit encore*,—fit au moins une fois le tour du monde.

On venait d'installer le service télégraphique: les paysans avaient ramassé quelques oiseaux qui, effarée entre les deux crépuscules étaient venus s'assommer, la nuit, contre les fils.

Cette explication trop simple n'eût pu contenter un savant aussi complexe, et, du journal où on le payait, pour instruire son prochain, il expliqua aux abonnés ébahis—comme quoi ces pauvres oisillons, imprudemment posés sur les fils, avaient été foudroyés par le fluide télégraphique!...

Notre savant, par trop peu soucieux de l'ABC de la physique, oubliait seulement, pour ne pas mentir, trois petites conditions préalables:—un rien!—

1° Que les fils eussent été dénudés de leur enveloppe isolante;

2° Que la décharge électrique fût assez forte pour tuer d'abord une mouche,—que l'oiseau aurait pu manger avant de choir;

3° Que l'oiseau touchât rigoureusement d'une patte le fil et de l'autre patte la terre,

Etc., etc., etc.

Et voilà l'homme qui me reprochait avec cette superbe de manquer de «—l'*autorité du savoir.*»

Et les fameux escargots sympathiques, contrôlés par lui!

Et n'est-ce pas lui encore, ou l'autre, son digne confrère et ami, qui voyait mûrir les raisins sous le regard du Prussien Rayomir?—J'entends encore les éclats de rire de l'inventeur, ce pauvre L. Paillet!

Que vous disais-je des gens qui ne savent pas le métier qu'ils font? et quelles étrivières mérite celui-ci?

Mais que vais-je chercher dans la série sans fin des bévues de ce grotesque sérieux, né pour égayer les corridors de l'Institut, dont il guettera vainement à jamais la porte, entre-bâillée dans ses rêves secrets, et dont la suffisante ignorance faisait le désespoir du grand Arago!—Il n'est académiciens pires que ceux qui crèvent la jaunisse de ne l'être point.

Ne l'entendez-vous pas encore grincer des dents à la pensée que deux honnêtes gens sur vingt-trois ont payé une place qu'ils occupaient dans le GEANT, et s'efforcer d'ameuter les passants contre le spéculateur cupide—moi!—qui repousse inexorablement de la nacelle les savants pauvres—*exclus par le tarif!...*—dit-il avec amertume et tout indigné.

J'ai accueilli, comme on le sait—et comme je le sais trop, quiconque s'est présenté, connu ou inconnu,—quitte à ne pas recommencer, pour causes...—Pourquoi ce savant M. Meunier n'est-il pas venu se présenter comme tous ces ignorants-là? Qui lui a fermé la porte au nez? Puisqu'il prise si fort les observations qu'on doit rapporter de là haut,—pourquoi n'y est-il pas monté observer, au lieu de nous qui ne savons rien faire?

Montez donc, Monsieur! Et comment n'avez-vous pas tâté de ces voyages beaucoup plus tôt déjà, lorsque les ballons de l'Hippodrome ouvrent au premier venu une hospitalité si facile?

Comment! vous nous apportez sous votre bras un poisson aérostatique dirigeable, et vous n'avez pas encore eu seulement l'idée primordiale d'essayer ce que vaut le petit vent frais dans une descente aérostatique?—Montez donc, Monsieur!

Montez! Et je vous garantis que vous en apprendrez là plus en une demi-heure sur la Navigation aérienne, que vous n'en avez rêvé creux dans toute votre vie!

Montez donc! Les autres savants y sont montés: Gay-Lussac, Barral, Bixio en sont même revenus.

Montez! Vous persiflez avec tant de grâce l'impossible supposition d'un danger!

Montez!—Mais montez donc, Monsieur! Les femmes y montent!...

Mais je n'oublie pas surtout que cet héroïque savant m'avait—la critique scientifique est un sacerdoce!—rappelé au RESPECT DE MOI-MÊME!!!—en cachant le sein de Dorine.

Il m'a donc donné le droit réciproque de l'examiner sur ce terrain délicat, et il a essuyé lui-même mes verres de lunettes.—Voyons donc, à son tour et de bien près, mais avec toutes précautions, ce que pèsera *l'autorité du caractère* de ce précepteur public de morale et de maintien!

Je n'irai pas plus loin que le possible, qu'il se rassure! et sans aller chercher quatorze heures à midi, je ne prétends lui demander qu'un tout petit bout d'explication sur le chiffon de papier que je tiens dans ma main.

Ce n'est rien, moins que rien, sans aucun doute!—car un personnage si terriblement sévère quand il s'agit de morigéner les autres et de les rappeler au RESPECT D'EUX-MÊMES!—doit être bien plus attentif encore et rigoureux pour lui dans l'exercice des «*fonctions scientifiques*», comme il dit à pleine gorge, *qu'il a lui-même l'honneur de remplir...*

C'est une espèce de circulaire, paraît-il, adressée par lui à ceux des industriels, ses abonnés,—qui ne sont pas les moins à leur aise, je suppose d'après le proverbe.

L'intègre écrivain veut, dit-il, introduire des améliorations dans son journal, *cette œuvre utile*. Manquant, comme Cabochard, de l'argent nécessaire, *il a eu d'abord l'idée* d'émettre des actions;—mais, au lieu de parts d'intérêts à servir, et reconnaissant, en toute humilité, que ce n'est pas précisément *l'appât des bénéfices* qui peut ici *déterminer* son monde, il lui a paru plus convenable d'emprunter à chacun de ces privilégiés, cent francs pour un an:

....Foi d'animal,
Intérêt et capital!

Et voilà sa péroraison:

«*Si votre réponse* RÉALISE MON ESPOIR,—termine l'humble postulant...—*je ne vous parlerai pas de* MA GRATITUDE, *qui vous sera* SI NATURELLEMENT ACQUISE. *Mais je serais heureux qu'*UNE OCCASION *me permît de vous en témoigner toute la sincérité.*»

J'ai l'honneur, etc.

VICTOR MEUNIER.

Voyez que je ne veux même pas me donner la petite malice,—si facile!—de rien souligner dans ces quatre lignes dont tous les mots semblent sauter d'eux-mêmes dans les casses aux *italiques* et aux *majuscules.*

Mais—sans soupçonner un seul instant encore et *sans prétendre*—comme lui pour moi, Dieu m'en garde!—*qu'il se soit ici écarté en rien de sérieux des règles prescrites,*—j'entends bien, par exemple! réserver ici tout mon droit d'aider M. Meunier à chercher le moyen de prouver *sa gratitude, si naturellement acquise.* Il en est peut-être bien embarrassé tout le premier, et il guette les occasions, a-t-il dit.

Passons donc en revue les diverses occasions ou procédés connus pour *prouver une gratitude naturellement acquise.*

D'abord, pour *prouver sa gratitude naturellement acquise*, qui donc se permettrait d'empêcher M. Meunier, par exemple, de se livrer à l'élève du lapin en laveur de ses prêteurs, et de leur envoyer à chacun une gibelotte par semaine?—Voilà une *occasion.*

—S'ils n'aiment pas le lapin, n'avons-nous pas encore les poules?

Si ces prêteurs avides enchérissent dans l'évaluation de *la gratitude qui leur est naturellement acquise*, pourquoi M. Meunier ne ferait-il pas frapper des médailles en leur honneur?

S'ils sont plus ambitieux encore, M. Meunier ne peut-il pas tout aussi bien leur dresser à prix doux quelques statues?

S'ils préfèrent le solide, par exemple, il y a le choix: nous pouvons constituer des rentes à leurs enfants.—Je préfère, pour moi, les obligations du Crédit foncier, à cause des tirages.

Parlons sérieusement.

Tenez, Monsieur! je ne signerais certainement pas votre *bon à pendre* pour celle peccadille que je vous laisse expliquer tout à votre aise, comme vous l'entendrez. Il ne m'appartiendrait non plus guère de jeter la pierre à un pauvre diable, trop pressé de se faire éditeur, et embarrassé dans ses affaires par quelque gêne d'argent momentanée. Je ne fais, encore, la leçon en public à personne, je ne dogmatise pas en chaire, je ne prêche pas pour la galerie, je ne m'occupe jamais, en un mot, de tancer ni de morigéner mon prochain, et il se trouve de plus que j'ai justement commencé ma vie et appris à tenir, tant bien que mal, ma plume de critique dans les petits journaux de théâtre, endroits faciles et sans conséquence, où,—demandez au feu doyen, M. Charles Maurice,—on n'est peut-être quelquefois pas absolument superstitieux sur les origines de la monnaie.—Je me contente d'être honnête, sans m'occuper, si l'on me regarde et si l'on m'écoute, pour ma simple petite satisfaction personnelle; mais là, je vous avoue, entre nous, que je deviens là, pour moi-même, et seul, un parterre peut-être un peu difficile. L'honneur,—l'honneur, ce beau mot que vous dites si bien,—est délicat, chatouilleux en diable! Il est à la probité, comme disait Rivarol, un fantaisiste que vous êtes trop grave pour connaître,—tout juste ce qu'est le goût au jugement. Rien de véniel devant lui comme rien d'exagéré non plus.

Eh bien! Monsieur, je ne vous accuse ni ne vous blâme pour ce bout de lettre qui n'est assurément qu'une... imprudence; mais laissez-moi vous dire, sans pruderie, sans dignité affectée, sans scrupules joués, sans morgue enfin et sans que la tête me tourne pour avoir eu, moi aussi, l'*honneur* (le mot vous plaît, je m'en sers!) *de remplir des fonctions de critique*,—laissez-moi vous dire que je dormirais mal si mon petit Paul—pensons toujours à nos fils, Monsieur,—devait trouver après moi, dans nos papiers, une lettre où, dans quelque extrémité, et *sous* quelques *conditions* que ce fût, son père eût sollicité un secours d'argent de l'un de ses justiciables.

Mais, vrai! il ne la trouvera pas. Renseignez-vous, et demandez à *tous* ces honnêtes gens qui ont l'*honneur* que je leur rends—de vivre avec moi depuis que je suis au monde; ce n'est pas d'hier!

Mais, par exemple! il finit aussi par être trop maladroit, quand il vient me parler,—M. Meunier, à moi,—de la Pologne!

D'où sort-il donc, pour me forcer à lui dire que celui-ci—qu'il charge dérisoirement aujourd'hui d'y porter avec l'aviation ses lettres,—allait, en 48, le fusil sur le dos, offrir sa vie à cette grande cause, étant de ceux qui témoignent de leur sang quand ils croient.—Il ne s'est rencontré, qu'il sache, avec le sieur Meunier, ni dans la géhenne d'Eisleben, ni dans la casemate de Magdebourg.

Aujourd'hui encore que les plus vieux ont fait leur temps et cèdent le pas aux plus jeunes, il a, continuant son devoir, envoyé de ses deniers—et Dieu sait s'il était riche ce jour-là!—son remplaçant aux rangs polonais.

Le sieur Meunier—l'homme d'avant-garde!—est invité à dire à quelle date il a décroché son fusil ou simplement vidé sa bourse pour cette cause-là ou pour toute autre.

Est-ce le triste jour du 13 juin, où, sans être vainement attendu par ses camarades de l'artillerie de la Garde nationale—(Il n'avait pas l'honneur d'appartenir à ce corps républicain),—celui que M. Victor Meunier outrage aujourd'hui si indignement, se faisait arrêter en protestation du Droit violé, au lieu d'affiler ses rasoirs pour mettre bas une barbe compromettante...

Mais détournons-nous enfin, en demandant au lecteur pardon de lui faire perdre aussi son temps.

Nous n'avions qu'à citer, pour toute réponse aux singuliers procédés critiques de M. Victor Meunier, ces quelques lignes d'un écrivain scientifique, pour de vrai celui-là, que nous n'avons même pas l'honneur de connaître.

Dans ces lignes il y a autre chose encore que la bienveillance d'un inconnu pour un inconnu: ce sentiment naturel à tout galant homme, que j'appelle le respect de soi-même dans la personne de son prochain.

«Le moyen pratique employé pour constituer le capital nécessaire aux expériences à venir ne pouvait être mieux choisi,—disait, dans le *Temps*, M. Félix Foucou, un de nos adversaires sur la question du *Plus lourd que l'air*.—C'est assurément une combinaison des plus honnêtes et des plus heureuses que celle qui consiste à convier le public à une partie de plaisir; à lui demander en échange une rétribution, minime pour chacun; à consacrer enfin le bénéfice net de l'opération à des recherches ultérieures, à des essais d'automotion dans l'espace. Rien de mieux. Eu cas d'insuccès, nulle plainte de bailleurs dc fonds dépouillés, et le publie se trouve encore l'obligé des inventeurs qui ont bien voulu consacrer à des expériences *utiles* un argent fort bien gagné, un capital dont ils auraient eu le droit de disposer tout autrement.»

Écoutez encore la voix d'un autre honnête homme, M. Figuier,—qui n'est pas précisément non plus positivement enthousiaste de nos théories d'aviation,—répondre spontanément pour nous aux indignes attaques du calomniateur:

«Sachant combien de difficultés rencontre la plus simple des créations, nous ne blâmons en aucune manière M. Nadar d'avoir convié le public parisien a lui apporter le tribut nécessaire... Il donne au public un spectacle qui l'amuse et l'intéresse; le public lui donne son argent en échange. Il n'y a rien la que de très-légitime. Nous applaudissons de grand cœur à l'empressement unanime que les journaux ont mis à l'appuyer... Nous ne pouvons qu'encourager M. Nadar à poursuivre avec la même énergie la mission qu'il s'est donnée dans un but honorable, et dans laquelle il doit s'attendre à bien des difficultés et à bien des déboires.»

Mais j'ai beau m'en défendre, je frémis encore contre ces indignités de tout à l'heure, et,—que mon lecteur m'excuse,—c'est à ceux qui me connaissent depuis longues années que je veux demander de me venger.

Voici ce que pense de l'homme que tout à l'heure M. Meunier traînait dans la boue de son feuilleton, l'honorable feuilletoniste de la *France*, H. de Pène; j'ose dire, même avant cet article, que celui-ci me connaît mieux que personne:

«Parlerai-je de Nadar? Comme tous les gens très-connus, il lui arrive d'être souvent mal connu: parce qu'il fait beaucoup de bruit, on doit le croire amant du bruit; parce qu'il a beaucoup battu monnaie, ceux qui ne le connaissent que d'après ses enseignes peuvent le peindre, bien mal à propos, pour un homme habitué à se faire cent mille livres de rentes en coupant la queue de son chien. Eh bien! tout au contraire, Nadar est un esprit spéculatif et non pas un spéculateur. Un spéculateur, à sa place, n'aurait pas manqué de s'en tenir à la photographie, qui ne demandait qu'à lui donner de si beaux dividendes; lui, au contraire, n'eut pas plutôt acquis dans son métier une réputation équivalente à une fortune, que sans le quitter il revint à la littérature, ses premières amours. Bientôt, plus désireux d'agrandir les domaines de la photographie que les recettes de *sa* photographie, on le vit s'éprendre de la lumière électrique, descendre aux catacombes pour faire le portrait des ossements qui *ne bougent plus* depuis si longtemps... Tantôt sous terre, tantôt au-dessus, voilà bien cette nature extrême et mobile pour laquelle l'étage que nous occupons est trop facile et trop banal. Bientôt il s'agit de photographier d'en haut les choses d'ici-bas... Puis la conquête de l'air devient le but favori de ses méditations... et, se rapprochant de MM. de La Landelle et d'Amécourt stérilement et obscurément unis jusque-là pour la cause de l'hélice... avec Nadar affluèrent la vie, la lumière, la publicité et le public, que cet honnête homme si original sait traîner à sa suite mieux que le plus habile charlatan, etc., etc.»

Restons-en là. Il s'agissait ici d'un acte de folie, je laisse les autres le dire, mais de folie généreuse peut-être, et assurément plus que désintéressée:—le bilan est là aujourd'hui...

Devant cette folie, comme devant ces sacrifices de toutes sortes et ces douleurs, je défierais tout homme de cœur de ne pas éprouver au moins un peu d'indulgence, sinon de sympathie.

En cet ordre de choses, M. Meunier n'étant pas admis à comprendre, il était naturel qu'il cherchât et trouvât son explication dans les seules hypothèses à lui ouvertes,—et c'est peut-être moi qui ai eu tort de m'indigner, là où je ne devais même pas être surpris.

Mais si, luttant sous cette lourde tâche, j'ai pu trouver à ce moment l'outrage,—qu'aurait donc fait de moi cet homme-là, que serais-je devenu, si, dans les quarante-quatre années que je laisse derrière moi,—passées dans le plus curieux à la fois et le plus en vue des milieux,—il avait pu surprendre seulement un acte de déloyauté, un oubli de moi-même,—un jour, une heure, une minute! de défaillance et du faiblesse?...

Booksophile
Your Local Online Bookstore

Buy Books Online from

www.Booksophile.com

Explore our collection of books written in various languages and uncommon topics from different parts of the world, including history, art and culture, poems, autobiography and bibliographies, cooking, action & adventure, world war, fiction, science, and law.

Add to your bookshelf or gift to another lover of books - first editions of some of the most celebrated books ever published. From classic literature to bestsellers, you will find many first editions that were presumed to be out-of-print.

Free shipping globally for orders worth US$ 100.00.

Use code "Shop_10" to avail additional 10% on first order.

Visit today
www.booksophile.com